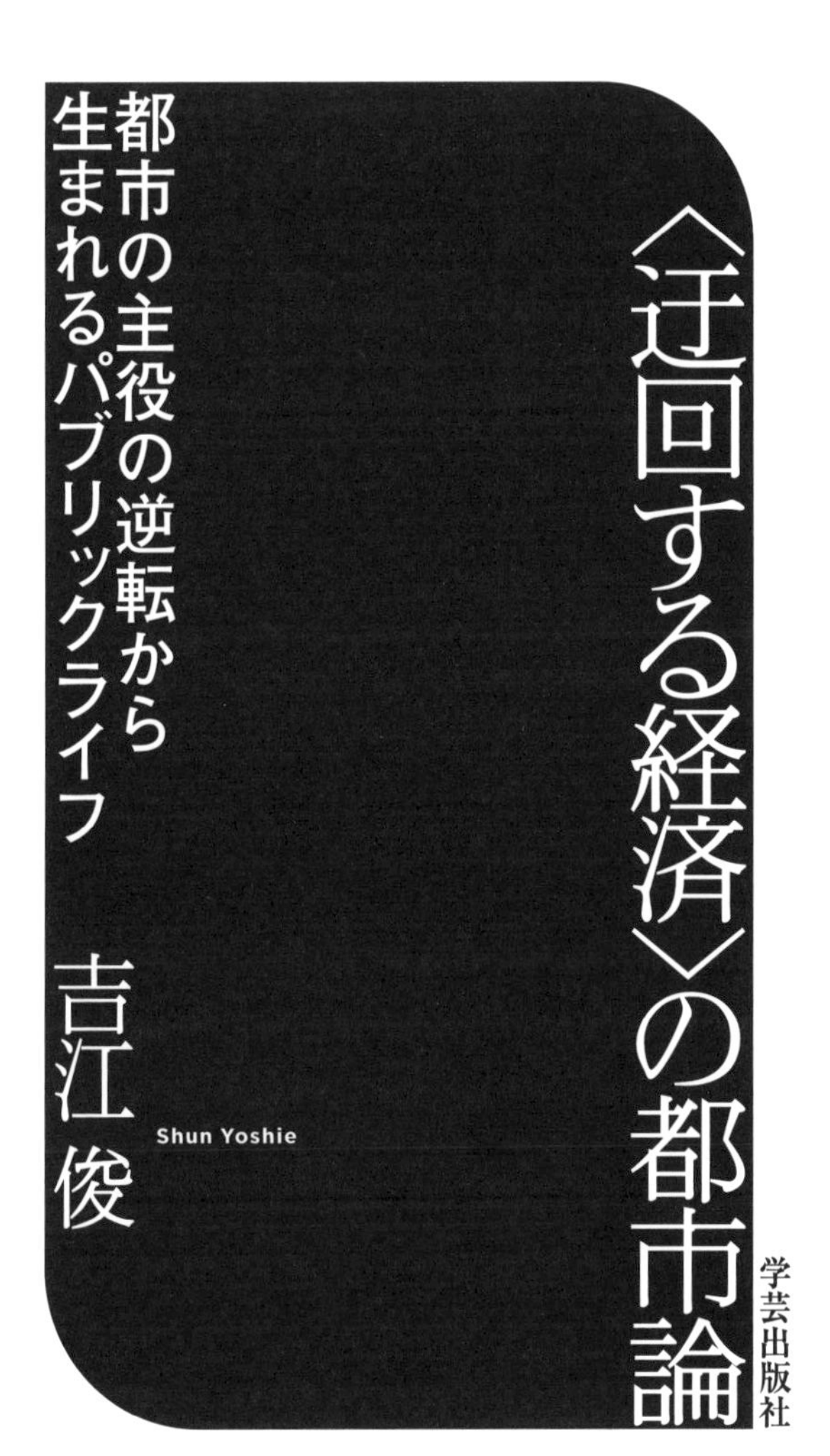
〈迂回する経済〉の都市論
都市の主役の逆転から
生まれるパブリックライフ
吉江 俊
Shun Yoshie

学芸出版社

JN194021

# 序章

# 〈直進する経済〉から〈迂回する経済〉へ

## はじめに――転形期に「つくる」理論を考える

都市を変化させる原理が変わりつつある。

民間企業による都市計画への参入は、トヨタ「Woven City」や森ビル「麻布台ヒルズ」をはじめとする大企業による大規模開発から、地方の伝統的なまちなかで連鎖的に展開されるベンチャー企業のリノベーションまで、多様なスケールで実現している。これらは専門家に留まらず多くの人々の関心を生んでおり、自治体側も民間企業が活躍する舞台をつくるべく、公共施設や公園の整備を委託する法整備を進めてきた。これらの事例が公園や諸施設を洗練させ、都市をより刺激的で豊かにしていく一方で、地域に長い年月をかけて根付いてきた生活や風景を一変させてきたことは周知の通りである。

再開発で建設される高層ビルのような目立つ事例だけでなく、民間企業は20世紀末から住宅開発へ本格的に乗り出し、高度経済成長期の「普通の暮らし」であった団地生活は、瞬く間にマンション暮らしへと再編成された。住宅広告の普及をはじめ住宅を売る方法も進化し、私たちの都市を見るまなざしも変わっていった。私はこうした民間企業が進める都市化を、戦後に国や自治体が主導した国土整備と区別して、〈第二の都市化〉と呼んでいる。

〈第二の都市化〉は、都市をこれまでと異なる方向へ導きつつある。その負の側面を捉えて、「新自由主義の都市政策」がもたらした帰結だと批判することはたやすい。実際に批判は妥当であるし、私自身も多くのことに対して批判的な意見をもっている。グローバルに拡大している新自由主義が発生させている格差とジェントリフィケーション（都市の高級化）の問題は現代の最重要課題の1つとも言われ、世界中の研究者たちの関心を集めている。しかしそうした批判の先に、私たちはもう一度、都市の中で肯定的にものをつくることができるだろうか？

1970年代から本格化してきた資本主義の新たな段階、いわゆる「消費社会」を研究してきた論者たちは、批判をより鋭く、より複雑なものへと進化させてきたが、消費社会の先に構想される「何をなすべきか」を、肯定的な未来として語った人物は私の知る限りほとんどいない。イギリスの批評家マーク・フィッシャーは、「資本主義の終わりを想像するよりも、世界の終わりを想像することの方がたやすい」というフレドリック・ジェイムソンの言葉を引用する。フィッシャーが現代を指して使う「資本主義リアリズム」という言葉は、「資本主義が唯一の存在可能な政治・経済的制度であるのみならず、今やそれに対する論理一貫した代替物を想像することすら不可能だ、という意識が蔓延した状態(注1)」を意味している。

だからこそ本書が試みたいのは、こうした状況下でなお「つくる」ことを肯定する理論を考えるということだ。本書はそれを〈迂回する経済〉という言葉に託す。民間企業が都市や地域の計画へ参入する時代に、経済とまったく異なることを主張する代わりに、経済の〈迂回〉こそが持続的だと提案するのである。

## 多様化の時代の正体——常に動いているリミナルな都市の出現

議論に進む前に、本書の前提として私なりの現代の捉え方と、「リミナリティ」というキーワードを紹介しておきたい。歴史について書かれた本を読んでいると、私たちの生きている時代が「多様化の時代」だと表現されることがある。しかも、それが多くの分野で見られるのだ。たとえば「食文化の歴史」であれば、1960年代からファストフードの登場やチェーン店の普及と外食化が進み、90年代からさらに多様化していく。「住宅の歴史」であれば、戦後は復興とともに量を重視した画一的な住宅供給が進んだが、1970年代からは「量から質へ」が叫ばれ、21世紀には多様化していく…。

現代が「多様化の時代」として描かれるのは、まだ定まっていないこと・わからないことを後世に批判されないように描くための悪知恵かもしれない。だが、必ずしもそれだけとは言いきれない。都市を観察していると、たしかにさまざまな新しいことが発生しているように感じられる。それは、私たちが当然視してきた「二項対立の図式」が乗り越えられていくような変化である。たとえば、テレワークの普及や、シェアオフィス、レンタルオフィスの登場、フリーランス的な働き方の一般化。あるいは、オフィス自体が周辺環境に関心を向け、都心のオフィス街ではなく自然豊かな環境や文化的な薫りのする地域にやってくること。これらは従来のような「就労する環境／居住する環境」という切り分けを崩し、境界を曖昧にする変化だ。居住環境の中にも働く場所が求められ、就労環境も単なる働く空間ではなく居心地のよさが求められる。「ワーク・ライフ・バランス」という言葉があるが、ここで示した変化はさらに次の段階を予見している。ワークとライフを切り分けてバランス調整するのではなく、両者が融合して、個人の状況に応じてそれぞれの新しいスタイルに至る様子が各所で見られるのだ。

近代化のなかでは、物事を効率的に管理するために、「二項対立」の図式にまとめあげることは都合がよかったのだろう。都会と田舎。グローバルとローカル。商業と文化。生産と消費。住むことと働くこと。平日と休日。オフィス街と住宅地。定住者と観光客。ハレとケ。行政がやることと個人がやること。パブリックとプライベート…。

こうした二項対立は、たしかに「秩序」のある世界の基礎となってきた。私たちはこうした単純化によって明確に思考することができたし、都市を考える際にも明快な計画を行うことができた。しかし、先に触れた「住むことと働くことの融合」のような変化は、少し前まで私たちが従ってきた秩序を崩していくのである。先ほど挙げた二項対立の例は、すでにみな新しい段階にさしかかっている。これらの変化が「多様化の時代」と言われる状態を生んでいる。

私は、こうした時代の特徴を表すために、人類学で用いられる「リミナリティ（liminality、過渡性）」という言葉を借りようと思う。これは、ある安定した段階から、次の安定した段階へ進む間の不安定な状態と考えてもらいたい。近代社会が前提としてきた二項対立図式がつくる世界が組み直されていく現代は、まさに「リミナルな状態」にある。

「多様化の時代」の正体は、さまざまな種類の「リミナルな空間」の出現である。リミナルな空間とは、近代の二項対立的規範が組み直され、その様子が都市に表出している姿だ。ここではさしあたり、次の4つの類型を挙げることにする（図1）。

A.「同化」の状態。新たに生まれたものが、既存のフレームワークや社会集団に溶け込む／溶け込まされる際に生じる葛藤や違和感が発露する空間。人口が減っている地域で行われる多くの移住促進政策や、新しい働き方・暮らし方を求める人々と既存の制度との軋轢などが該当する。ここで生じるのは、「いかに同化させるか」という一方的な議論になりがちだが、

A.「同化」

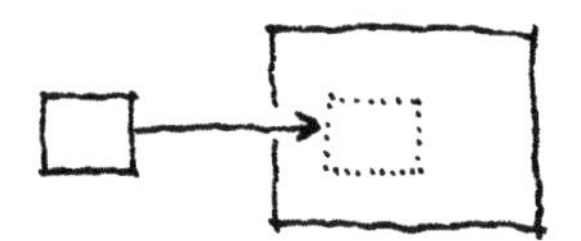

新たに生まれたものが、既存のフレームワークや社会集団に溶け込む／溶け込まされる際に生じる葛藤や違和感が発露する空間、およびその過程。

B.「闘争」

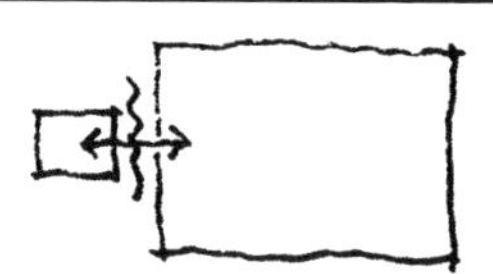

新たに生まれたものと既存の社会集団とが、各自のアイデンティティや文化、行動規範の違いにより軋轢を生じている空間、およびその過程。

C.「共創」

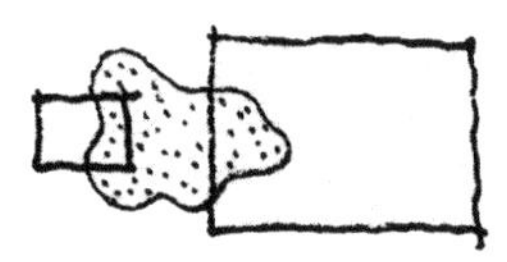

新たなものと既存の社会集団が、対立を超えて別の価値を創造することで生まれる空間、およびその過程。

D.「未決」

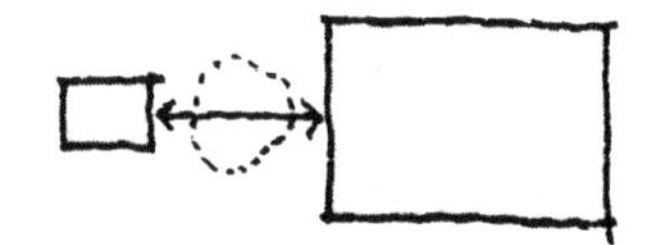

社会的規範や需要の変化に対して、新しいものに寄り添うのか、既存のフレームワークや社会集団に寄り添うのか未決定のまま、宙づりになって利用される空間、およびその過程。

図1 「多様化の時代」の都市空間に現れる４つの「リミナルな状態」

少数派にとって同化は自分たちのアイデンティティと自立性が損なわれる問題になるため、このプロセスは複雑である。

B.「闘争」の状態。新たに生まれたものと既存の社会集団とが、各自のアイデンティティや文化、行動規範の違いにより軋轢を生じている空間。新しいものが元からあるものへの同化を拒否する場合に、しばしば闘争が現れる。マイノリティたちによる運動や多くの住民運動が該当する。

C.「共創」の状態。新たなも

のと既存の社会集団が、対立を超えて別の価値を創造することで生まれる空間。「都市と農村の結婚」を目指して提唱された田園都市、再開発と共存する神社、定住と放浪の中間をとる多拠点生活やヴァンライフ、野性性とホテル泊の両者の性質を備えたグランピングなど、二項対立を乗り越えるものが該当する。

D.「未決」の状態。社会的規範や需要の変化に対して、新しいものに寄り添うのか、既存のフレームワークや社会集団に寄り添うのか未決定のまま、宙づりになって利用される空間。レンタルスペース、屋外で行われる社会実験、ある種のシェアリングサービスなど、占有したり特定の誰かに帰属しないかたちで進められる取り組みが該当する。

これらの4つのうち、どれが良くてどれが悪いか、ということは言いきれない。事実として、4つの状態が混然一体となって、いたるところで発生しているのが現在の都市である。加えて強調しておきたいのは、こうした状態はすぐに終わるものではなく、むしろ「終わらないリミナリティ」こそが現代の特徴だということだ。パンデミックのさなか、人々は安定を求めて「ニューノーマル」という言葉を使ったが、安定や「普通であること」に固持するのではなく、変化し続ける「リミナリティ」を直視し、そこから可能性を引き出すことこそが、今必要なことである。

## 〈迂回する経済〉という考え方

多様化の時代、つまり「都市でさまざまなリミナリティが発露する時代」に、何を頼りに、私たちは都市をつくっていけるのだろうか。「常に途中」の時代には、新たに表れた現象が良いか悪いか、すぐに判断することは難しい。従来は都市計画や地域計画を行ってこなかったさまざまな主体が参入している現代においては、なおさら「共有できる方向性」が必要である。そもそも論に立ち返って、それを考えようというのが本書の狙いである。まずはパンデミック下で筆者らが行ってきた都市の研究を紹介するところから出発し、「パブリックライフ」が都市の根源的価値であることを説明したうえで、その正体が何であるかを再考するところから議論は始まる。

本書を一貫するモチーフは、〈直進する経済〉と〈迂回する経済〉という対比だ。この本では〈直進する経済〉がもたらしてきた帰結としてさまざまな課題を指摘しつつ、〈迂回する経済〉という考え方を提唱する。ここで簡単に説明しておこう。

たとえば都市開発の際に、建物の床面積を最大化しテナントを誘致するような「経済に直結する考え」とは対比的に、あえて無料で開かれたパブリックスペースを十分に用意することで、利用者のリピートの増加やその幅の拡大、開発地や地域周辺のイメージ向上につながり、

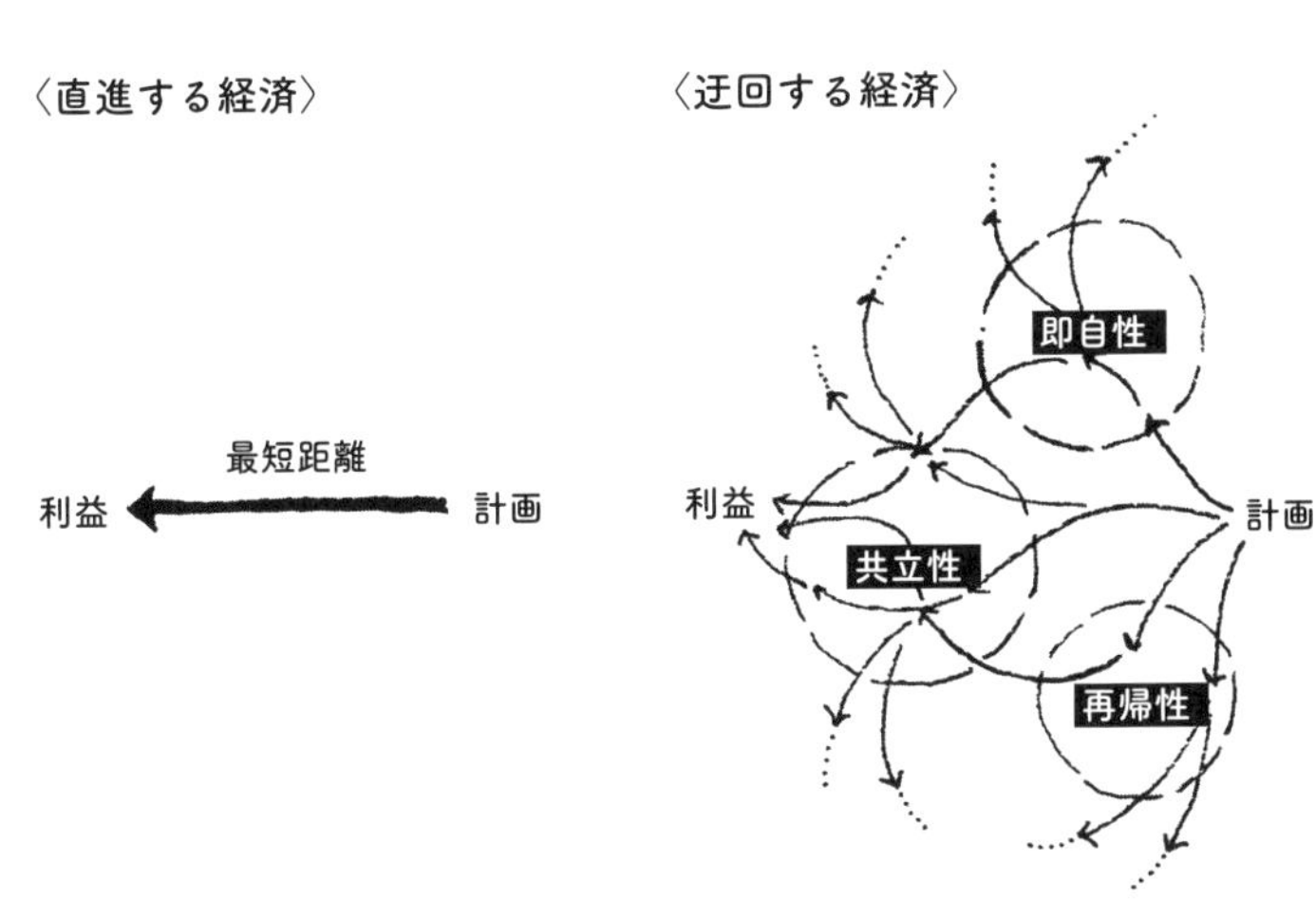


図2　〈迂回する経済〉の理念図

都市開発が持続的に成功するという考え方ができる。前者を〈直進する経済〉と呼ぶなら、後者は〈迂回する経済〉である。これは一例に過ぎないが、要するに都市や地域の開発地や計画対象から視野を広げて、人々の「パブリックライフ」を豊かにすることが、自らの利益に還ってくると考えるアプローチである（図2）。

都市開発では、成功させるためのストーリーが定式化されやすく、多くの場合それが踏襲される。しかし、実際の都市や地域の現場では、そうしたストーリーでは捉えられない小さな動きがあり、そこには開発を正当化する力強い経済合理性とは異なる小さな合理性が、無数に働いている。その合理性とは暮らしの合理性であり、私たちのパブリックライフの合理性である。最短距離で利益を追求する計画の代わりに、パブリックライフに目を向け、それがわかりやすい利益や目先の役に立つこととは異なる、もっと深い次元での生活の豊かさを実現していることに注目するのが〈迂回する経済〉である。

「目先の役に立つこととは異なるもっと深い次元」と言うのは簡単であるが、それは具体的に何か。本書ではこれをひも解くキーワードとして、パブリックライフを考える際に重要な〈即自性〉〈再帰性〉〈共立性〉という3つの概念を提示する。それらは人口が増加して都市が急速に拡大し、近代都市計画が力強く進んでいたまさにその時代に唱えられた批判的な議論がもとになっている。3つの概念は突然現れた新しい言葉というわけではなく、過去の議論から、私たちが未来を考えていく手がかりとして再発見されたものだ。同時に、それは私がこの10年の間、研究や実践を重ねるなかで重要性を実感してきたことでもある。〈迂回する経済〉は、この3つの概念を、理念と現場からの解釈という両側から描出していくことで、立論される。

少し詳しい読者であれば、この考えがESG投資やプロセス・エコノミーなど、社会的便益を実現しようとする近年の取り組みとも問題意識を共有していることがわかるだろう。しかし〈迂回する経済〉は具体的な都市にこだわる。都市は、個と全体が常に葛藤している舞台であり、そこに創造の源泉がある。1つ1つの土地で、各々がやりたい開発を行うだけでは、都市は過密化して環境は悪化する。都市全体の魅力を生むには互いの開発同士が息を合わせる必要があり、そうならずに都市の価値がなくなると、結局は各個人のためにもならない。そして人々はそれぞれの思いを抱えながら別々に暮らしているが、1つの都市空間と資源を共有して生きている。このように都市では、個別の合理性と全体の合理性が常に競り合っているのであり、都市の実直な観察から生じる理論は、凝り固まった「○○主義」を超えた柔軟な論理になるし、ならざるをえない。都市を考える意義はそこにある。

〈迂回する経済〉は、地球環境の問題や、社会課題の解決に民間企業が乗り出す「必要性」を提起する議論なのではなく、具体的な都市の観察から、複雑性と矛盾をいかにして解消しながら〈迂回〉の経路を考えうるかという議論である。

## 本書の構成

本書は、民間の都市開発が根ざす「経済」の考え方の拡張によって、つまり〈迂回する経済〉という考え方の導入によって21世紀の「リミナルな時代の都市」が良い方向へ向かうことを模索する。議論は概ね、理念的なものから実践的なものへと進んでいく。これまで都市開発に携わっていなかったさまざまな主体が都市の計画に参入してくる時代には、バックグラウンドの異なる人々が共有できる理念が必要である。本書の前半では、この理念を模索したい。後半ではこうした理念を、利益を追求しながらも実現していくためのヒントを、いくつかの事例から見ていく。

＊

「Ⅰ部　〈第四の場所〉のフィールド・サーベイ」は、パンデミックを機にパブリックスペースの重要性が増し、人々の行動が変容している様子を、筆者らの以下の研究を通して論じる。

・新型コロナウイルス感染症流行中の、郊外住宅地の生活者のアクティビティと、それを受容する路上空間の条件。

・パンデミックで人の波が去った盛り場に、それでもなお集まる人々が求める都市の根源的価値。

・大学街で学生たちに受け継がれていく、「馬場歩き」「隈飲み」などの「名前付きの空間利用がつくる文化」と場所への愛着。

これらを踏まえ、パンデミック下では「第四の場所」と呼べる空間が、都市のいたるところで発見されていることをまとめる。そして、第四の場所こそが、パンデミック下に限らず、人々のパブリックライフが営まれる基礎なのだと結論づける。このようにI部は、なぜパブリックライフが重要か、そもそもパブリックライフとは何か、という問いへ応答する。

「II部 〈迂回する経済〉の構想」は、民間企業が都市開発の中心を担う時代に潜む課題と、これから何に向かって計画を行っていくべきかという指針を示す章で構成されている。そこでは〈迂回する経済〉の考え方とともに、3つのキーワードを提示する。これらのキーワードは過去の都市論や都市計画論を参照・考察して導かれる。具体的には、日本の近代都市計画が最も力強く輝いていた戦後高度成長の成熟したころに、それらとは距離をとって現われた議論を参照し、再検討することによって導かれている。

まず、〈即自性／コンサマトリー〉というコンセプトが、見田宗介／ティム・インゴルドの議論から導かれる。旅は目的地に到着することではなく、目的地に至るまでの過程が本質だという議論のもと、「目的達成への最短距離」を目指す「道具性」の反対の価値として「即自性」を整理する。そして、そもそも祭事や旅、共同体の維持などは「役に立つから行っている」のではないが、それが結果的に役に立つということを説明し、これが「生活価値」の本質なのだと、〈迂回する経済〉の根本を述べる。

次に、〈再帰性／リフレキシビティ〉というコンセプトが、マックス・ヴェーバー／アンソニー・ギデンズの議論から描かれる。「再帰性」とは自らを再認識して変化することを指し、相手を意のままに操作しようとする「支配」に対して、自分が変わってしまう「出会い」を重視することだ。地域の再帰性を促すということが、あらゆる都市づくりの目的になりうることを、筆者の取り組みも交えて説明する。

最後に、〈共立性／コンヴィヴィアリティ〉というコンセプトが、イヴァン・イリイチ／吉阪隆正の議論から提示される。システムに依存せず、人間の能力を最大限尊重し、発揮する社会のありようを、ここでは「共立性」と呼んでいる。

これらの議論は本書が立脚する価値の中心を言い当てており、複数の主体が都市づくりに参入する時代に、「何のための計画か？」という〈計画の倫理〉を示す核心的な手がかりとなるはずだ。

「Ⅲ部　〈迂回する経済〉の実践」は、〈迂回する経済〉の考え方から具体的にどのようにパブリックライフの舞台をつくっていけるのかを紹介する。ここでは〈即自性〉〈再帰性〉〈共立性〉をそれぞれ実際の都市の中で考えるヒントとなる事例として、以下を取り上げる。

・筆者が継続して観察している小田急電鉄の手掛けた「下北線路街」。特に、地元NPOへの支援や、地域の担い手を育てる取り組みなど、地域の〈共立性〉に寄与する取り組み。

・筆者が5年間携わり、構想・調査・計画・計画図書の編纂などを担当した「早稲田キャンパスマスタープラン」。特に、教室ではなく〈余白〉を主役にしたパンデミック以降の大学キャンパスへの転換と、大学を超えて知の広域圏を民間企業とともに形成していく〈再帰的〉な取り組み。

・筆者らが研究を重ねてきた「食の経験」に基づく都市・地域のブランディング。特に、目に見えない個人の〈即自的〉な「経験」をいかにビジュアライゼーションし、それによってどのように都市の性格を理解し、計画を行っていけるかについて。

以上を踏まえて、Ⅲ部の最後では、〈迂回する経済〉が向かうべき究極的な目標として「都市の自由」をいかにして実現するかを論じている。経済の考え方を拡張するアプローチが新しい可能性を切り開いてくれることに私は期待をかけるが、それは諸刃の剣であることも理解している。ここでは引き続き筆者らのいくつかの研究成果を紹介しながら、私たちが考えなければならない課題と展望を素描する。

本書は〈迂回する経済〉を取り上げるが、ただ私は、それだけですべてが解決するとは思わない。本当は、これからの都市計画は〈直進する経済〉と〈迂回する経済〉の2つが両輪となって進んでいくべきだ、とここで強調しておきたい。しかし私たちは、〈迂回する経済〉を言語化する十分な概念をもちあわせておらず、今、片方の車輪を失って脱輪気味に走行しているように感じられる。だから本書は計画を駆動する「もう1つの車輪」を取り戻し、これから都市を動かしていくさまざまな計画がまっとうな道を進むことができるように試みたい。一貫して語られることのなかった「都市計画のもう半分」を整理して、現時点で考えられる限りの論点を加えたいと思う。

＊

さて、あらためて本書の読者には、少なくとも2種類の人物がいることだろう。

まずは、「迂回する経済とは、不思議な表題だ。何か、都市の計画や社会の構想について文化的なアプローチで考え直していくようなことかもしれない。読んでみよう」というふうに、興味をもっていただいた方。自分の住んでいる地域のあり方に関心をもっている方でも、新鮮な感覚をもった大学生でも、都市についてまさに今考えている研究者でも、構わない。この方々には、概ね楽しんでいただけるような内容になっていることと思う。

もう一方は、「都市開発や地域計画が行き詰まっている。なんとか実践的なアイデアを得たい」と思ってこの本を手に取っていただいた方。行政でも民間でも、都市計画に関する実務に携わっている方だ。この場合は、これからいろいろな研究や新しい概念が次々と紹介されることになるので、場合によっては「何をしたら成功するのか、早く教えてほしい」と苛立ってしまうかもしれない。また本書には、「このような手順で開発を進めれば間違いない」という確実な手順も示されていない。ただ、本書の目的はそうではなくて、まさに根底に立ち返って、「迂回するということに価値を見出してみてはどうか」と提案することなのだ。

本書は過去の完成した理論を紹介するものではない。むしろ、これから考えていかなければならない問題を問いかけ、成果の上がりつつある研究や実践を眺めながら、都市が向かっていく先をともに考えようという現在進行形の事柄に対する誘いである。「何か大切なことが書いてある気がする、手元に置いておこう」と思ってくれる人がもしいたならば、私の試みは半分、実現したようなものだ。どうか、受け取ってくれますように。

*

本書では、筆者の提唱する概念や重要なキーワードを〈〉で、筆者以外によって提唱されすでに一定の影響力をもっている概念や実務領域で普及している専門用語、および重要性の低いキーワードを「」で括って用いることにする。

注1　マーク・フィッシャー著／セバスチャン・ブロイ、河南瑠莉訳『資本主義リアリズム』堀之内出版、2018年。

本書では、私が10年間主宰してきた早稲田大学建築学科および大学院の「空間言論ゼミ」で得られた研究成果の一部を紹介している。研究は、多くが学会の査読付き論文集に掲載され、科学的に適切な方法で分析されたことが認められている。紹介した論文の情報を以下にまとめる。本書に掲載することを快諾してくれた空間言論ゼミのみなさんに感謝したい。

〈1章〉

篠原和樹「まちなかの屋外活動の場からみる郊外住宅地の「近隣公共域」」早稲田大学建築学科、2020年

〈2章〉

北條光彩季、後藤春彦、山近資成、吉江俊「路上で展開する「趣味的な交換」の場に関する研究」日本建築学会計画系論文集 85(775)、2020年

〈3章〉

吉江俊「感染症と「都市の離陸」のゆくえ　コロナ危機後の都市地理空間を考える」日本建築学会　建築討論、2020年

〈4章〉

松永幹生、後藤春彦、吉江俊「大学街における場所の慣習的利用にみる「場所感覚」とその継承」日本建築学会計画系論文集 84(760)、2019年

〈9章〉

松浦遥、後藤春彦、吉江俊「東京圏におけるレンタルスペースの地理的特性と社会的役割」日本建築学会計画系論文集 85(768)、2020年

〈14章〉

石綿朋葉、後藤春彦、吉江俊「東京都区部における飲食店立地と食情報の地域特性に関する研究」日本建築学会計画系論文集 83(744)、2018年

石綿朋葉「口コミ情報の地理空間的分析に基づく「食の経験」の分布構造と集積を生じる環境要因」早稲田大学建築学科、2018年

〈15章〉

大和英理加、後藤春彦、吉江俊、林書嫻「パブリックスペースにおける滞留者を疎外するDefensive Architectureの不認知化の実態と要因」日本建築学会計画系論文集 88(810)、2023年

河井優「住環境に対する価値観の再生産と逸脱」早稲田大学建築学科、2022年

# 〈迂回する経済〉の都市論　目次

# I 〈第四の場所〉のフィールド・サーベイ

新型コロナウイルス感染症の流行期間中、
都市空間がパブリックライフの舞台として読み替えられていく様子が各所で観察された。
振り返れば、パンデミック直前はＶＲ技術の普及や生成ＡＩが登場するなど情報技術が進展し、
もはや物理的な空間が必要なくなるという言説さえ現れていた。
しかしこの期間のフィールド・サーベイの成果は、物理的な空間、
つまるところ都市がなぜ必要であるかを根源から考え直す問いを発している…。
そもそも私たちは何に向かって都市をつくるのだろうか。根本を問い直してみよう。

# 1章 郊外住宅地の路上観察から

## パンデミック下に都市の「図と地」がひっくりかえる

新型コロナウイルス感染症が流行して間もない2020年の春、私たちはまだ何が起きているのか全容をつかみきれないまま、外出を控える生活を余儀なくされていた。3月13日に新型コロナウイルス対策の特別措置法が成立し、4月7日には最初の緊急事態宣言が発せられ、5月25日に解除されるまで、首都近郊の人々はただ元の日常がやってくるのを待つしかなかった。大学でも対面の接触が避けられ、授業や会議はオンラインでのやりとりに移行した。そうしたなか、「都市」を研究する私たちは大きな打撃を受けたのである。通常、私たちは何らかのテーマに沿って、都市空間やそこでの人々のふるまいを調査したり、ヒアリングやオーラルヒストリー調査（1〜2時間程度かけて、その人の生活の歴史をじっくり伺う調査）などの方法で、直接話を聴いたりすることが多かった。これと同じ方法で研究を行うことはもはやできない。加えて、地方のまちに東京の研究者や大学生が出向くことは、地元側から敬遠されることも予想された。

しかし、悪いことばかりではない。逆転して考えてみよう。この機会にこそ、私たちが「都市」を必要とする根源的な理由が見えてくるのではないか。私は当時、東京23区外周部の住宅地に住んでいたが、まわりは住宅ばかりで、駅前もさほど栄えてはいなかった。ただ、テレワークの合間に散歩をすると、意外にも多くの人々がまちを歩いていることに気づく。家に籠っていてはわからなかったが、「なんだ、みんな元気ではないか」と安心したのを覚えている。都市を歩いて、人々が自分と同じようにそこにいることから得られる安堵の感覚は、いったい何であろうか。この問いは、後に重要な問いかけであったことがわかる。

よく観察すると、人々はこの一見つまらない住宅地の中で、なんとか過ごしやすい空間を探している。普段人の少ない公園にはいろいろな人がやってくる。駅から外れたところにあるアイスクリーム屋には親子連れの行列ができる。感染症流行以前には気にも留めなかったところに、多くの人々が息抜きを求めてやってくる。

ゲシュタルト心理学の用語に、「図（figure）」と「地（ground）」というものがある。私たちが物事を知覚するとき、知覚対象はくっきりと浮き出て見えるが、それ以外のものは背景として

図1　「ルビンの壺」と都市の図と地の反転

はっきりとは知覚されない。くっきりと知覚する方を「図」、背景となる方を「地」と呼ぶわけであるが、これはよく「ルビンの壺」の絵を使って説明される（図1）。壺だと思って見ている限り、この絵は壺にしか見えないが、壺の背景となっている白い部分に着目すると、この絵は向き合っている2人の横顔に見える。このとき、1枚の絵自体は何も変わっていないが、見る者の認識の中で「図と地の反転」が起きているのだ。

新型コロナウイルス感染症の流行によって私たちは、まさにこの「図と地の反転」が、都市を舞台にして起こるのを経験したのだ。普段は気にも留めなかった「地」の環境が、突然私たちの生活にとっての「図」として浮き上がってきたのである。

## 郊外の暮らしの「営み直し」を調査する

ほかの地域で緊急事態宣言が解除されるなか、首都圏の郊外（埼玉県・千葉県・神奈川県）では東京都と同様に最後まで外出自粛が続いた。この間、そしてその後も継続的に、郊外の人々の生活や行動は変わらざるをえなかったはずだ。状況が多少落ち着いた8月に、早速複数の住宅地で実地調査を行うことにした。人から直接話を聴く方法は避けなければならない。その代わりに、「都市を歩き、人の様子を観察することで、何かを発見する」という最も素朴で基本的な方法を、あらためて試してみよう。

ところで「郊外住宅地」という場所は、都市計画にとっては独特の意味がある。「郊外」という場所は、単に都市から離れた場所だという位置関係を指すのではなく、日本では戦後の高度経済成長期に、地方から集中する人口を受け止めるために急ごしらえでつくった新しい住宅地を含意する。そこでは、深刻な住宅不足に対応するため住空間の「量の供給」が急がれ、「標準設計」の住宅を大量に建設することで没個性的な街並みがつくられていった。国・自治体や都市計画家たちは後に、この一律な住環境形成を反省するとともに、同じ世代が一斉に入居したことによってみなが同じように歳をとり、深刻な高齢化を引き起こすことを知る。また、住宅ばかりで豊かに暮らせる環境が欠如し、都心に依存する「ベッドタウン」——寝るためだけの街——を形成してしまったことも大きな課題であり、現代の都市計画はそれらの改善に取り組んでいるところである。

いずれにせよ「郊外」という場所は、高度経済成長期という時代性を背景に、風景の均質性、住宅ばかりの環境という機能の単一性が複合し、当時合理的と考えられていた「近代都市計画」の負の部分が時を経て次々と明らかになる場所となってしまった。２０００年代から社会学や都市計画論で「郊外」が盛んに取り上げられるようになったのは、ちょうどこうした負の側面が露呈してきたことと対応している[注1]。

さて、そんな議論のある郊外であるが、私はこれらの議論は郊外の一側面にすぎないと考える。現に、この文章を読んでいるなかに郊外に暮らしている読者がいれば、不快な思いをしたであろうし、「そんなことはない」「自分たちは楽しく暮らしている」と反論したい気分になったのではないだろうか。実際に郊外には、高度経済成長期に急速に形成されたわけではないものもある。そして山間部を切り開いて新たにつくられた新興住宅地にさえも、現在では祭りや独特な地域文化が根付いている場合もある。人はどんなところにも楽しみを見出すものだ。ときにそれが、当初の不完全な計画を乗り越えるようなエネルギーをもつこともある。それが当初の計画自体を「だからこれでよかったのだ」と正当化する理由にはならないけれども、郊外批判の次の、未来を構想していく段階に向けて、私は人間が与えられた場所で切り開いていく可能性の方を擁護したい。

感染症流行下の郊外住宅地調査は、住宅ばかりで豊かに暮らしていくには不利なはずの郊外――郊外論の中でまさに批判されてきた環境――で、人々がどのようにして生活を営み直そうとしているのか、その工夫を観察することになるのだ。パンデミックを機に強いられた郊外での「暮らしの営み直し」、これがこの調査の論点である。

## 「街路」が日常生活の舞台になる

調査では神奈川県川崎市の４つの住宅地を回ることにした。徒歩により全街路をくまなく巡る調査を、平日に２回、休日に１回の合計３回ずつ行った。全部で12回のフィールドワークを行ったことになる。

対象地域は、開発年代の異なるエリアを選定した（図２）。大規模な開発が確認される年代が最も古いのは、第二次世界大戦中の１９４３年に事業計画が決定し、住宅営団によって開発

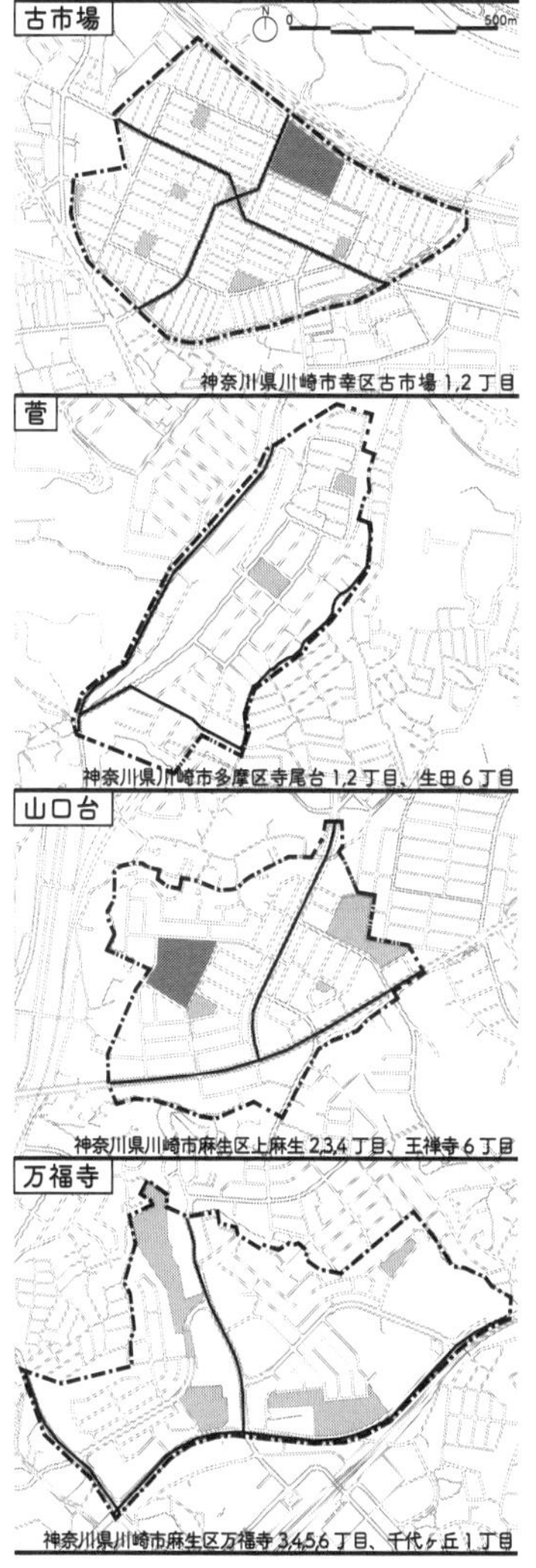


図2　4つの対象住宅地

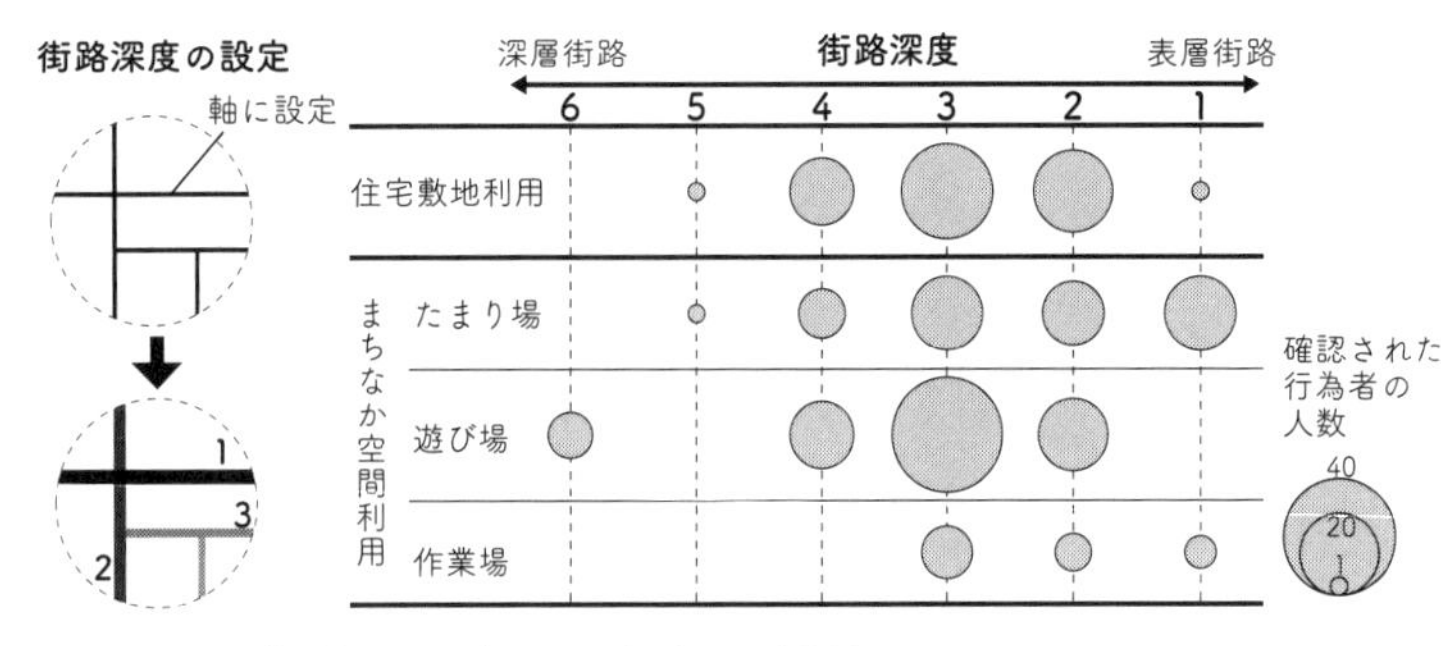


図3　街路の「深度」の設定と、深度ごとの活動量

された「古市場（ふるいちば）」だ。次に、高度経済成長期の1967年に事業計画が決定し、京浜地区の住宅不足解消を目的に都市再生機構が開発を進めた「菅（すげ）」。さらに、新百合ヶ丘駅周辺の急速な都市化に対応して、バブル経済期の1983年から開発が進んだ「山口台」。最後に最も新しいのは、新百合ヶ丘駅周辺地区を川崎市の新都心として発展させるために2000年から開発が着手された「万福寺」である。

調査では、人々が路上やそれぞれの家の敷地から道へあふれ出す格好で、さまざまな行為を行っている様子が見られた。建物出入口の階段に座って飲食をする人。犬の散歩中に歩道沿いの植え込みに腰かけて、一息つく人。歩道でスケートボードに乗る子どもや、座り込んで会話する子ども。あるいは、自宅前で掃き掃除を行い、道で洗車をしている人……。住宅地の街路に、人々の日常生活の舞台が広がっている。住宅街をつくるということは、住宅をつくるという以上に「街路」をつくることなのではないか、とさえ思えてくる。そう考えると、郊外住宅地の認識だけでなく、計画の「図と地の反転」が提案できそうである。

人々が留まって思い思いの時間を過ごしている街路とそうでない街路には、どのような違いがあるだろうか。交通量の多い幹線道路（国道・県道含む）を「表」として、その街路がそこからいくつ曲がったところにあるかを数えれば、街路の「深度」と呼べる性質を簡易的に測定することができる。この街路深度ごとに活動の数を集計すると、**図3、4**に示した結果となった。

ここでは4つの郊外住宅地の街路深度が「1（表層街路）」から「6（深層街路）」までで測れることがわかったが、人が集まっているのは表層でも深層でもない、その中間（深度3前後）だ。より詳細に見ると、立ち止まりや座るといった一時的な滞留が行われる「たまり場」は深度1と3の街路に多く見られ、他の場合と比較して幹線道路近くに発生しやすい傾向がある。路上でのスケートボードや一輪車、球技などが行われる「遊び場」は深度3の街路に最も多く、深度6の街路でも確認された。ここから、遊び場は住宅地内部かつ幹線道路から離れた場所で発生しやすい傾向があることがわかる。最後に路上での洗車や掃除などが行われる「作業場」は深度3の街路に多く見られ、深度が1から3へ上がるほど増加することから、住宅地内部へ行くほど発生しやすいと考えられる。

## 屋外活動が生まれやすい街路空間の特徴

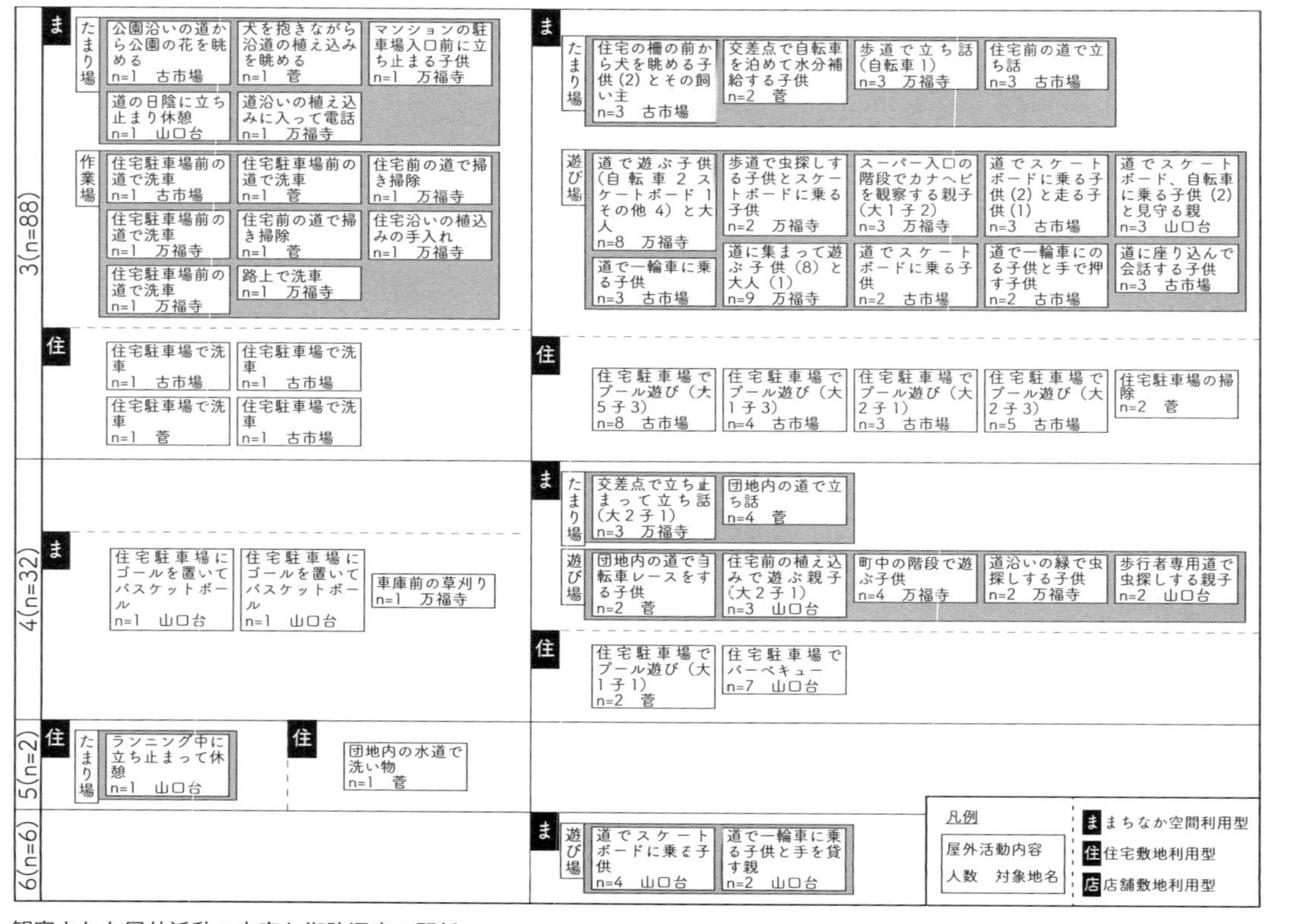


図4 観察された屋外活動の内容と街路深度の関係

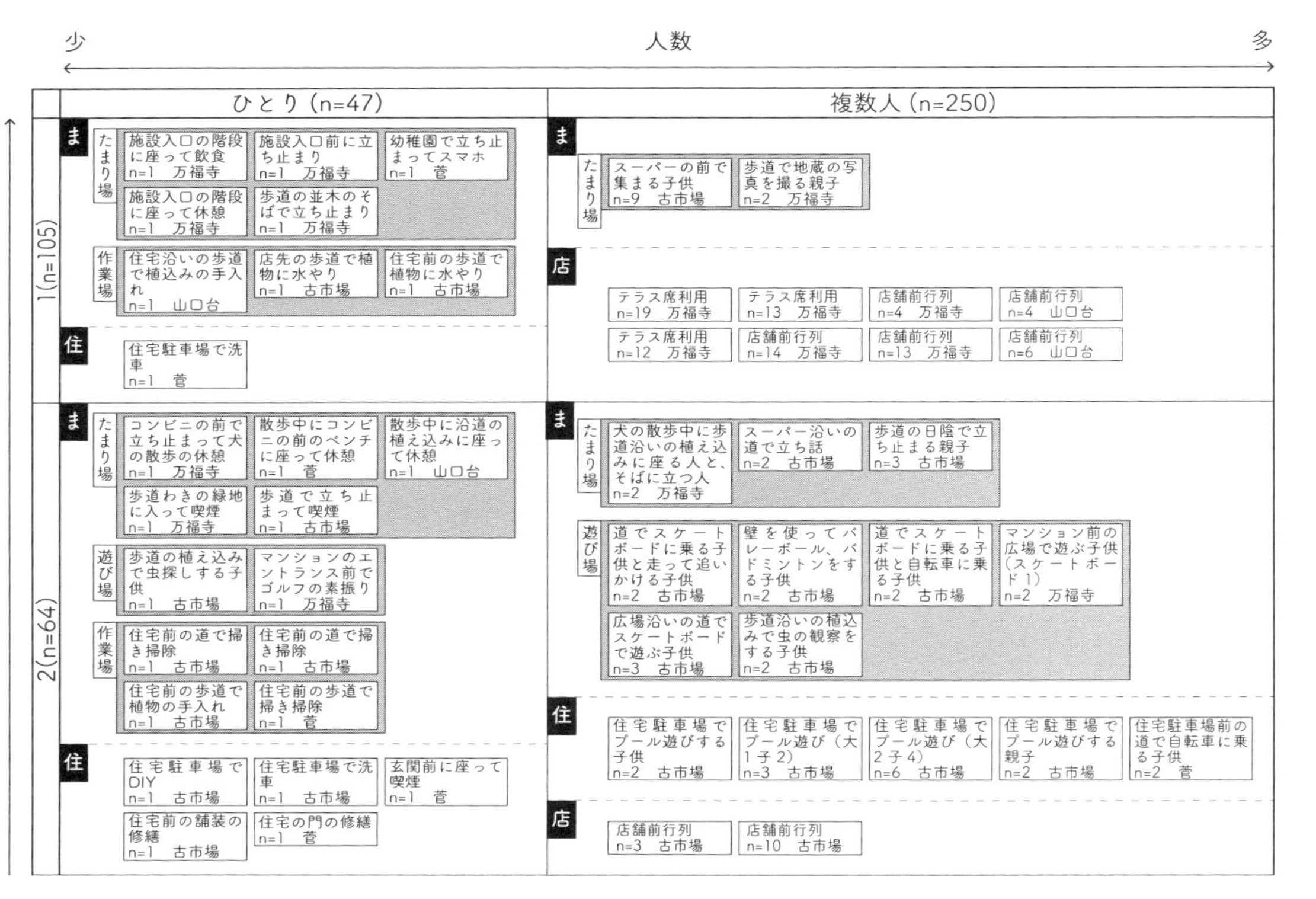

少
人数
多
表層街路
深度
ひとり（n=47）
複数人（n=250）
1(n=105)
2(n=64)
ま
たまり場
施設入口の階段に座って飲食 n=1 万福寺
施設入口前に立ち止まり n=1 万福寺
幼稚園で立ち止まってスマホ n=1 菅
施設入口の階段に座って休憩 n=1 万福寺
歩道の並木のそばで立ち止まり n=1 万福寺
作業場
住宅沿いの歩道で植込みの手入れ n=1 山口台
店先の歩道で植物に水やり n=1 古市場
住宅前の歩道で植物に水やり n=1 古市場
住
住宅駐車場で洗車 n=1 菅
ま
たまり場
スーパーの前で集まる子供 n=9 古市場
歩道で地蔵の写真を撮る親子 n=2 万福寺
店
テラス席利用 n=19 万福寺
テラス席利用 n=13 万福寺
店舗前行列 n=4 万福寺
店舗前行列 n=4 山口台
テラス席利用 n=12 万福寺
店舗前行列 n=14 万福寺
店舗前行列 n=13 万福寺
店舗前行列 n=6 山口台
ま
たまり場
コンビニの前で立ち止まって犬の散歩の休憩 n=1 万福寺
散歩中にコンビニの前のベンチに座って休憩 n=1 菅
散歩中に沿道の植え込みに座って休憩 n=1 山口台
歩道わきの緑地に入って喫煙 n=1 万福寺
歩道で立ち止まって喫煙 n=1 古市場
遊び場
歩道の植え込みで虫探しする子供 n=1 古市場
マンションのエントランス前でゴルフの素振り n=1 万福寺
作業場
住宅前の道で掃き掃除 n=1 古市場
住宅前の道で掃き掃除 n=1 古市場
住宅前の歩道で植物の手入れ n=1 古市場
住宅前の歩道で掃き掃除 n=1 菅
住
住宅駐車場でDIY n=1 古市場
住宅駐車場で洗車 n=1 古市場
玄関前に座って喫煙 n=1 菅
住宅前の舗装の修繕 n=1 古市場
住宅の門の修繕 n=1 菅
ま
たまり場
犬の散歩中に歩道沿いの植え込みに座る人と、そばに立つ人 n=2 万福寺
スーパー沿いの道で立ち話 n=2 古市場
歩道の日陰で立ち止まる親子 n=3 古市場
遊び場
道でスケートボードに乗る子供と走って追いかける子供 n=2 古市場
壁を使ってバレーボール、バドミントンをする子供 n=2 古市場
道でスケートボードに乗る子供と自転車に乗る子供 n=2 古市場
マンション前の広場で遊ぶ子供（スケートボード1） n=2 万福寺
広場沿いの道でスケートボードで遊ぶ子供 n=3 古市場
歩道沿いの植込みで虫の観察をする子供 n=2 古市場
住
住宅駐車場でプール遊びする子供 n=2 古市場
住宅駐車場でプール遊び（大1子2） n=3 古市場
住宅駐車場でプール遊び（大2子4） n=6 古市場
住宅駐車場でプール遊びする親子 n=2 古市場
住宅駐車場前の道で自転車に乗る子供 n=2 菅
店
店舗前行列 n=3 古市場
店舗前行列 n=10 古市場

郊外住宅地での活動が、住宅地の表でも裏でもない「中間」的な深度の街路で行われていることがわかってきた。では具体的に、それはどんな街路空間なのだろうか。
行為が行われていた街路とその周辺環境を分類すると、全部で10の類型に整理することができた（図5）。T字路やL字路になっていて見通しの悪い「囲まれた街路（a）」がまず挙げられるが、これは戦後復興の際に新しい娯楽の場として歌舞伎町を設計した都市計画家・石川栄耀が、盛り場の親密さを高めるために「T字路」にこだわったことを思い出させる。歌舞伎町の独特の雰囲気は、見通しの良い十字路ではなくT字路をあえて多く設けることで、石川の言う「視界の封殺（Terminal Vista）」が試みられたことによって醸成されている。(注2)
そのほかに、一車線道路の交わる小さな交差点である「まちかど（e）」や、家や店先に面して植木鉢などの置かれた歩道空間である「軒先空間（f）」、住宅地の外周部に表れる人気のない屈折路である「曲がり角（i）」など、おそらく意図的に発生したのではない空間を見つけて、人々は邪魔にならないように、かつ邪魔されないように時間を過ごしている。
感染症流行下の郊外住宅地では、人々がなんとか日常を取り戻そうと、身近な場所で——それも、屋内には集まれないため、屋外の名もなき場所で——それぞれ適した環境を見出している様子が、新しい風景をつくっていた。ひるがえって、まちなかに人々があふれ、豊かな活動の見られる住宅地を計画しようとするならば、住宅の計画以上に、従来はそのアクセス経路と見なされていた「街路」の計画こそが重要だと言える。そしてさしあたり、ここで観察された

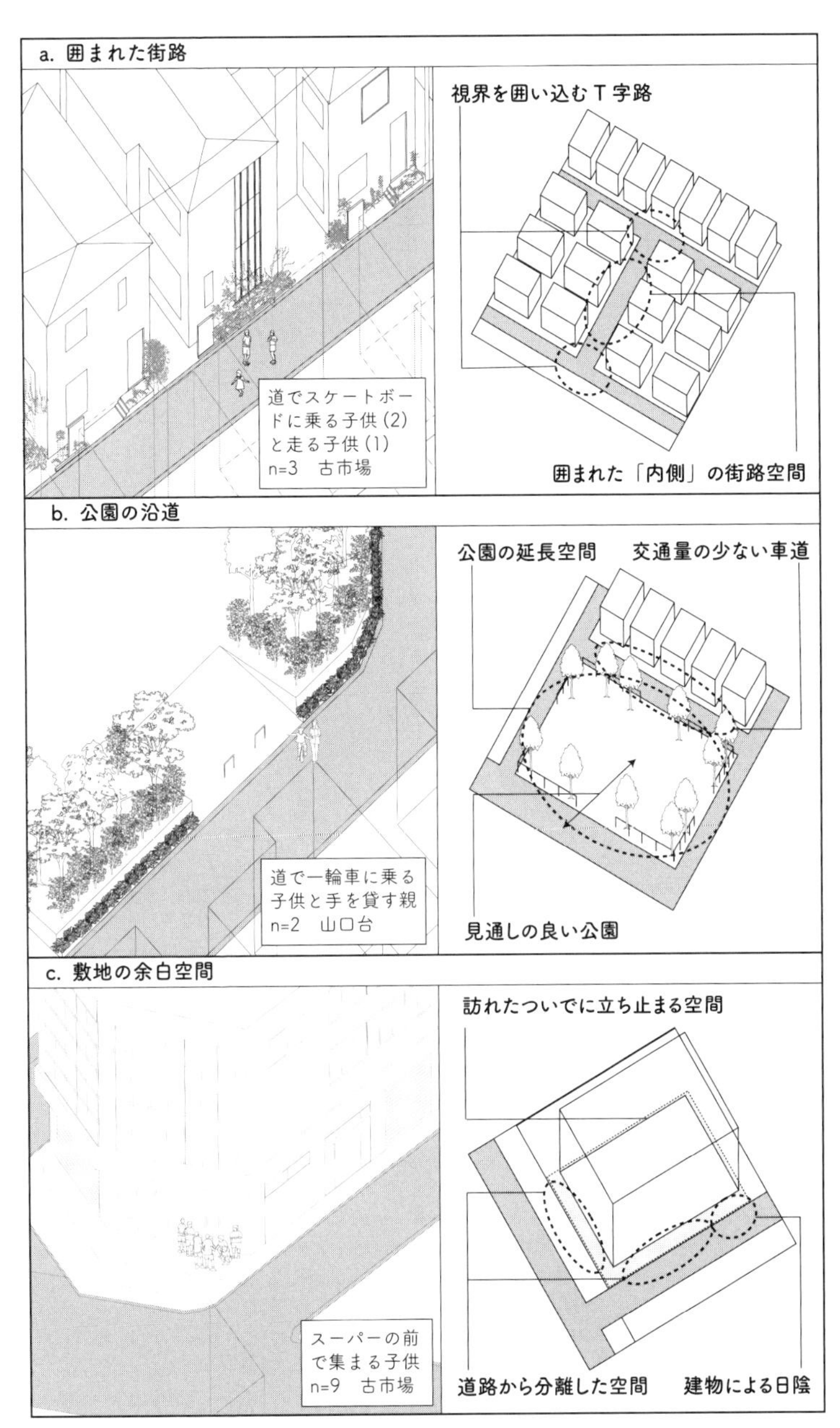


図5　住宅地で活動が発生する10の街路空間類型（p.39-42）

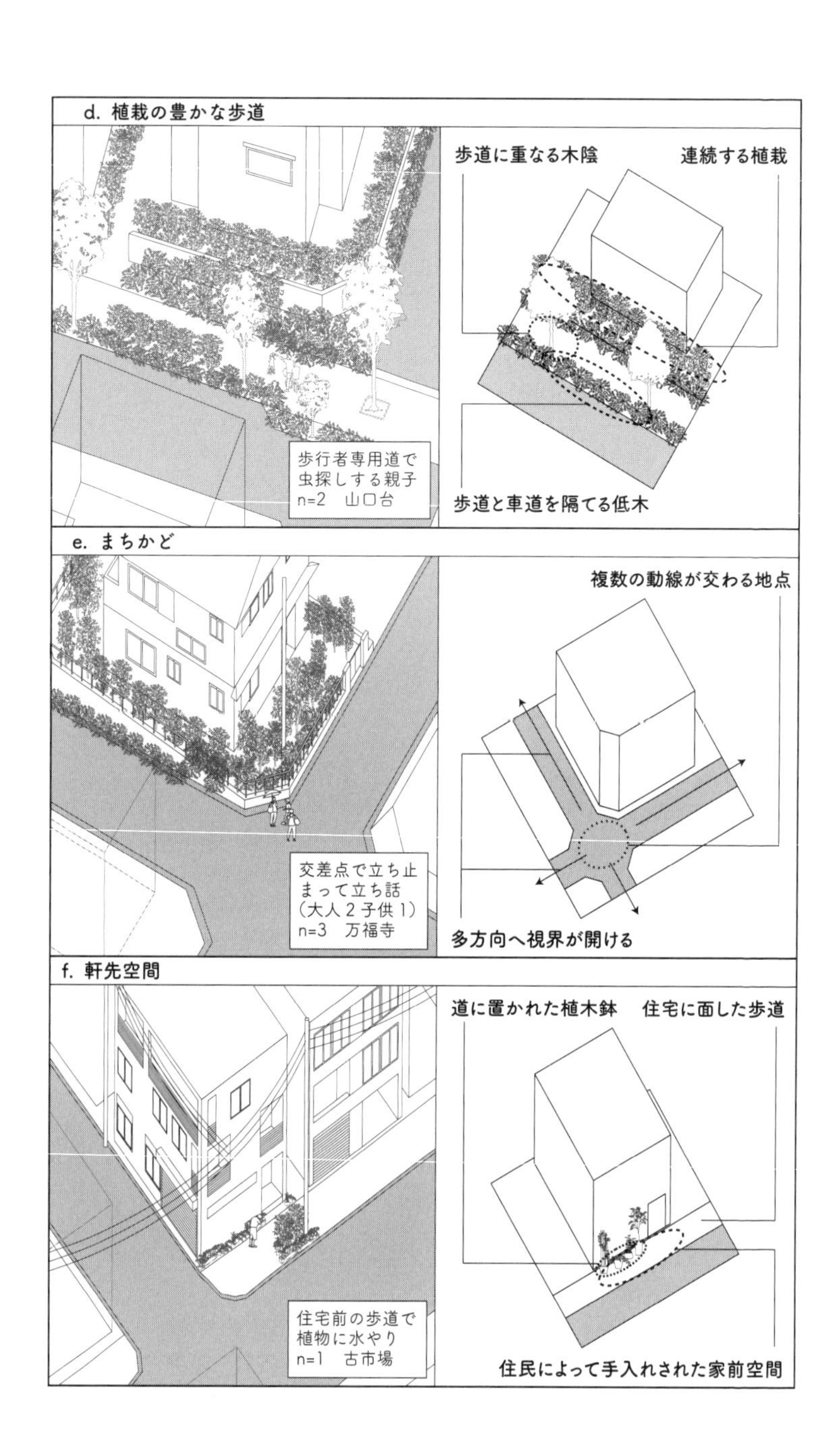
d. 植栽の豊かな歩道
歩道に重なる木陰
連続する植栽
歩行者専用道で
虫探しする親子
n=2　山口台
歩道と車道を隔てる低木
e. まちかど
複数の動線が交わる地点
交差点で立ち止
まって立ち話
（大人２子供１）
n=3　万福寺
多方向へ視界が開ける
f. 軒先空間
道に置かれた植木鉢
住宅に面した歩道
住宅前の歩道で
植物に水やり
n=1　古市場
住民によって手入れされた家前空間

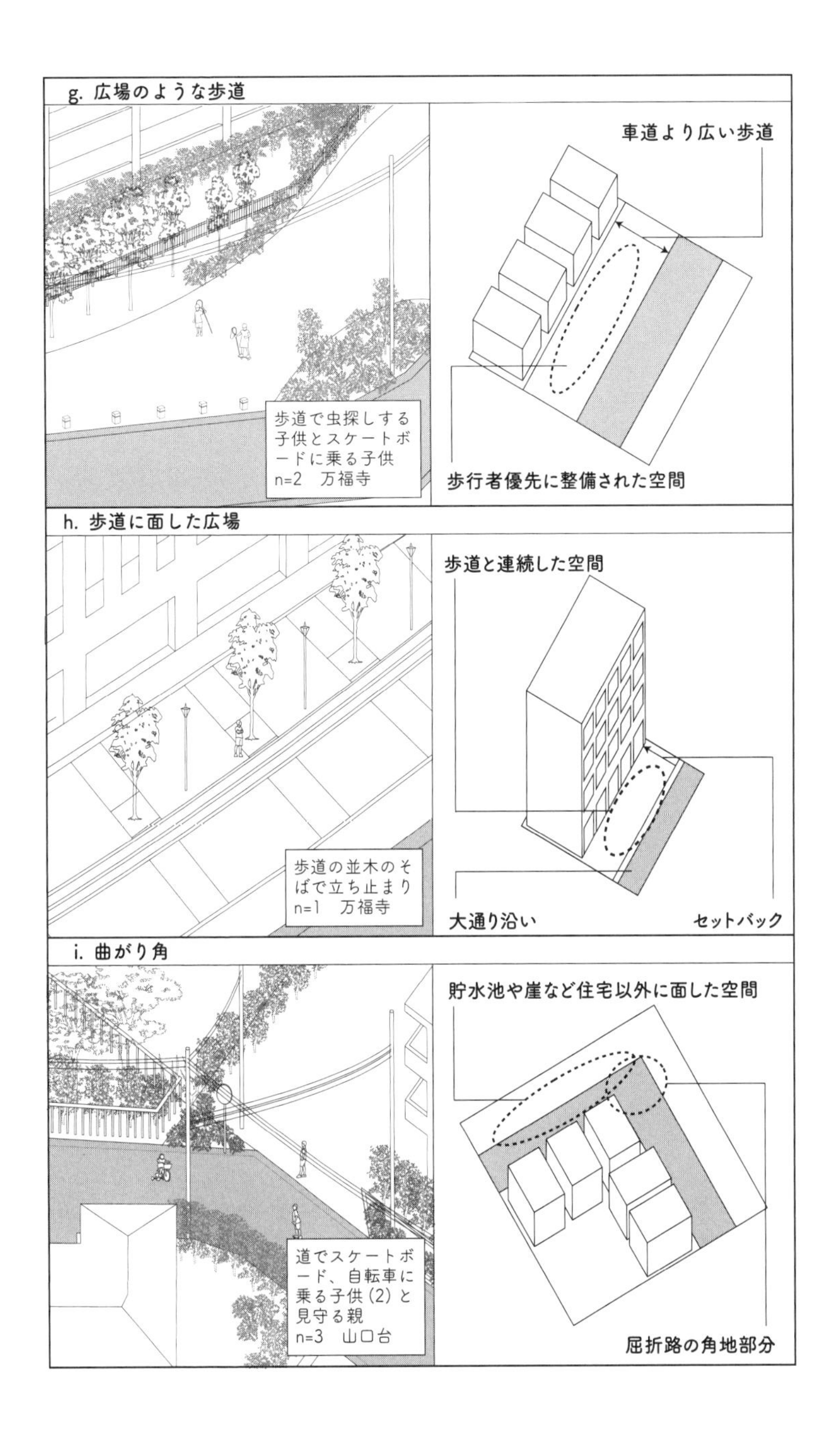
g. 広場のような歩道
車道より広い歩道
歩道で虫探しする
子供とスケートボ
ードに乗る子供
n=2　万福寺
歩行者優先に整備された空間
h. 歩道に面した広場
歩道と連続した空間
歩道の並木のそ
ばで立ち止まり
n=1　万福寺
大通り沿い
セットバック
i. 曲がり角
貯水池や崖など住宅以外に面した空間
道でスケートボ
ード、自転車に
乗る子供(2)と
見守る親
n=3　山口台
屈折路の角地部分

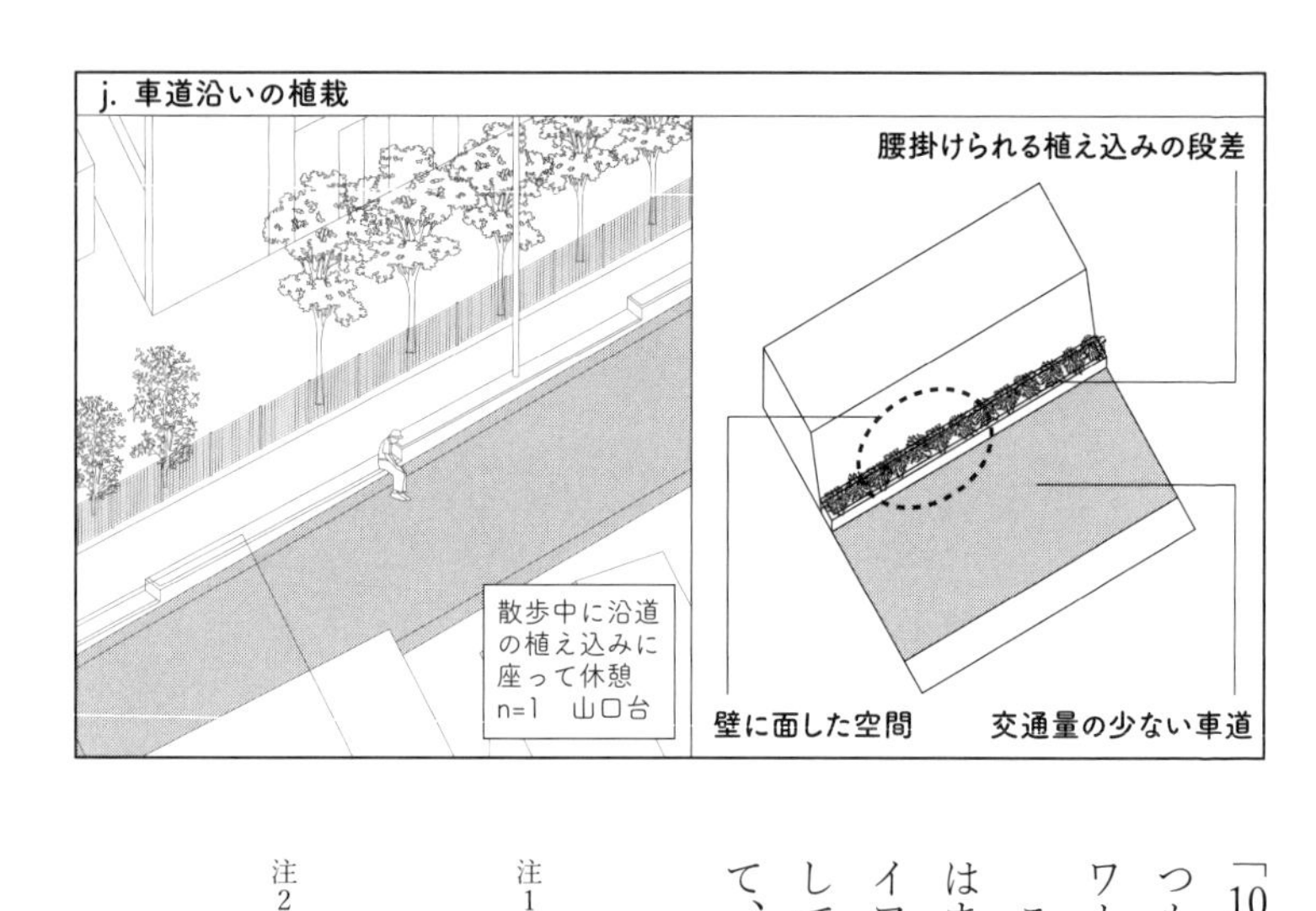


「10の空間類型」のように、屋外活動の生まれる空間の雛型をいくつも埋め込み、住宅地のパブリックライフが営まれる舞台をネットワーク状に張り巡らせていくことが有効な計画手法になるだろう。

この調査から指摘できることは、感染症の流行する郊外にしか当てはまらないことだろうか。それとも、状況が変わってもパブリックライフとは相変わらず重要性をもつものであろうか。都市にとって、そして私たちにとってパブリックライフが何の意味をもつのかについて、この一連の論考は議論を進めていくことになる。

注1　２０００年代から、郊外住宅地の開発とは何だったのか、その結果として私たちの生活はどのように変化したのかについて、70年代を振り返る鋭い議論が起こっている。本章では省くが、郊外のライフスタイルが形成された同時期に台頭した中流層と消費文化の成熟が郊外住宅地の「客層」を用意したとして、消費社会と郊外住宅地の関係は外せない論点となっている。代表的なものとして、若林幹夫『郊外の社会学―現代を生きる形』(ちくま新書、２００７年)がある。

注2　石川栄耀の都市計画については、中島直人・西成典久・初田香成・佐野浩祥・津々見崇『都市計画家 石川栄耀―都市探求の軌跡』(鹿島出版会、２００９年)に詳しい。２０２３年現在では再開発により視界はずいぶん開けているが、T字路で構成された計画当初の歌舞伎町の図面が掲載されている。社会問題として注目されるようになった「トー横」広場(トーホーシネマズ横)は、石川の仕掛けた「視界の封殺」を解除した結果として現れた、新しい歌舞伎町の姿である。

# 2章 人の流れの引き潮と反転する盛り場

## 人の去った盛り場から見えてくるもの

人々の行動が変わっているのは郊外住宅地だけではない。その対極にあるのは、飲食店や店舗がひしめく「盛り場」だろう。郊外住宅地では日常生活の舞台となる〈地〉の環境である街路空間が浮上し、「図と地の反転」が露になった。一方盛り場は、「感染症による街路空間の浮上」どころか、平時から街路空間での人々の滞留や交流こそがその特徴の中心であるから、議論には別の視点が必要である。感染症流行下の盛り場を観察する新たな仮説として、私たちは「来訪者の潮の満ち引き」を考えることにした（図1）。

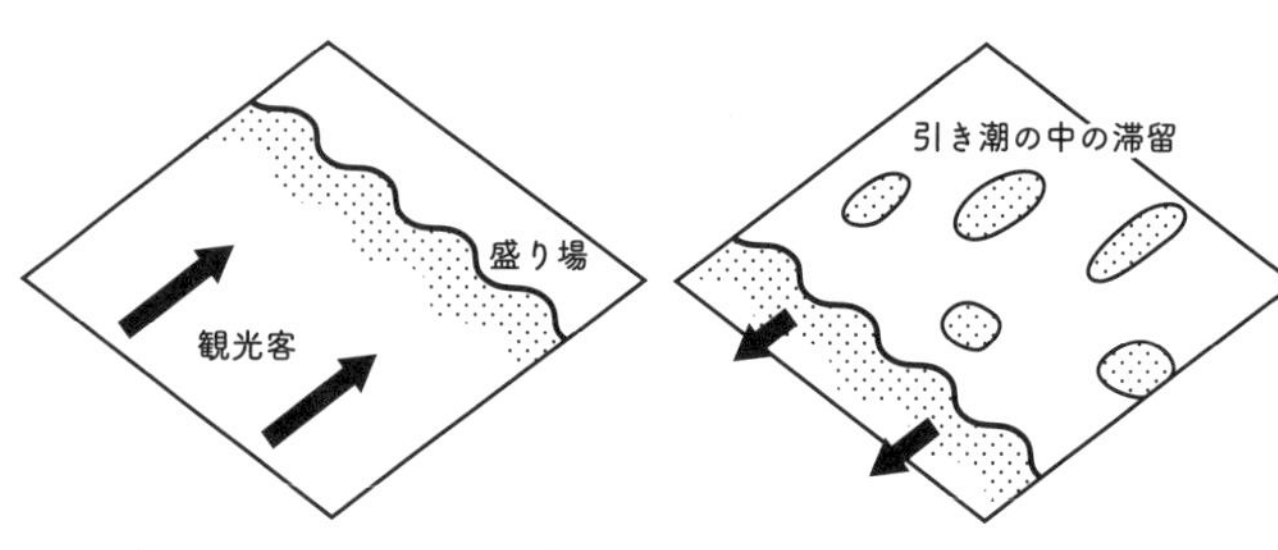


図1　盛り場の潮の満ち引きと「水たまり」

平時の盛り場では、各地からやってきた人々があちこちにひしめいている。しかし緊急事態宣言が発せられ事態が深刻化してくると、人々は各自の居住地に留まり、盛り場には近づかないようにと促される。その結果として、先に観察したように人々が戻った住宅地の街路でそれぞれの居場所が見出される一方、盛り場からは一変して人の姿が減少する。それに対して筆者らの興味は、「それでも盛り場にやってくる人はいるだろうか」ということだ。いるとしたら、彼らは必ずしも――時折メディアで報道されていたような――「ルールを守らない不真面目な人々」というわけではなく、盛り場に対して何か切実な要求を抱えているのではないか。

満潮から干潮への潮の満ち引きのように、観光客であふれていた盛り場から人々が去ったとき、そこに「水たまり」のような人の集まりが残っているのではないか。そうだとしたら、それは盛り場のどんなところに残っているのだろうか。盛り場になお集まる人々の姿から、住宅地で論じたのと同じように、都市が求められる根源的な理由の異なる側面が浮かび上がってくるのではないか。

## 合理的に計画できない場所の魅力を探る

郊外住宅地を論じることが都市計画や社会学の中で特有の意味をもっていたように、盛り場にも独特な議論の奥行きがある。ここでそれらを網羅的に紹介することは控えるが、多くの研究は、歓楽街としての機能や経済よりも、そこで醸成される独特の雰囲気や、それを形成している人間関係や暗黙のふるまいに着目してきた。考えてみれば「盛り場」と「繁華街」とでは、言葉の響きが違う。「繁華街」は都市機能としての姿を、「盛り場」は人々の様子やまちの雰囲気を指している。

繁華街と盛り場の違いをこのように考えると、それは地理学で提唱された「空間」と「場所」の違いのようにも思えてくる。人文地理学では、1970年代後半にエドワード・レルフとイーフー・トゥアンという2人の地理学者が、統計解析ではなく人々が生きて感じている空間こそを扱おうと試み、「人間主義の地理学」を模索していた。レルフは『場所の現象学』(原著1976年)、トゥアンは『空間の経験』(原著1977年)にそれぞれの主張をまとめたが、両者が一致しているのは、客観的に記述される「空間」に対比して、「場所」とはそこに住みこまれ、経験されていくなかで見出された感情的・意味的な広がりだと考える姿勢だ。見知らぬまちも、そこに住むにつれてなじみ深くなり、意味に満たされていく。このプロセスは「空間が場所になっていく」過程である。

「空間」と「場所」を区別して考え、「場所」という言葉に独特の重要性を込めた議論は、70年代の地理学から本格化した。それは、50年代に計量モデルを用いた解析が流行したことに対して、人間存在が無視されてしまうという危機感からだった。そうした批判的精神を宿す「場所論」にとって、大資本による巨大開発とは異なる魅力を放っているように見える「盛り場」は、合理的な都市計画が実現できない重要な都市の魅力を解き明かす鍵となってきたのである。

新型コロナウイルス感染症の流行は、その「盛り場」を大きく変容させたが、執筆時の2023年にはすでに感染症の影響は弱まり、盛り場の様子は元に戻りつつある。人流の波が一度引き、また再びやってくるまでのこの稀有な期間でこそ、単なる観光や買い物といった機能的な説明に回収しきれない、盛り場が求められる理由を探ることができるのではないか。

## 盛り場で見られた「図と地の反転」

調査は2020年9～10月に行われた。調査する盛り場の選定にあたっては、警視庁が定めている東京都内の「主要な盛り場(注1)」を参照した。ここには22の盛り場がリストアップされているが、それらを特徴によって分けるならば、「都心飲み屋街」「都心専門店街」「都心ファッションタウン」「都心下町盛り場」「郊外盛り場」の5つに分けられる。そこで、それぞれに該

| | | |
|---|---|---|
| 都心飲み屋街 | ターミナル型 | **新宿歌舞伎町地区**、新橋駅周辺、赤羽駅周辺 |
| | ローカル型 | 五反田駅周辺、蒲田駅周辺、錦糸町駅周辺、**新宿三丁目駅周辺**、赤坂駅周辺、小岩駅周辺 |
| 都心専門店街 | | **上野駅周辺、神田・秋葉原駅周辺** |
| 都心ファッションタウン | | **渋谷地区、池袋地区、銀座駅周辺 六本木・西麻布地区** |
| 都心下町盛り場 | | **浅草駅周辺、巣鴨・大塚駅周辺**、湯島駅周辺 |
| 郊外盛り場 | | **吉祥寺駅周辺、立川駅周辺**、八王子駅周辺、町田駅周辺 |

図2　盛り場のケーススタディ対象一覧

当するものから盛り場のケーススタディ対象を合計22カ所選定した（図2）。そして、駅を中心に店舗集積が見られる範囲を昼・夜の2回ずつ巡回し、全天球カメラで動画撮影して来街者のふるまいを記録した。

調査結果を見てみよう。図3に、人々の滞留が見られた地点をプロットした盛り場の地図を示した。ここで注目したいのは、従来からの観光スポットが賑わっているのか、それとも従来から人気のあった場所ではないところに人が集まっているのか、ということだ。試しに典型的な観光雑誌として『まっぷる』（昭文社）と『るるぶ』（JTBパブリッシング）を用いて、そこに掲載されているスポットの周辺に人が集まっている場合と、そうでない場合とを分けて表記した（図中、実線と点線で描き分けている）。

興味深いのは、いくつかの盛り場で観光雑誌に掲載されていない店舗や通りに沿った滞留が見られたことである。巣鴨、吉祥寺、立川、渋谷、新宿歌舞伎町では、雑誌に掲載され平時でも賑わっていた通りに人々が集まっていた。

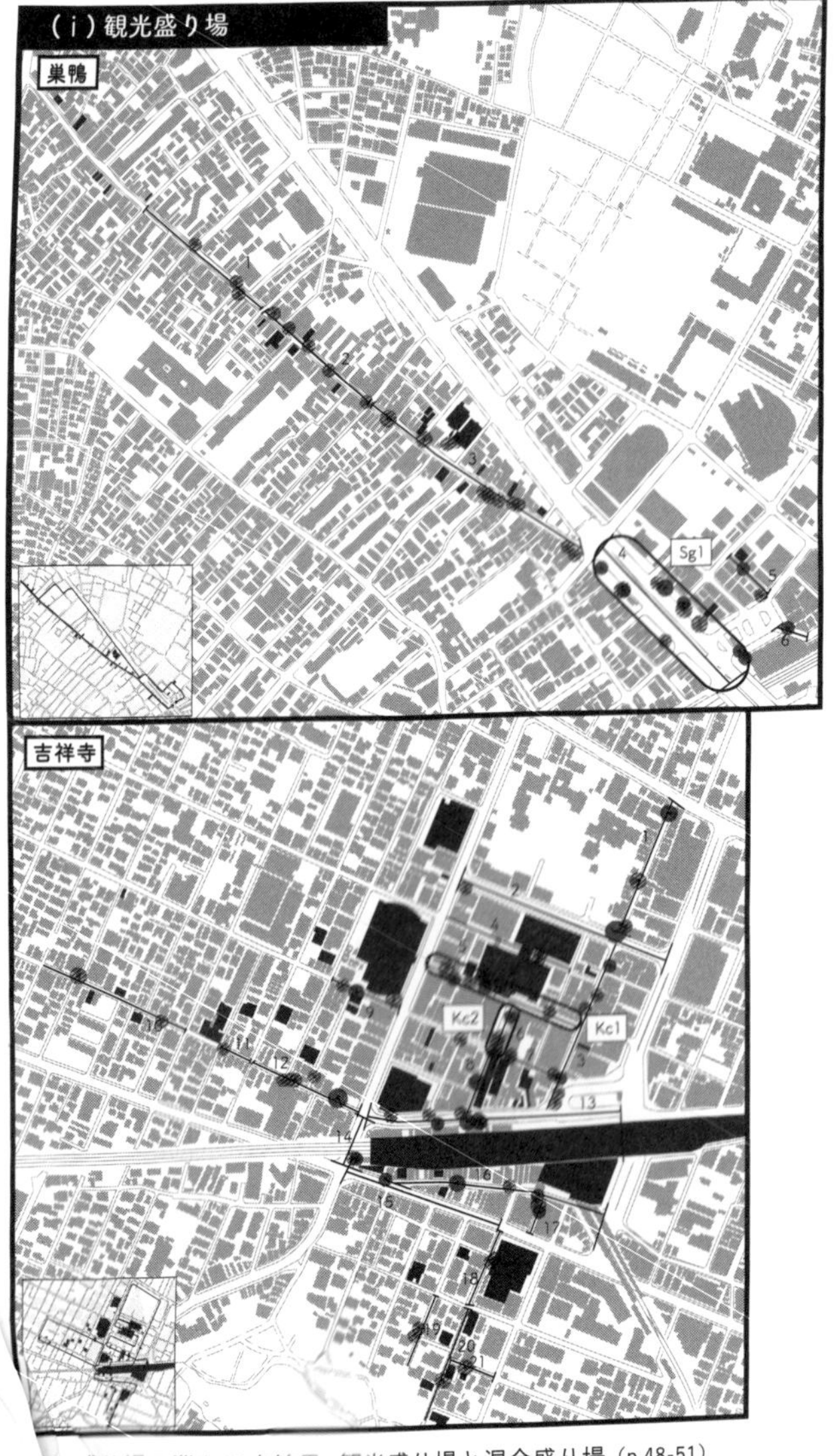


3 盛り場の滞留調査結果：観光盛り場と混合盛り場（p.48-51）

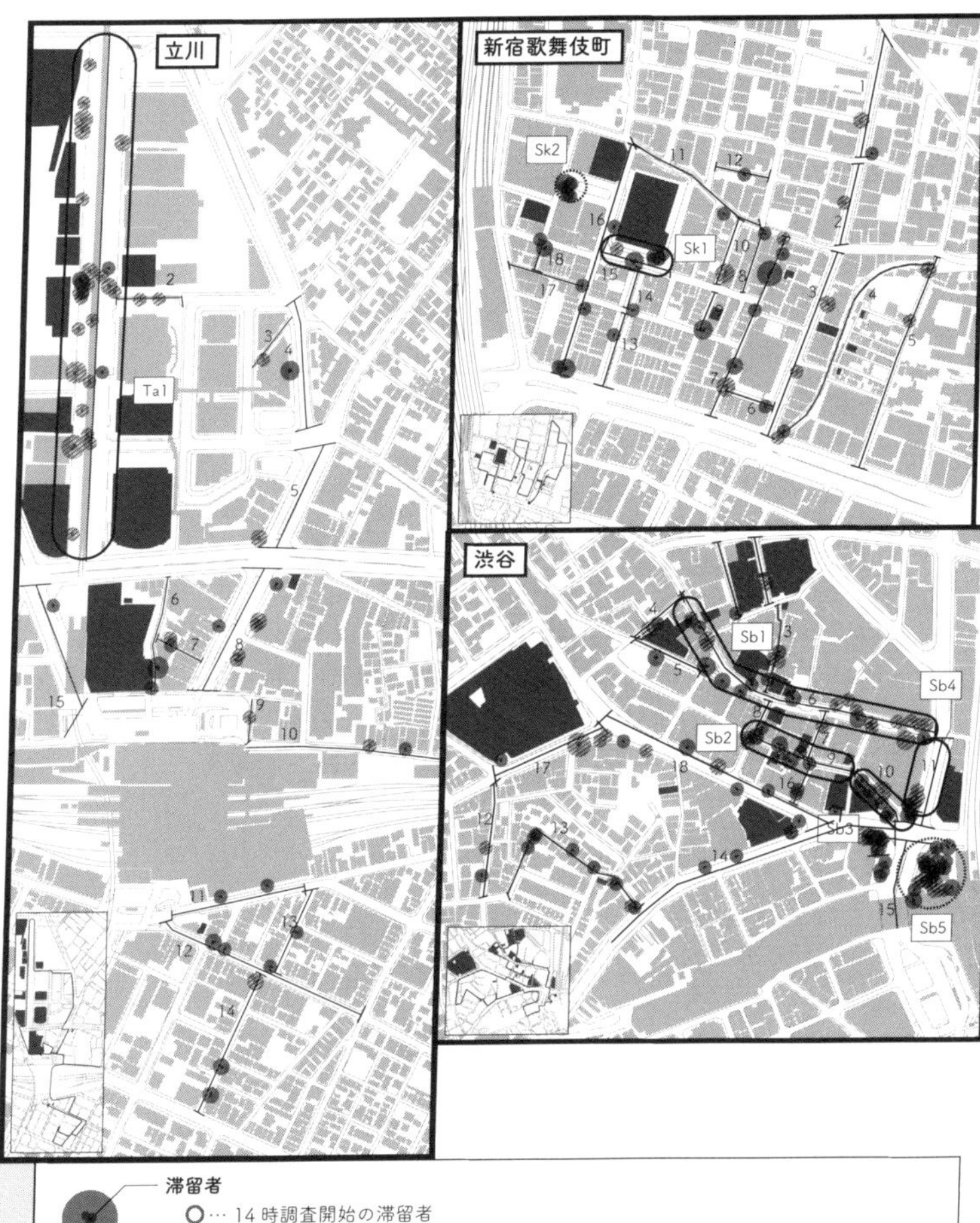


凡例

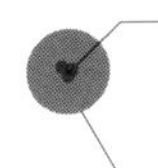

**滞留者**

○…14 時調査開始の滞留者

●…20 時調査開始の滞留者

**滞留集団**

（集団の人数比と面積比が対応）

…14 時調査開始の滞留集団

●…20 時調査開始の滞留集団

2 3 4 5 6 7 8 9（人）

**顕著な滞留が見られる街路**

…大衆観光街路

…非大衆観光街路

…公園または広場における際立った滞留集団の集まり

Gn3 …顕著な滞留が見られる街路の街路名

…観光スポット

12 …滞留者がいる切り出した街路と街路番号

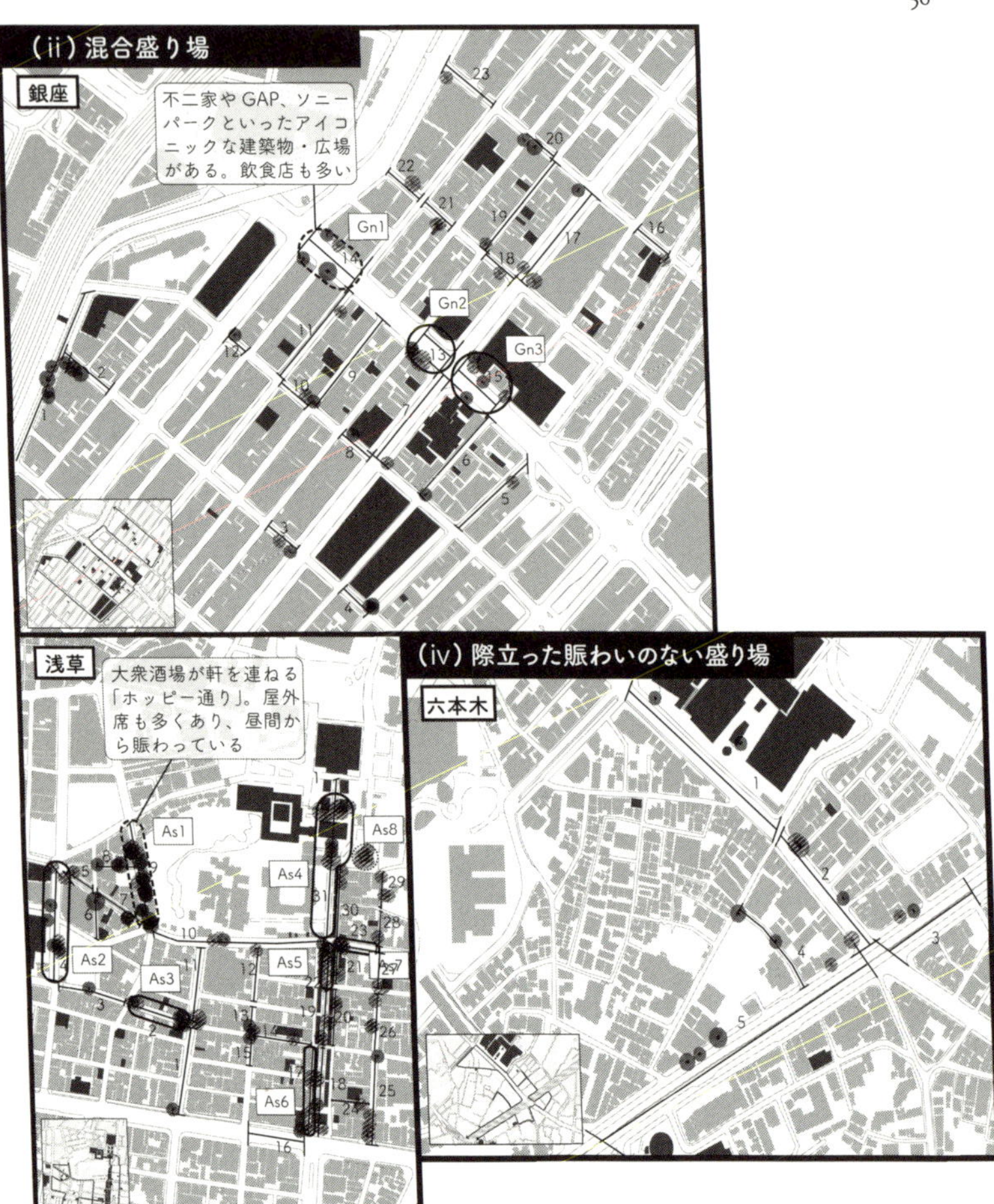
(ii) 混合盛り場
銀座
不二家やGAP、ソニーパークといったアイコニックな建築物・広場がある。飲食店も多い
Gn1
Gn2
Gn3
浅草
大衆酒場が軒を連ねる「ホッピー通り」。屋外席も多くあり、昼間から賑わっている
As1
As2
As3
As4
As5
As6
As8
(iv) 際立った賑わいのない盛り場
六本木

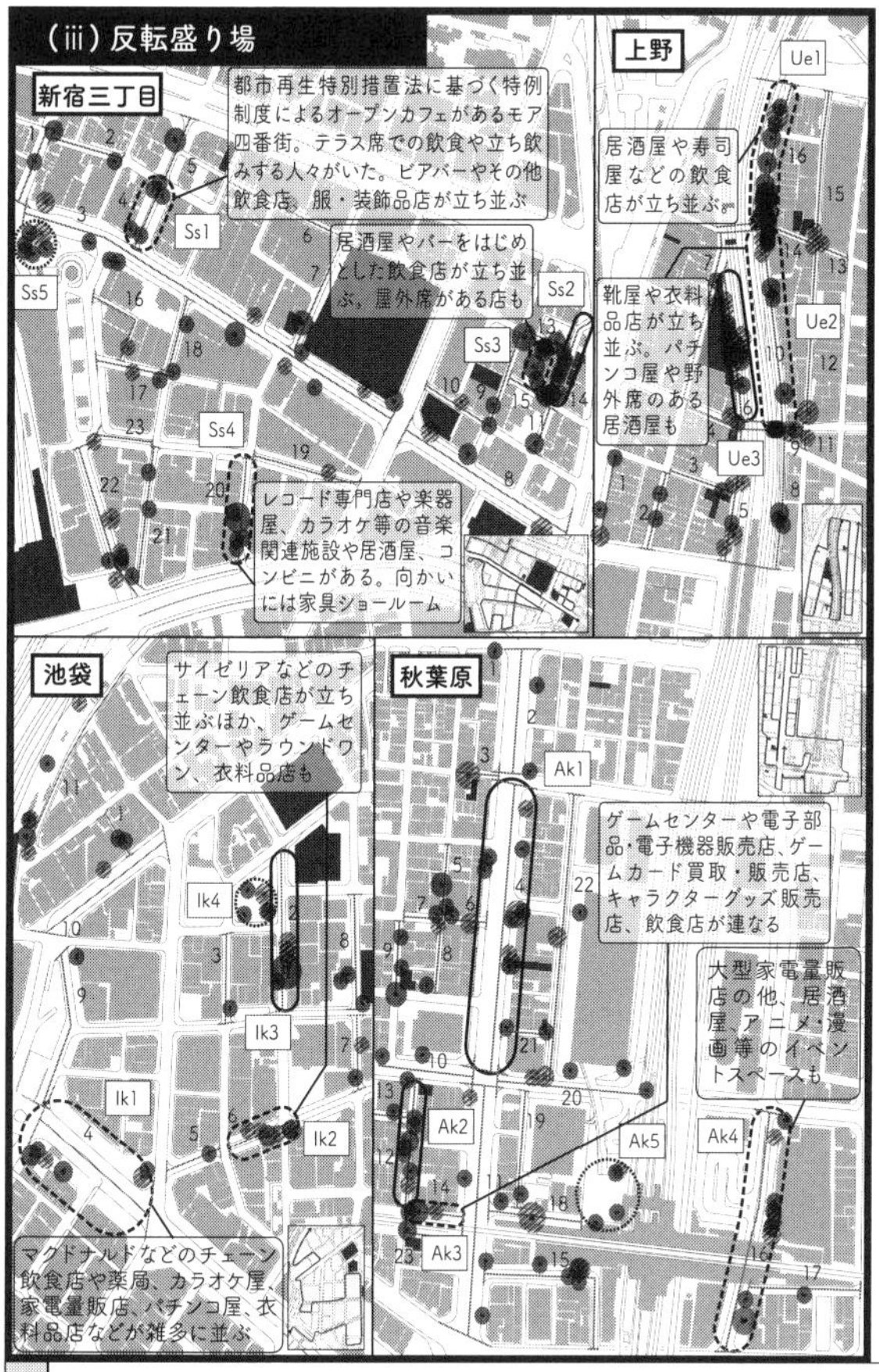


**凡例**

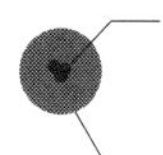

**滞留者**

○…14時調査開始の滞留者

●…20時調査開始の滞留者

**滞留集団**

（集団の人数比と面積比が対応）

…14時調査開始の滞留集団

…20時調査開始の滞留集団

2 3 4 5 6 7 8 9（人）

**顕著な滞留が見られる街路**

…大衆観光街路

…非大衆観光街路

…公園または広場における際立った滞留集団の集まり

Gn3 …顕著な滞留が見られる街路の街路名

…観光スポット

12 …滞留者がいる切り出した街路と街路番号

他方で、新宿三丁目、上野、池袋、秋葉原では観光対象でない場所に人々が集まっている。感染症の流行に伴い人流の潮が引いたことで、ふだん注目されてこなかった場所への人だかりが際立つ。このような状態を、「盛り場の反転」と表現することができる。

このように、感染症の影響下で、盛り場には4つの方向への変化が確認された。1つは、来街者の人数は減ったが、これまでどおりの観光対象に人々が集まっている盛り場（私たちは「観光盛り場」と名付けた）。逆に、観光対象として注目されていなかった場所の滞留が際立つ盛り場（「反転盛り場」）。また、その両方が混在して見られる盛り場（「混合盛り場」）。最後に、すっかり人影がなくなってしまった盛り場である。ただし、ほとんどの場合どこかで来街者の滞留は確認されており、この4つめに該当したのが六本木だけであったことは示唆的である。

## 秋葉原に見る、消費地ではない価値

外出者の人数が減ることで盛り場の注目される場所が反転するかどうか、その違いはどこにあるのか。観光雑誌に載っていないが滞留が見られた街路の特徴をまとめると次のようになる。

（1）観光スポットから離れた場所にある、観光雑誌には載っていないが知名度のある飲屋街。
（2）大通りから1本入った場所にある、有名ではないが短い区間に飲屋店が集まった街路。
（3）趣味に関する小規模専門店が複数立ち並ぶ街路。

(4) 特定のジャンルに対して (3) よりも幅広く取り扱う大型小売店、大型娯楽施設がある街路。
(5) 大通りの入口にあたる交差点付近の、十分な幅員のある街路。
(6) 駅前広場が満足な広さでない場合、駅付近で広場のように使われている幅員の広い街路。

ここで挙げたようなまちの外見的な特徴に加えて、来街者のふるまいの変化を把握するために、「反転盛り場」の1つである秋葉原に着目して来街者に対するヒアリングを行った。新型コロナウイルス感染症の流行以前の2018年に、すでに一度来街者の滞留調査を行ったことがあったため、比較が可能だったからである。(注2)

秋葉原では、**図4**に示す通り、滞留者の数は圧倒的に少なくなった。ただし、全体の滞留数が減っているにもかかわらず滞留集団がにわかに増えたエリアや、滞留集団が相変わらず多いエリアも確認できる。滞留集団の総数が相変わらず多いエリアでは、メイド喫茶の客引きが中央通りや秋葉原地区南西部のメイド喫茶街を中心としたエリアに増加しており、「立ち話」をする人々が2018年時点より目立つ結果となった。図中の⑦周辺では、「物色・調べ物」をする人々の数もジャンク品を取り扱う店舗付近を中心に増加していた。一方で、座って休憩したり飲食をしたりする人々の割合は明らかに減少している。総じて秋葉原地区の賑わいは、開けた広場やメイン通りから、その一本裏の通りへとその重心を移していることが確認された。

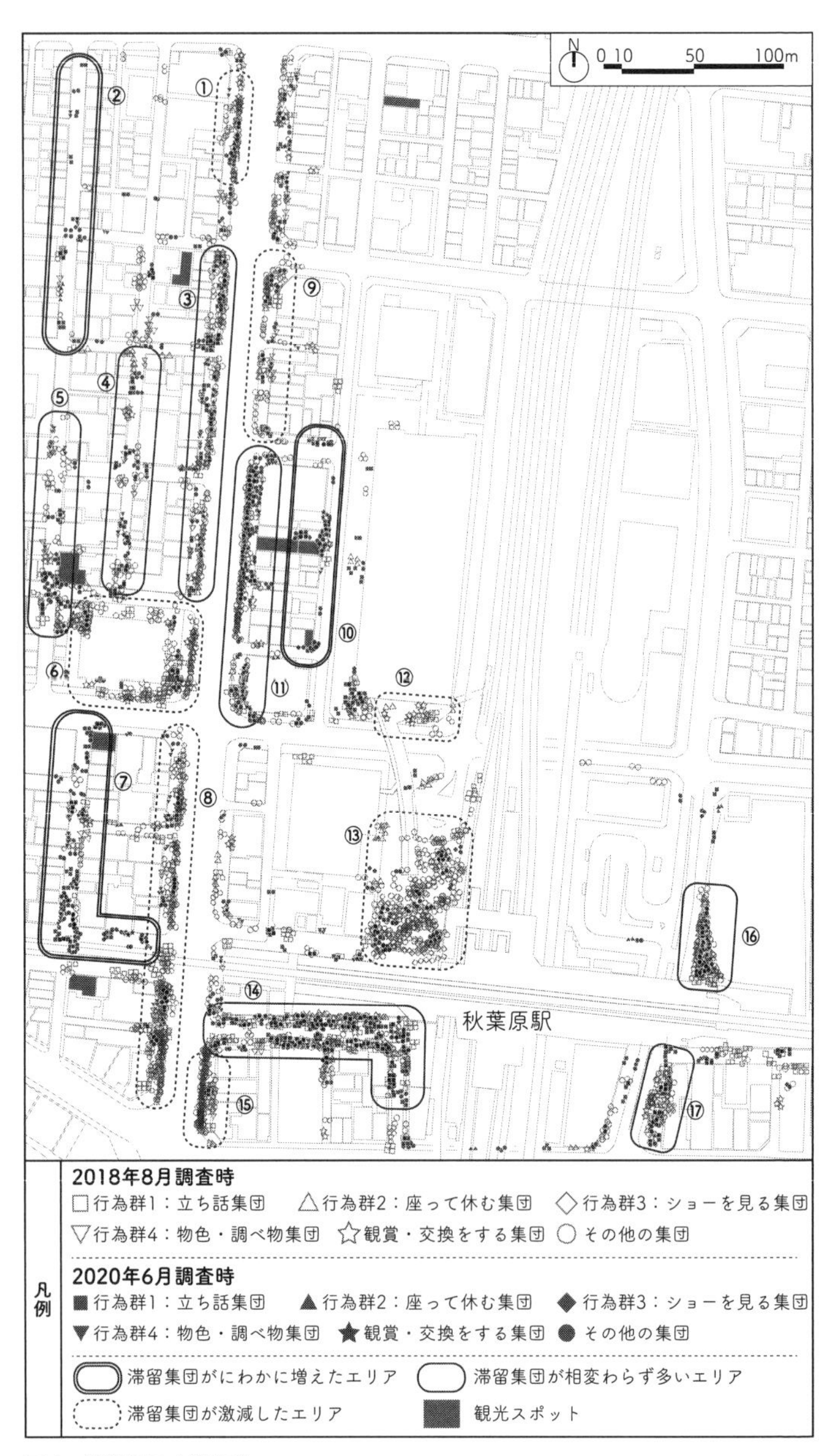
N
0 10 50 100m
①
②
③
④
⑤
⑥
⑦
⑧
⑨
⑩
⑪
⑫
⑬
⑭
⑮
⑯
⑰
秋葉原駅
凡例
2018年8月調査時
□行為群1：立ち話集団
△行為群2：座って休む集団
◇行為群3：ショーを見る集団
▽行為群4：物色・調べ物集団
☆観賞・交換をする集団
○その他の集団
2020年6月調査時
■行為群1：立ち話集団
▲行為群2：座って休む集団
◆行為群3：ショーを見る集団
▼行為群4：物色・調べ物集団
★観賞・交換をする集団
●その他の集団
滞留集団がにわかに増えたエリア
滞留集団が相変わらず多いエリア
滞留集団が激減したエリア
観光スポット

図4　秋葉原の人流変化

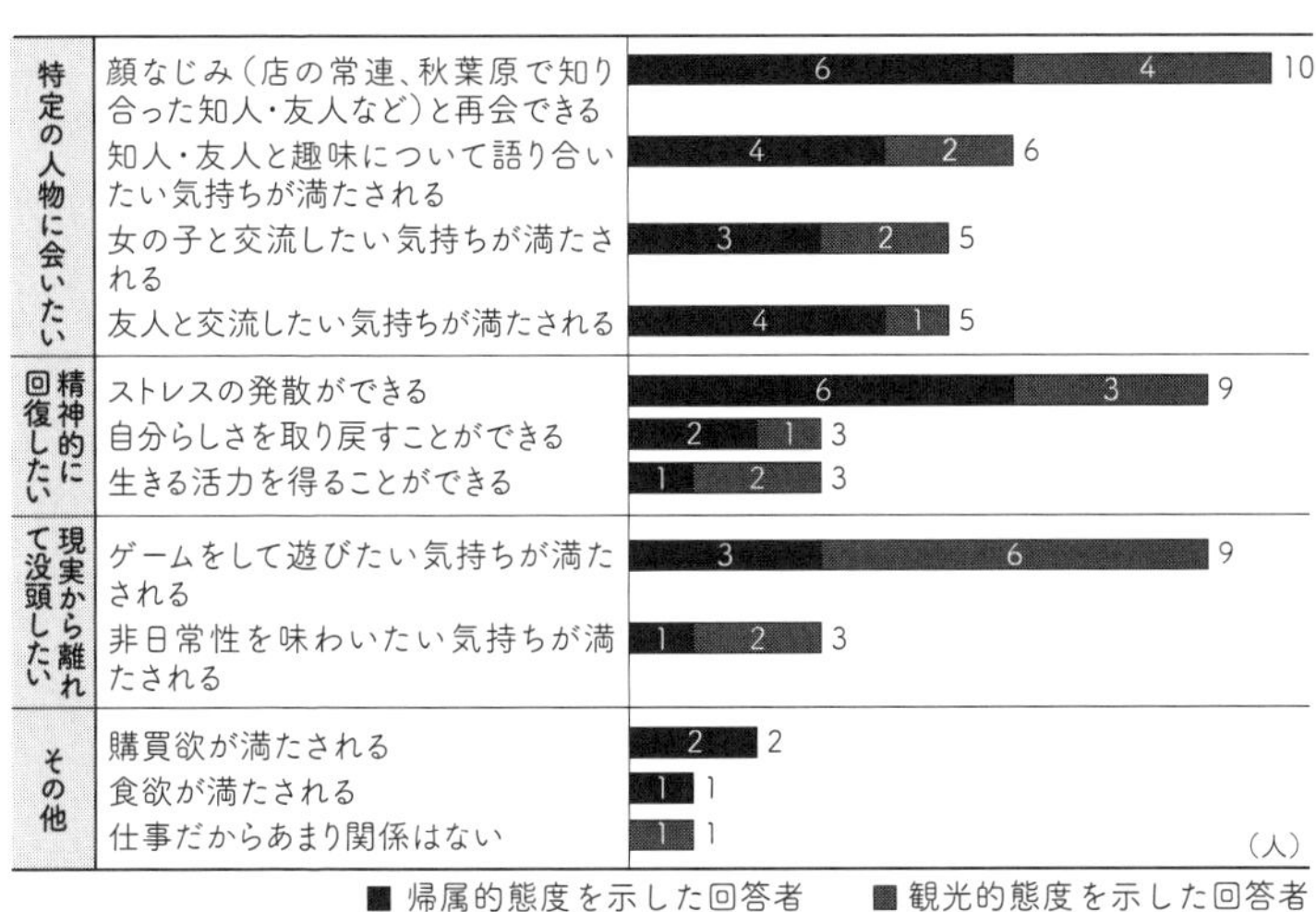

図5 「秋葉原に求められること」のヒアリング結果

さらに2018年から行っていた秋葉原調査の人脈をたどって、感染症流行期間中も秋葉原へ通う15名へ記入式アンケート調査を行った。来街者にとって秋葉原はどのような欲求を解消し、どのような効果を得ることができる場所であるのかを回答してもらった結果が**図5**である。回答は大まかに言って、「特定の人物に会いたい」「精神的に回復したい」「現実から離れて没頭したい」に分類された。「購買欲が満たされる」「食欲が満たされる」といった、秋葉原でなくとも満たすことのできる欲求に関しては回答が少ない結果であった。反対に、「顔なじみ（店の常連、秋葉原で知り合った知人・友人など）と再会できる」ことへの欲求を満たせる場所として秋葉原を捉えている回答者が最も多く、特定の人物に会うために秋葉原という場所を介することが彼らにとって重要であることが読みとれる。

秋葉原の事例だけで結論を出すことは難しいが、しかし、来街者たちがその場所を「代わりのない場所」であると認識していること（代替不可能性）、そして、そのまちが「なじみの人と会う場所」であること（匿名の関係性ではなく互いの顔や名前を認識しあった関係性、つまり顕名的関係性）の二点は、盛り場が感染症流行後にも求められる重要な要因であっただろう。代替不可能性は、複数のまちを比較して「どちらがよい」という評価基準では測ることができない。比較のまなざしとは異なる視点から見出される価値である。また、「顕名的関係性」とは、ショッピングだけを行う消費者たちの「互いを眺めあう関係」や不特定多数の人々の間の関係性とは対照的なものである。盛り場の反転は、観光対象としてではない、単純な「消費地」ではない盛り場の価値を露にしつつあるように思える。

注1　警視庁「盛り場総合対策　東京都内における主要な盛り場」を参照した。https://www.keishicho.metro.tokyo.lg.jp/kurashi/anzen/sakaribasogo/taisaku.html

注2　2018年度の研究成果は、北條光彩季、後藤春彦、山近資成、吉江俊「路上で展開する「趣味的な交換」の場に関する研究」（日本建築学会計画系論文集、第85巻、第775号、2020年）として発表済みで、ウェブ上でも閲覧できる。

# 3章

# 〈第四の場所〉の発見

## パブリックライフとは何か

住宅地と盛り場の調査で繰り返し指摘したのは、「環境の反転」と「場所の浮上」ということだった。これについて、もう少し立ち入ってその意味を考えてみよう。感染症流行を経て、多くの人々が都市の根源的価値についていて興味をもち始めているため、現在は分野を超えてさまざまな言葉が——ときに互いに整理できずに——乱立している状態である。ここでは必要に応じてそれらを整理しながら、私たちを取り巻く状況をよりうまく説明する概念を取捨選択・提案したい。まずは、「パブリックライフ」という言葉から考え始めることにしよう。

「パブリックライフ」という言葉は、現在はごく一般的に使われている。しかし、それが何を意味しているかと問われると、明確に答えられる読者は少ないのではないだろうか。試みに英英辞典（Macmillan English Dictionary）で調べると、「政治や宗教、教育などの、多くの人々から知られる活動」などの意味が第一に登場する――「彼はパブリックライフからは引退した」というような用法である――が、それでは私たちの呼ぼうとしているものを言い当てられない。ほかの辞典を探すと、「個人や家族・友人などと行われるプライベート・ライフの反対」という説明や、「ソーシャル・ライフのこと」という説明もある。やや接近したものの、まだ「核心」を掴んでいるとは言えない。

パブリックライフ研究を長年続けてきた都市計画家ヤン・ゲールが、この言葉をどのように使っているかを見てみよう。彼の著書『パブリックライフ学入門』（原著『How to Study Public Life』2013年、邦訳は2016年）には次のようにある。

「（パブリックライフは：筆者注）学校の行き帰りやバルコニーで、座る、立つ、歩く、自転車に乗るなど、建物の間で起き得るあらゆる活動のことです。私たちが外に出て目にすることができるすべての出来事のことです。決して、大道芸やオープンカフェにかぎった話ではありません(注1)」

やや判然としないが、この説明から押さえられる要点は、パブリックライフとは「屋外（建物の間）で起こるあらゆる活動」であり、「私たちが目にすることができる活動」であるということだ。しかし、「目にする／目にされる」ことが、なぜ重要になるのだろうか。

人が他者から「目にされる」ことと公共性との関係については、哲学者ハンナ・アーレントの「現れ（appearance）」という概念を用いた議論が知られている。アーレントは、人々が互いに認知され、自らが誰であるかを示すことのできる場所を「現れの空間」と呼び、それこそが公共的空間だと言うのだ。

アーレントは1906年生まれのドイツ系ユダヤ人で、ナチスの手から逃れてパリへ、そして一時は収容所に入れられたが脱出してアメリカに亡命し、終戦後はホロコーストのような「人類に対する犯罪」というべきものがなぜ実行されえたのかを考えた。というのも当時、アウシュヴィッツの噂が流れたとき、アーレントや多くの亡命した哲学者でさえそのことを信じられなかったというほど衝撃的なことだったのだ。人間が同じ人間を「無用」のものとして判断し、工業的に処理する。そういうことがなぜ起こるのだろうか。こうした問いとともに、大著『全体主義の起源』（原著1951年）から続いて著した『人間の条件』（原著1958年）の中で提示されたのが、「誰」と「何」の対比である。

「誰（who）」とは、ほかでもないその人自身がどんな人物であるかを指しており、「何（what）」とは、男性であるとか、父親であるとか、警察官であるといった属性を指している。人が「何」であるかが重視される場合、その人は同じ属性の人々の中の1人に過ぎないのであり、社会の中で交換可能な部品と見なされる。しかし人が「誰」であるかが重視される場合、その人はまぎれもなくその人自身なのであり、代替不可能な存在なのだ。「現れ」というのは、人々が「何」ではなく「誰」であるかがふいに示される瞬間であり、現れの空間がいつでも発生する可能性のある空間こそが、アーレントの言う公共的空間なのである。(注2)

この観点から重要なのは、属性に還元されない人間それぞれの多様性と自律性が露になることであり、「この人は○○(属性)だからこんな人物だろう」と相互に決めつけないということが「現れ」の条件と言える。そして、まちの中で突如として自分の「こうに違いない」という思い込みが崩れるとき、つまり属性ではなく「その人自身」を見ることができたとき、そこに「現れの空間」が発生しているのだ。

アーレントは個人それぞれが「誰」として現れることの重要性を説きつつも、もう一方で、そうした個別の人々が、1つの共通した物事に関わることの重要性にも触れる。

「他人によって、見られ、聞かれるということが重要であるというのは、すべての人が、みなこのようにそれぞれに異なった立場から見聞きしているからである。これが公共生活(パブリックライフ:筆者注)の意味である。この生活にくらべれば、最も豊かで、最も満足すべき家庭生活でさえ、せいぜい、自分の立場を拡大し、拡張するだけであり、同一の側面と遠近法を提供するだけである。……物がその正体を変えることなく、多数の人によってさまざまな側面において見られ、したがって、物の周りに集まった人びとが、自分たちは同一のものをまったく多様に見ているということを知っている場合にのみ、世界のリアリティは真実に、そして不安気なく、現れることができるのである(注3)」

アーレントが述べていることは、次のように要約できる。パブリックライフの意義とは、人々が互いを認知し、人が「その人自身」として認められる(＝現れる)ことである。そして、それぞれ異なった視点(＝遠近法)をもつ多様な人々が都市の公共空間にやってきて、同じものであっても、それをまったく多様に見ているのだと私たち自身が知ることによって、「世界のリアリティ」は現れる。

私が29頁で触れた実体験を思い出してほしい。外出自粛のなか、テレワークの合間に散歩をすると、意外にも多くの人々が住宅地を歩いて、各々の時間を過ごしていることに気づき、「なんだ、みんな元気ではないか」と安心したという話だ。人々が自分と同じようにそこにいるということから、なぜこんなにも安堵感が得られるのか、今の私には説明できる。感染症の流行が拡大しつつあるなか、私がいろいろな思いを巡らせたのと同じように、多くの人々はそれぞれいろいろな考えに至ったであろうし、ライフスタイルが変化した人や仕事が立ち行かなくなった人もいただろう。しかし、そうした人々が同じ都市を生き、今このように互いを認識しあっているということ自体から、「まだ社会は大丈夫そうだ」という直観を得たのだ。第二次世界大戦の戦中から哲学的思考を深めたアーレントと現在の私たちではまったく境遇は異なるものの、彼女が戦争を超えて普遍化した「人間の条件」の中で見出した「不安げなく現れる世界のリアリティ」というのは、このようなことではないか。

そろそろ、「パブリックライフとは何か」という問いに決着がつきそうである。それは、人々が互いに出会い交流することで、互いを認知し、多様な人々がともに同じ社会を生きているのだという実感を得るような日々の生活のことである。このような感覚をさしあたり――アーレントの概念をかみ砕き、実感の込められる範囲の言葉を選んで――〈共在感覚〉と呼ぶとすると、この〈共在感覚〉を得るような生活のことを、パブリックライフと呼ぶことができるのである。そして、そのようなパブリックライフからは、突き詰めれば、さまざまな視点や考えをもってまちを出歩いている私たち自身が社会なのだという実感――つまり「世界のリアリティ」がほかならぬ私たち自身が相互に現れることによって発生しているのだという実感――が得られるのである。

## パブリックライフはどこで営まれるか

「パブリックライフとは何か」という問いから、「パブリックライフはどこで営まれるのか」という問いへ移ろう。先に見たように、感染症流行下で人々が集まったのは、名付けようのない屋外空間であった。こうした空間のもつ意味を、もう少し考えてみたい。

パブリックライフの舞台は本来、屋外空間ばかりではない。読者のみなさんも、たとえば図書館や教会などの公共的な施設や、カフェや居酒屋、ショッピングモールのような商業施設などが思い浮かぶだろう。こうした場所は、社会学者のレイ・オルデンバーグによって「サードプレイス」と名付けられている。自宅を「ファーストプレイス」、学校や職場を「セカンドプレイス」と呼ぶとすると、この2つの往復だけで完結している生活は寂しい。そこで、自宅でも職場でもないまちなかのさまざまな居場所を「サードプレイス」と呼んだとき、サードプレイスをどれくらい使いこなせているかが暮らしの豊かさになり、さらにサードプレイスをどれくらい備えているかがまちの豊かさになるということだ。そこは精神的な安寧を得る場所であり、家族とも職場の同僚とも異なる人間関係をゼロから育める場所でもある。そして何より、サードプレイスで人々が日々話し合うことが民主主義の基礎をつくっている、ということをオルデンバーグは強調する。(注4)

オルデンバーグが1991年に提唱したサードプレイスは、日本では「パソコンを開いてゆったり仕事をするカフェ」程度の意味合いに矮小化されがちであるが、それは誤解である。オルデンバーグは、サードプレイスとは人々が家庭環境からも職場の人間関係からも離れたところで、「水平な関係性」から始まる新しい人間関係をつくる場所だと述べ、そこから社会を変革するような可能性があること——アメリカの独立もパブから始まったのだ——を主張する。水平な関係性という表現は、先に紹介した、歌舞伎町をつくった都市計画家・石川栄耀が、盛り場の意義を「昼の都市（昼間の職場のなかでがんじがらめになった人間関係や役割分担）」から解放されて「自由なる状態で交歓」することだと述べたことと通じる。

「サードプレイス」とは以上の説明のような場所だが、今回、郊外住宅地や盛り場で観察された路上の名もなき場所は、それとは異なる特徴をもっているようだ。サードプレイスがパブリックライフの舞台の〈図〉だとしたら、これらは普段は意識されない〈地〉の環境である。これを〈第四の場所〉と呼ぶことができるのではないか。

## パンデミックで発見された〈第四の場所〉

実は、〈第四の場所〉について、感染症流行よりしばらく前から議論していたのは、社会学者の宮台真司であった。宮台は、郊外住宅地の若者たちを論じた郊外論の先駆『まぼろしの郊外―成熟社会を生きる若者たちの行方』（朝日新聞社、２０００年）の中で「第四空間」という概念を提唱している。人文地理学での「空間」と「場所」の使い分けについてはすでに述べた通りであるが、ここで論じられている「第四空間」はそうしたニュアンスの違いには触れていないため、その論旨は本書で説明しようとする〈第四の場所〉と同じだと考えていいだろう。

同書は郊外化を二段階に分解して整理しており、地域の崩壊と家族への内閉という「第一の郊外化」と、続く家族共同体の崩壊とコンビニ化という「第二の郊外化」として要約している。そして、これらが進行する過程で今まで日本社会を覆っていた「大きな世間」が解体され、家・学校・地元コミュニティよりも脱力して生きられる空間として「街」が見出されていったと言う。この過程を、「第四空間化」と呼んでいるのである。

ここでいう「大きな世間」とは、本書の議論に引き付けて説明すると、同じ1つの世間を生きているという物語――戦後高度経済成長、万博やオリンピック、「一億総中流」という考え方など――を共有することによって得られる国民/国土レベルでの〈共在感覚〉だと理解できる。国民や国家というスケールで〈共在感覚〉を共有するには、それだけ大掛かりな装置＝スペクタクルが必要となる。しかしそれが崩壊した後、まちなかで再び感得される身近なレベルでの〈共在感覚〉――宮台の言う「第四空間化」の中で得られる〈共在感覚〉――こそを、本書ではパブリックライフに見出そうとしている。

この議論を引き合いに出す理由は、〈第四の場所〉が、2019年末以降の感染症の流行とともに突然現れたものではないことを示すためだ。20世紀末以降の郊外住宅地が生んだ〈第四の場所〉の性質を考えると、さらにそれ以前に発生した「盛り場」も同様の原理によって説明できることに気づく。そうして振り返ると、戦後の日本では、少なくとも3つの〈第四の場所〉が見出されてきたことが指摘できる。

1つめの〈第四の場所〉は、戦後に大都市に流れ着いた人々が集った盛り場である。社会学者の吉見俊哉によると、戦後に浅草の盛り場に集った人々の多くは近代化とともに地方から上京してきた単身者たちであり、彼らは東京に出たからには成功しなければならないという故郷からの期待を背負いながら、現実に待ち受けていた過酷な労働環境との間で苦しむこととなった。こうして、故郷に戻りたくても戻れない人々が「幻想の家郷」として見出し、東京の生活から逃れながらも同じ境遇の人々と集ったのが、浅草という盛り場だった。(注5)

2つめの〈第四の場所〉は、先に述べた通り郊外化とともに見出された。戦後復興と高度経済成長が満たされたころ、家にも学校にも居場所のなかった若者たちが集った繁華街のストリートとインターネットの匿名空間がそれである。

そして3つめの〈第四の場所〉は、今回の感染症流行による外出自粛中に人々が見出した無名の空間であり、すでに観察してきたような自宅近隣の住宅地の居場所や盛り場での息抜きの空間である。

これら3つを振り返ってみると、〈第四の場所〉とは、共通して「二重に疎外された者」の集う場所だと言える。正確に言えば、そうした人々が集うことによって顕在化されてきた場所だ。故郷からも東京の仕事場からも疎外された単身者たち、家庭からも学校社会からも疎外された若者たち、そして自宅からもまちからも居場所を見失い、疎外されたパンデミック下の私たち…。2つの間で、どちらにも属せずに宙づりになった人々が、しかし今回は1つの場所に集うことも叶わず、小さな単位で各々見出していくことになったのが、近隣の中の〈第四の場

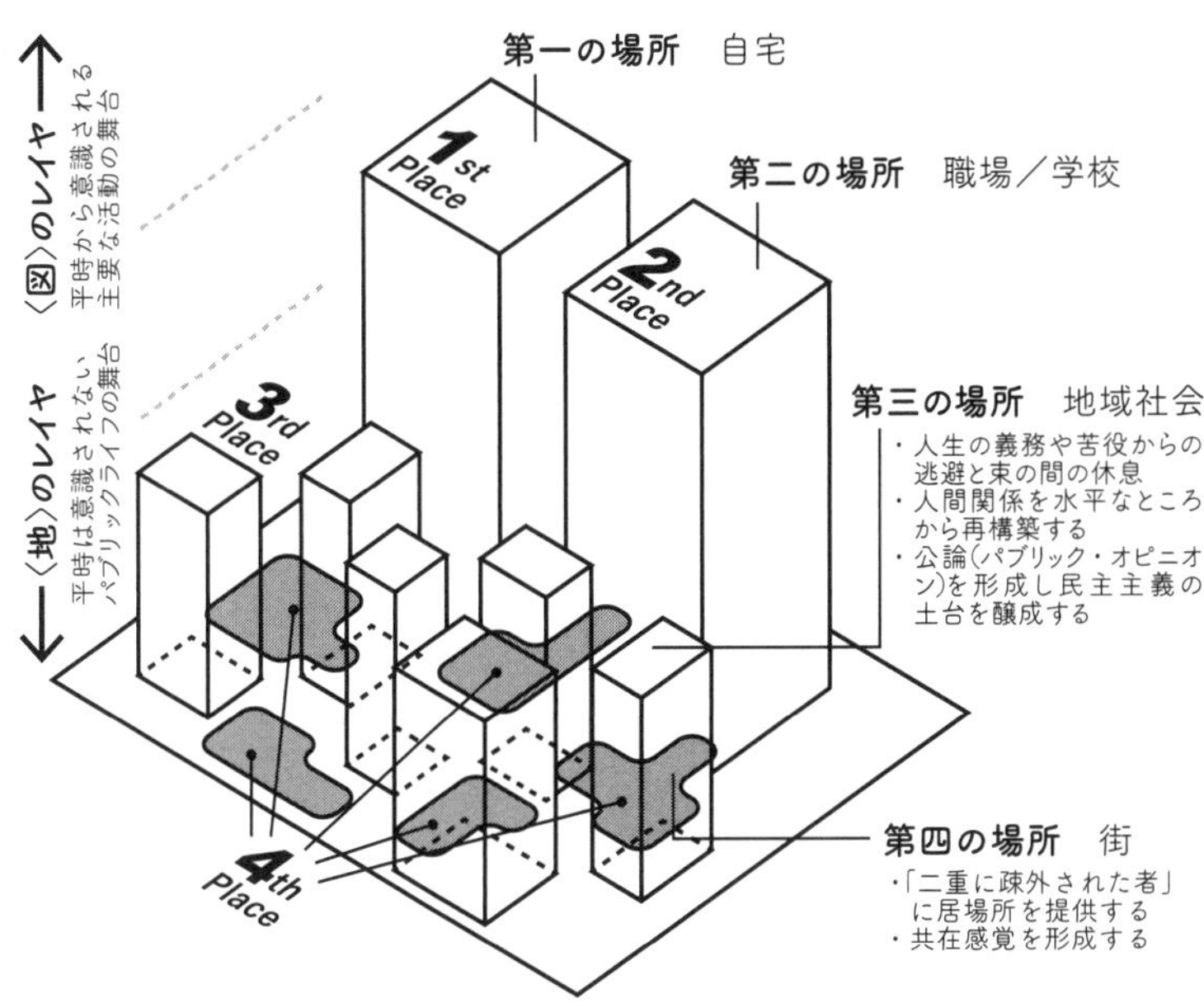


図1　〈第四の場所〉の概念図

所〉である。

オルデンバーグは、サードプレイスで行われる基本的な行為は「会話」だと言う。そして、最終的にはそこからいわば「公論」が形成されて、民主主義の土台が涵養されることを期待する。〈第四の場所〉で行われる行為の1つも「会話」には違いないが、期待されるものはそれよりもささやかなものだろう。そこでは熱心な議論が交わされるわけでも、具体的な目的を達成するための行為が行われるわけでもない。そこで行われるのは、ただ「眺める」ことであったり、「時間を過ごす」ことそのものであったりする。私たちの社会が成立している基底には、私たちの社会が今後も変わらずこのようにあり続けるだろうという確信がある。〈第四の場所〉は、そうした〈共在感覚〉を互いに受け取る空間である（**図1**）。

新型コロナウイルス感染症の流行は、奇しくも情報技術の進化にメディアが注目し、ある種のブームを引き起こしてきた時期と重なる。ＥＣ（電子商取引）やＳＮＳの交流はすでに十分に普及し、ＶＲ技術や生成ＡＩなどへ注目が集まるなか、20世紀末にささやかれていた「距離の死」もいよいよ現実味を帯びてきた。(注6) 建築や都市のデザインに関わる私たちはしかし、逆説的に「物理的な都市空間」がなお重要な意義をもつのだとしたら、それはどういう場面かを考えさせられた。

これまで見てきた一連の分析結果は、それに対する1つの、最も基本的な答えをもたらしている。テレワークもすでに普及していたはずの時期に行った今回の調査で露になったのは、それでもやはり私たちの生活の「地」の部分に、都市の物理的な空間はあり続けているということではなかったか。社会と自らの関係性の存続や、社会自体の存続に対する「信頼」や「確信」を日常的実践の中で得るための空間が、物理的な都市空間の中に必要とされているのである。〈第四の場所〉は、感染症の流行が終息すると同時にすぐに無価値になるわけではない。むしろそうした見えない場所が、常に社会の「地」に潜んでいたこと、その重要性を、私たちは再発見したのである。

注1　ヤン・ゲール、ビアギッテ・スヴェア著／鈴木俊治、高松誠治、武田重昭、中島直人訳『パブリックライフ学入門』鹿島出版会、2016年。

注2　アーレントの議論では「労働・仕事・活動」などいくつかの重要概念があるが、本書では「誰・何」に絞った説明とした。齋藤純一『公共性』（岩波書店、2000年）で簡潔にまとめられているので参考にされたい。「現れ」についての議論は同書の「第2章　複雑性と公共性」を参照。また、アーレントの活動の全体像については、矢野久美子『ハンナ・アーレント―「戦争の世紀」を生きた政治哲学者』（中央公論新社、2014年）にまとまっている。

注3　ハンナ・アレント著／志水速雄訳『人間の条件』筑摩書房、1994年。

注4　レイ・オルデンバーグ著／忠平美幸訳『サードプレイス―コミュニティの核になる「とびきり居心地よい場所」』（みすず書房、2013年）を参照。オルデンバーグはサードプレイスの本質として、「人生の義務や苦役からの逃避と束の間の休息」を挙げ、それ以上の意味として、「人を平等にするもの（leveler）」としての役割があると言う。さらに「もっと良いこと」として、サードプレイスは「公共領域の派出所」であり、「公共空間を自分で守ろうとする感覚を育てる」ことを論じた。

注5　吉見俊哉『都市のドラマトゥルギー―東京・盛り場の社会史』（河出文庫、2008年。初出は1989年、弘文堂）を参照。

注6　エコノミスト紙の記者だったフランセス・ケアンクロスが、1997年に著した『The Death of Distance: How the Communications Revolution Will Change Our Lives』で提示した仮説のこと。電話やテレビからインターネットへ情報インフラが移行しつつあった時代に、「インターネットがどこまで社会を変えるか」という議論が巻き起こった。大した影響はないという主張もあるなか、彼女の「距離の死」の主張は過激なもので、会社同士のグローバルな交流が活発化し「新たな信頼」が必要とされること、会社はクラブかファクトリーに二極化すること、国境をもつ国家とインターネットを用いた活動は矛盾をきたすこと、などが指摘されている。「AIがどこまで社会を変えるか」が問われている現代と比較してみると興味深い。

# 4章

# 早稲田の学生街で探るパブリックライフの尺度

## パンデミック下の広場のフェンスに取り付けられた南京錠たち

これまで2つのフィールド・サーベイを通して、都市がなぜ私たちの暮らしに必要であるかを問うてきた。そして、買い物や仕事をするためといった従来の機能的な説明――それらは情報技術によって乗り越えられつつある――を超えた根源的な意義について、〈現れ〉と〈共在感覚〉、そして〈第四の場所〉といった概念を用いながら議論してきた。ここでもう一度、現場の観察に戻ろう。

私が続けて考えたいのは、「それでは、私たちはパブリックライフを豊かにするために、何を大切にしなければならないのか」ということである。都市や私たちの生活の根源に遡ろうとすると、その分、具体的な計画から遠ざかるというジレンマがある。パブリックライフとは何か、ということは確認できたとして、考えられるべき尺度、単純に言えば「良し悪し」を評価する尺度はあるだろうか。たとえばパブリックライフには、長い時間をかけて育まれる「深み」のようなものがあるのではないか。

図1　高田馬場駅前ロータリー広場のフェンスにかけられた南京錠（2021年6月）

ここに、1枚の写真（**図1**）を用意した。新型コロナウイルス感染症が流行していたころ、私が勤務していた早稲田大学の最寄り駅の高田馬場駅ロータリーで撮影したものである。この駅前ロータリーは小さな広場をもち、大学生が集い、サークル活動の前後の集合場所として使われたり、スーツ姿の会社員たちがタバコを吸ったり、留学生や多様な国籍の人々が集いさまざまな言語が飛び交う空間でもあった。しかし感染症が広まると、２０２１年4月9日から、広場の3分の2の部分がフェンスで囲われた。約1カ月後からは全面的に封鎖されたが、囲いにはいつのまにかメッセージの書かれた南京錠がかけられるようになった。6月17日時点で23の南京錠が取り付けられていたという。結局、フェンスが撤去されたのは約8カ月が経過した12月1日のことだった。(注1) フェンスにかけられた南京錠について、新宿区は「不法投棄や器物損壊に該当する」と警告したものの、私にとっては何か切実さの感じられる風景であった。その背景には、高田馬場で育まれてきた独特な「空間利用文化」と言いうるものがあるからだ。これについて考えてみよう。

## 活動の場が連関する「場所のシステム」

感染症のことなど想像もしなかった２０１７年の夏、高田馬場の学生たちの行動を調査したことがある。早稲田大学に通う大学生32名に対して、1人40分程度ずつ、食堂でヒアリングを行ったのだ。このときに興味があったのは、まちの「空間利用文化」がいかにして育つのかということだ。人々が数十年、場合によっては何世代にもわたって暮らし続けているようなまちでは、だいたい想像がつく。しかし、4年で卒業していく学生たちが住む学生街では、どのように独特な空間利用が生まれ、継続していくのだろうか。考えてみれば不思議なことである。

まずは学生たちの利用している大学の外の場所を見てみよう。図2に示したように、全部で184の場所が回答されたが、それらは「学習活動の場所」「文化活動の場所」「運動の場所」「買い物の場所」「飲み会の場所」「食事の場所」さらには「集合の場所」「暇つぶしの場所」「休憩の場所」の9つの分類に整理することができた。

興味深いのは、それぞれの場所は独立しているのではなくつながっているということだ。「ゼミ活動後に麻雀をうつ（学習活動→文化活動の場所）」「大学の空き時間にバッティングをする（学習活動→運動→学習活動の場所）」「飲み会後にシメを食べる（飲み会→食事の場所）」「酔いつぶれた人を運び込む（飲み会→休憩の場所）」など、ある場所からある場所へ、活動の舞台が連続していくことが語られた。大学周辺のまちに、学生たちが活動するさまざまな「場」が点在しているだけでなく、それらが連関し、まち全体で行為の連続が発生している（図3）。

このような状態を、建築家エイモス・ラポポートの用語を使って「場所のシステム」と呼ぶことができる。ラポポートは、建築家の目線ではなく人間の行動から建築や都市を研究するという、環境心理学と建築を融合させた先駆者であった。私たちは、人々がまちを「使いこなしている」とか、「まちが成熟している」と表現することがある。そのとき、そのまちでは「いろいろな目的地が揃っている」という以上に、目的地が連関しあって「場所のシステムが形成されている」のだ。場所のシステムは、事前知識のない者が地図を見てすぐに把握できるもの

| 利用場所の目的の分類 | | 目的の例 |
|---|---|---|
| 学習系 | 学習活動の場所<br>20 箇所（回答 112） | テスト勉強をする (34)、講義を受ける (32)、課題作業をする (31) など、知的生産活動を行うための場所 |
| 趣味系 | 文化活動の場所<br>28 箇所（回答 48） | 麻雀をうつ (7)、英語劇の練習をする (4)、カラオケで歌う (4) など、文化系のサークル活動や娯楽活動を行うための場所 |
| | 運動の場所<br>12 箇所（回答 21） | フットサルをする (3)、フリースタイルバスケットボールの練習をする (3)、ボーリングをする (3) など、運動を行うための場所 |
| 買い物系 | 買い物の場所<br>7 箇所（回答 7） | 食料品を買う (2)、昼ご飯を買う (2)、お菓子を買う (1) など、食料品や日用品の購買を行うための場所 |
| 飲食系 | 飲み会の場所<br>62 箇所（回答 120） | 飲み会をする (71)、少人数でお酒を飲む (16)、0 次会をする (10) など、酒を飲みながら交流を行うための場所 |
| | 食事の場所<br>55 箇所（回答 94） | ご飯を食べる (35)、昼ご飯を食べる (13)、授業の空き時間に昼ご飯を食べる (11) など、飲酒を伴わない食事を行うための場所 |
| その他 | 集合の場所<br>5 箇所（回答 55） | 飲み会後に集まる (28)、遊ぶ時に待ち合わせをする (24)、サークル合宿の集合をする (2) など、待ち合わせや滞留を行うための場所 |
| | 暇つぶしの場所<br>18 箇所（回答 33） | 暇をつぶす (29)、大学の空き時間に溜まる (3)、飲み会前に暇をつぶす (1) など、用事まで空いた時間の調整を行うための場所 |
| | 休憩の場所<br>17 箇所（回答 25） | 終電を逃した時に入って夜を過ごす (11)、煙草を吸う (3)、休憩する (2) など、心身の休憩を行うための場所 |

図2　大学周辺で使われる場所の一覧

| 利用場所の連関 | 回答数 | 回答例 |
|---|---|---|
| 学習活動の場所 → 文化活動の場所 | 1 | ゼミ活動後に麻雀をうつ |
| 学習活動の場所 → 運動の場所 | 2 | 大学の空き時間にバッテイングをする |
| 学習活動の場所 → 買い物の場所 | 3 | 通学途中に昼ご飯を買う |
| 学習活動の場所 → 飲み会の場所 | 1 | 大学の空き時間に酒を飲みながら談笑する |
| 学習活動の場所 → 食事の場所 | 16 | 授業の空き時間に昼ご飯を食べる |
| 学習活動の場所 → 暇つぶしの場所 | 3 | 大学の空き時間に溜まる |
| 学習活動の場所 → 休憩の場所 | 4 | 大学の空き時間にひなたぼっこをする |
| 文化活動の場所 → 飲み会の場所 | 2 | サークル活動後の飲み会をする |
| 文化活動の場所 → 食事の場所 | 7 | 徹夜麻雀後にご飯を食べる |
| 文化活動の場所 → 集合の場所 | 1 | サークル活動の待ち合わせをする |
| 運動の場所 → 飲み会の場所 | 2 | フットサル後の飲み会をする |
| 運動の場所 → 食事の場所 | 3 | フットサル後にご飯を食べる |
| 飲み会の場所 → 買い物の場所 | 1 | 友達の家で飲み会をする際の酒を買う |
| 飲み会の場所 → 食事の場所 | 11 | 飲み会後にシメを食べる |
| 飲み会の場所 → 集合の場所 | 28 | 飲み会後に集まる |
| 飲み会の場所 → 暇つぶしの場所 | 1 | 飲み会前に暇をつぶす |
| 飲み会の場所 → 休憩の場所 | 2 | 酔いつぶれた人を運び込む |

図3　場所から場所へ、連続する行為

ではない。それは日々まちへ繰り出し、使っている人々が認識しているものであり、実際の行動を通して現れる。高田馬場では、大学生たちがそれぞれ場所の使い方や連関を見出していき、互いに共有し継承していくことで、全体として非常に複雑で密度の濃い場所のシステムができあがっている。

## 学生たちに受け継がれる「場所のコモン・ボキャブラリ」

調査するうちに面白い発見があった。学生たちが行う活動には、特有の名前が付いていることがある。たとえば大隈講堂前の大階段に座って飲酒をすることを、学生たちは「隈飲み（くまのみ）」と呼ぶ。飲み会の前にサイゼリヤに集まり歓談する様子を「サイゼロ（セイゼリヤで行うゼロ次会）」と呼ぶ者もいる。高田馬場周辺を練り歩く様子を「馬場歩き」と呼び、夜の馬場歩きの際に、コンビニに通りかかるたびに酒を買って飲むことを「クエスト」と呼ぶ（図4）。

もちろんこれらは大学生の全員が共有している言葉ではないが、サークルや同じ学科の学生同士など、一定のメンバーで共有されている。私にはこうした言葉が、特別なもののように思えた。名前があることによって、人は「〇〇をしよう」と仲間に呼びかけることができる。名前がある行動は、繰り返し行われ、人々の生活の中で習慣化し、意味を帯びる。

先に紹介した人文地理学の分野で「場所」に着目する必要性が唱えられたとき、重要な概念

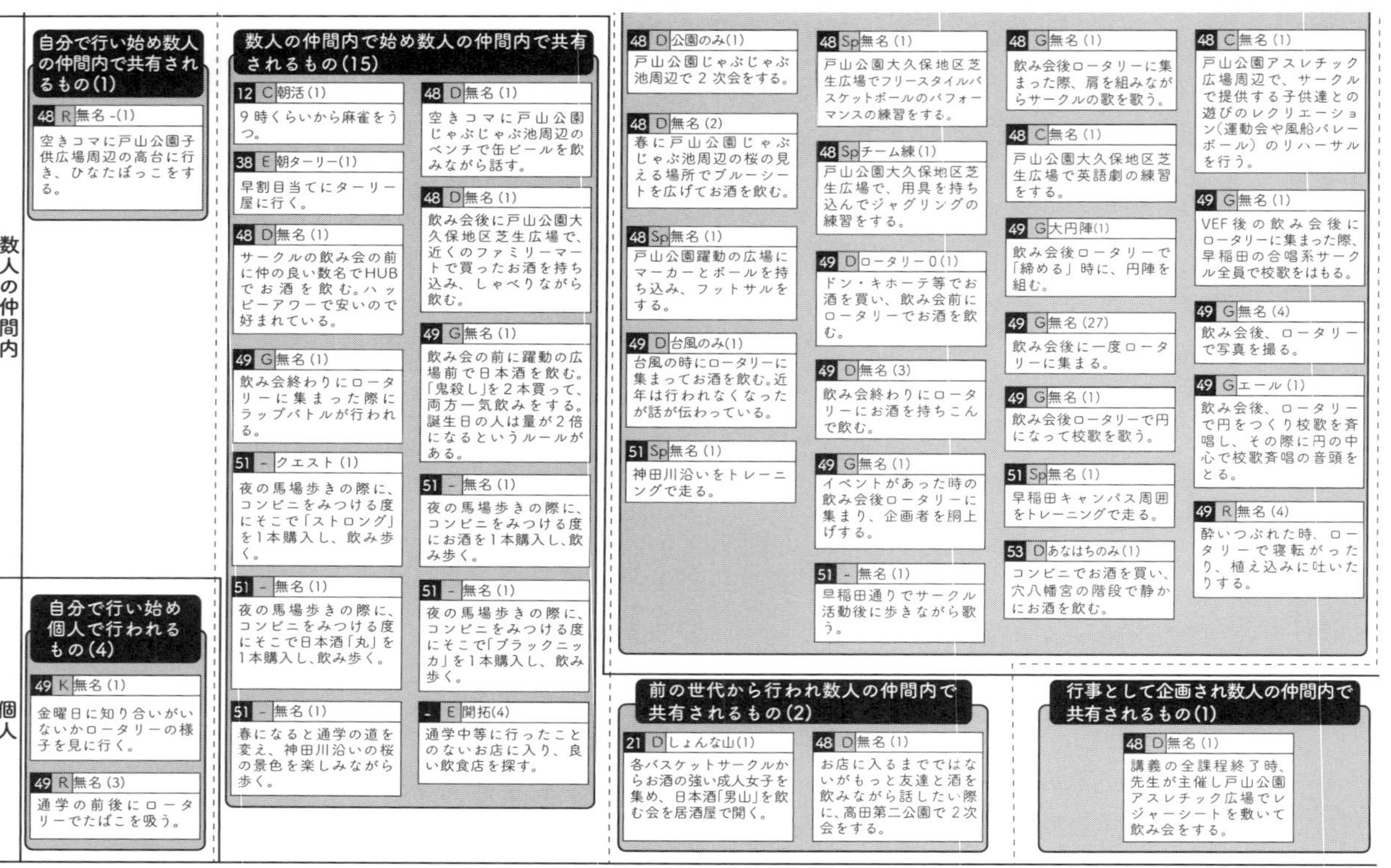


図4　大学街で行われる慣習的な空間利用の一覧

慣習的な空間利用を行い始めた経緯

| | 自ら始めた | 数人の仲間内で始めた | 前の世代から行われていた | 行事・イベントとして企画された |
|---|---|---|---|---|
| 不特定多数 | | | 前の世代から行われ不特定多数の人々で共有されるもの(35) | 行事として企画され不特定多数の人々で共有されるもの(7) |
| 所属する団体内 | | 数人の仲間内で始め所属する団体内で共有されるもの(8) | 前の世代から行われ所属する団体内で共有されるもの(89) | |

慣習的な

**前の世代から行われ不特定多数の人々で共有されるもの(35)**

01 D くまのみ
大隈講堂の前でお酒を飲む。

- - 馬場歩き
高田馬場～早稲田間を歩く。道中の歩行移動以外の様々な活動も含まれる。

**行事として企画され不特定多数の人々で共有されるもの(7)**

01 C 早稲田祭 (5)
毎年11月に早稲田キャンパスで学園祭が行われる。

51 Sp 100kmハイク (2)
毎年5月に行われるイベントで、早稲田から本庄まで歩く。

**数人の仲間内で始め所属する団体内で共有されるもの(8)**

01 Sp ダービー (1)
新歓時期に場所取りのために、早稲田キャンパス開門と同時に目的地に向かって走る。目的地に誰が一番早く着くか競う。

48 Sp 無名 (1)
西戸山公園にマーカーとボールを持ち込み、フットサルをする。もともと戸山公園躍動の広場で行っていたが、注意を受けたため場所を移動した。

- E 給油 (1)
油ものを食べたい時にワセメシ（早稲田のご飯という意味だが、油物で量が多いというニュアンスを含む）を食べる。

25 D サイゼロ (1)
飲み会前にサイゼリヤで0次会をする。トランプゲームをしたりする。

25 D サイゼ飲み (2)
サイゼリヤで飲み会をする。お金に余裕はないがお酒を飲みたい時に行われる。

48 Sp 無名 (1)
戸山公園多目的広場でキャッチボールなどのスポーツ大会の練習を行う。

48 G 無名 (1)
飲み会後に高田馬場駅高架下に集まる。もともと伝統的にロータリーで行われていたが、混雑しているため場所を移動した。

**前の世代から行われ所属する団体内で共有されるもの(89)**

01 D くまのみ (1)
早慶戦の前夜、戸山公園テニスコート前で飲み会を行う。その際、1人ずつ段の上に登り好きな人を言っていく時間がある。もともと大隈講堂前で行われていたが、注意されたため場所を移動した。

01 C 無名 (1)
学生会館で人形劇の練習をする。

21 D コール合戦 (1)
4,5,6,8,9月に飲み会が居酒屋であり、その際チームの代表がかけ声に乗りながらお酒をのむ。

25 D 無名 (1)
歓迎会、引退式を毎回Bistro Partenzaで行う。

29 D 無名 (1)
ゼミ後に毎回HUBで飲み会を行う。

01 D 無名 (1)
飲み会前に研究室でお酒を飲む。

01 C B2 作業(1)
学生会館の地下2階で看板作りなどをする。

01 D 無名 (1)
飲み会の後、研究室に戻ってきて2次会をする。

21 D 焼酎杯(1)
毎年2月頃に、焼酎だけ飲む事ができる飲み会を「わっしょい」で行う。飲み会中2人1組になり、正の字を書いて飲んだ量を記録していく。

48 D 無名 (3)
戸山公園大久保地区芝生広場でお酒を持ち込んで飲みながら話す。

48 D 無名 (2)
春に戸山公園芝生広場の桜の見える場所でブルーシートを広げてお酒を飲む。

01 Sp 新人訓練 (1)
毎年5月頃に開催され、新入生が劇研アトリエで筋肉トレーニングを行う。

01 C 無名 (1)
空き教室を借りて英語劇の練習をする。

01 Sp 無名 -(1)
戸山公園躍動の広場にグローブとボールを持っていきキャッチボールをする。道具は研究室に常備されている。

01 C 月ライブ(1)
学生会館の一室で定期的にお笑いライブを行う。

08 C VEF(1)
早稲田奉仕園で、合唱サークル合同演奏会を行う。

21 D 瓶レース (1)
居酒屋で瓶ビールを飲みきる早さを競う。

01 C はちとつ(5)
午前8時の学生会館の開館と同時に、インフォメーションセンターに走り、他の団体より先に部屋を確保する。早稲田祭前などの利用が活発になる時期に行われる。

01 C 毎日練(1)
大会の前になると、学生会館で毎日5～7時限目にマジックの練習を行う。

01 C 無名 (1)
マジックの発表会が近づくと、空き教室で、荷物や舞台セットを一式運び込みリハーサルをする。

21 D 無名 (1)
春の飲み会の席で、卒業生が在学生に向けてプレゼントを投げる。

48 C 無名 (1)
戸山公園躍動の広場で英語劇の練習をする。

として「場所の感覚（sense of place）」や「場所愛着（place attachment）」が提唱された。人は、どの場所に対しても同じように接するのではない。長く住むなかで、あるいは何度もその場所を訪れるあいだに、場所はその人にとってかけがえのないものになっていく。独特の「場所の感覚」や「場所愛着」が育まれていくのだ。

大学生たちの特有の活動も、高田馬場だからこそ行われるものである。固有の名前が付いた行為は、学生たちのもつ独特の「場所の感覚」の証であるだけでなく、それが世代を超えて伝わることで、人々の場所の感覚を伝承させていく「コモン（共有財）」としての役割をもつ。これを、「場所の共通語彙（コモン・ボキャブラリ）」と呼ぶことができる。場所のコモン・ボキャブラリは、場所に対する独特の感覚や感情を、複数の人々で共有し伝える依り代としての役割をもつのである。

## パブリックライフが営まれる場所の特徴

ここまでくれば、冒頭のフェンスにかけられた南京錠が、どのような意味をもっていたのか、想像がつくことだろう。学生たちの活動にはたしかに迷惑な行為も含まれるが、それらは「高田馬場」特有の場所の感覚が染みつき、何世代にもわたって継承され、根付いてきたものだった。そしてそれは、空間利用が〈文化〉と呼びうる存在になるとはどういうことかを、私たちに教えてくれる。「場所のシステム」と「場所のコモン・ボキャブラリ」という2つの概念は、ここで見出された手がかりだ。

この先は大きな仮説になるが、私は〈文化〉を、「技」と「体系」として説明できるのではないかと考えている。体系とは知識の連関、枝分かれも含む物語の全体であり、客観的な対象として存在するというよりは、人々の間で語り継がれるある種の知識である。それに対して技とは知識というよりも体感されるもので、実際に直面することで体が覚えるような言語化しにくい対象であり、そのために修練が必要になる。たとえば音楽にはジャンルの開拓や表現の進化、さまざまなアーティストたちの物語としての「体系」があり、その体系を表現する側も聴く側も楽しむ。同時に演奏技術、歌唱技術、あるいは音楽の独特の気風やニュアンスを聴き分ける耳としての「技」がある。映画や小説、ゲーム、あるいは祭事や料理でも同様の説明ができるので、読者のみなさんも試してみてほしい。(注2)

文化が、「技」と「体系」を重要な要素として含みもっているならば、まちなかのパブリックライフ、あるいは「空間利用」が文化になるために必要なものは何か。高田馬場の事例は、すでにそれを指し示しているように思える。つまり、空間利用における「体系」とは、来街者の各々が発見し共有し伝承していく場所の意味体系・利用体系としての「場所のシステム」であり、「技」とはそれぞれが思い入れをもつ特別な場所の使い方、それが顕れるところの「場所のコモン・ボキャブラリ」ではないか。

空間利用の「技」と「体系」——場所のシステムと場所のコモン・ボキャブラリ——が確認できるまちでは、人々のパブリックライフの中に、独特の文化が根付いている、と私は考える。それらは簡単につくられるものではないが、反対に、簡単に壊される。そして場所のシステムがどうしようもなく壊れているまちは、人間の暮らす舞台としてどこか間違っている。パブリックライフを重視する都市をつくるための第一歩は、空間利用の文化に注目し、継承・増幅・創造するアプローチを考えることから始まるはずである。「簡単につくることはできないが、簡単に壊されてしまうもの」を拾い上げて大切にしていくことは、再開発のような花形の計画とは比べられないほど地味であるが、それこそが都市の「地」の部分であるパブリックライフを耕す「地の都市計画」と言いうるものではないか。

注1　日付等の情報については、「高田馬場駅前ロータリー広場の柵に南京錠　ネットで話題に、区は「不法投棄」」（高田馬場経済新聞、2021年6月17日）、および「「路上飲み以前ほど見られず」…早大生に親しまれる「ロータリー」、半年ぶり閉鎖を解除」（読売新聞オンライン、2021年12月5日）を閲覧。

注2　ちなみに、黎明期の人類学者エドワード・バーネット・タイラーは、1871年に著した『原始文化』の中で文化の定義を行っている。曰く、文化とは「知識、信念、技術、道徳、法律、慣習など、社会の成員としての人間が身につけるあらゆる能力と習慣からなる複合的な全体である」。ここで言う習慣は「技術」や「法律」も含むものだから、今の私たちが「習慣」と聞いて捉えるよりも組織だった制度や体系だった知識が含まれている。タイラーの「能力と習慣」という定義は、偶然ながら、私の「技と体系」と似ているように思える。

# 5章

# 動詞形として「場所」を捉える
## ——「場所」から〈場所する〉へ

### 人と空間がなじむプロセスが「場所」になる

計量分析に対する批判から「人間主義の地理学」が提唱され、その主張の核となる概念として「場所」が提唱されてから半世紀が経った２０１０年代以降、日本では「プレイスメイキング」や「プレイス・ベースド・プランニング」への注目が盛んである。前者は公共空間を積極的に活用し、人々の居場所や活動のための空間を用意するとともに、経済的効果も期待できるスキームを構築しつつある。後者はより広く計画の範囲を捉え、近代都市計画への批判として

「機能の計画から価値の計画へ」という方針を打ち出す。（注1）いずれも、「プレイス＝場所」をキーワードとして、これまでの都市計画とは異なることを実現しようとしているのであり、行政以外のさまざまな主体が参画する21世紀の都市計画／都市開発では、「場所」という言葉に対する期待が高まっている。

Ⅰ部の最後に、「場所」とは何かという根本の理解を示したい。先に結論を示すと、ここでは「場所とは客観的な状態ではなくプロセスであり、〈場所〉という名詞よりむしろ〈場所する〉という動詞によって捉えられる」という理論の転換を行うことになる。これは、本書で都市を考えるどのような場面にも通底する重要な考え方になる。

## 場所とは行為の舞台ではなく、行為の集積である

人文地理学の半世紀前の議論では、「空間」と「場所」は理念的に切り分けられていた。特別な感情や思い入れのない、人間の外にある対象として「空間」がある。しかしそこに人が住み、接することで徐々に愛着が生まれ、「空間」は「場所」になっていくのだと。この説明はわかりやすいが、それでは「空間」などというものは実際にあるのか、と疑問が生じる。この説明は1人の人間に注目したときのものであって、実際には、誰かにとって身近で愛着のある「場所」も、別の誰かにとってはそうでないかもしれないし、逆に気にも留められない空間が

他者にとってはかけがえのない場所かもしれない。だから場所に関する議論の本質は、人間と空間が互いに「なじむ」プロセスにあるのだ。空間や場所という確固たる「状態」があるのではなく、いたるところで〈場所する〉——なじんでいく、場所化されていく——という「過程」が生じているということが重要なのである。

住宅地や盛り場で発見されたのは、平時であれば特段目的地になりえない名前のない地点を人々が見出し、活動する様子であった。それらをここで「場所」の観点から理解しようとすると、人間の行動と場所とを切り分けることはできないと気づく。「場所の上で人が活動している」とか、「場所をつくると人がやってくる」というように、場所と人間をそれぞれ独立して存在する客体として扱うことには無理がある。そうではなくて、「人がやってくるから、人がふるまうから、そこはその瞬間、場所になるのだ」という説明の方が適している。

路上の一角よりも大きな範囲で考えても同様の説明ができる。「盛り場」という場所全体を考えてみよう。たとえば渋谷を想像してもらいたい。人は、渋谷とはこんな場所だろうという事前知識をもって集まってくる。それによって、渋谷を訪れる人の特性はある程度決まる。服装も、そこでのふるまいも変わるだろう。もし、渋谷という物理的な空間があるにもかかわらず、人が渋谷のことを完全に忘れてしまったら、たとえ道路や建物に変化がなくとも、やってくる人々の様子やふるまいが変化することによって、渋谷はまた異なる風景や雰囲気になるはずだ。これこそが「場所」の性質が変わるということである。

このことは、場所とは「パフォーマティブ」な性質をもつものだと言い換えることができる。言語学者のジョン・L・オースティンは、言語には2つの使用方法があると説明する。1つは、すでにある何かの事実を説明するもので、これは「コンスタティブ（事実確認的）」と呼ばれる。それに対して言葉で発すること自体が何かの事実を生むことを「パフォーマティブ（行為遂行的）」と言う。「私は誰々と結婚します」という宣言は、何か決まったことの説明ではなく、それを言うこと自体が行為である。

言語学で提唱された「パフォーマティブ」の概念は、その後、社会学者ジュディス・バトラーによって拡大解釈され、ジェンダー論に導入された。肉体的な特徴の違いを指す生物学的な性とは異なり、ジェンダー（社会的性差）とは、人々がそう認識し、互いにそうふるまわせることによって、それが動かしがたい事実であるかのように「存在させられる」ものである。つまり、ジェンダーとはパフォーマティブに発生するものだ、ということだ。

ここまでの説明から、「場所とはパフォーマティブに生じるものである」という表現は腑に落ちるだろう。バトラーの議論と比較するなら、「肉体的性差」と「社会的性差」の区別は、そのまま「物理的に建設・整備された渋谷」と「人々が考え、ふるまうことで現れる渋谷」の区別に重なる。人々がそれについて知り、それに適したふるまいを行っていることによって、場所は確固たる対象として存在できるのだ。場所とは「行為の舞台」でなく、「行為そのもの」である。先ほど私がつくった〈場所する〉という動詞は、「行為によって場所が現れる」様子

図1　現在の新宿駅西口地下広場（2022年9月）

を表現している。

＊

人文地理学でレルフやトゥアンが「場所」の議論を行っていたころ、日本では1960年代から70年代にかけて「広場」をめぐる論争があった。論争の中心の1つは、坂倉準三設計の「新宿駅西口地下広場」――巨大な渦巻きが2つ地下へと吸い込まれていく、地上と地下の「二層式広場」だ――が、1969年にベトナム戦争への反戦を訴えるフォークゲリラ集会の拠点となったことである（図1）。警察との拮抗を経て、この場所は最終的に「広場」ではなく「通路」という位置づけに変更され、通路であるから滞留してはいけないという大義名分のもと、集会を規制するよう試みられたのだった。新聞では「広場論争」が巻き起こり、建築の専門家たちの間でも「日本に広場は実現するのか」「そもそも歴史的に、日本には西欧のような広場はなかったのではないか」「それでは日本的な広場があるとしたら何か」といった議論が起こった。これに対して雑誌『建築文化』の熱のこもった特集「日本の広場」(1971年)で、建築評論家の伊藤ていじは明確な結論を示した。それは要約すれば、「日本にはたしかに西欧のような広場はなかったが、その代わりに〈広場化〉があった」というものである。

「日本の広場は、〝広場化することによって存在してきた〟のである。広場というのは、ただ広びろとした物理的な空間という意味ではない。〝広場化〟という主体的な行動があって初めて存在できる人工のオープン・スペースなのである。このような認識が、日本の広場を理解するすべての出発点になるのだと思われる[注2]」

伊藤は続けて、次のようにも書く。

「現在の計画で最もつくり出しにくい空間は、曖昧な空間である。そのような領域こそが広場化に耐えうるだろう。〝広場化〟とはこうした領域画定の方向に逆流する行為なのである。それはおそらく〝計画〟とも対立する。(中略)広場は管理社会の中での逸脱した部分としてのみ生き生きと存続するように見える[注3]」

建物に周囲をぐるりと囲まれた、人工的な都市広場は西欧の都市に見られる特徴であった。しかし、日本に広場的な性質をもつものがなかったかというと、そうではない。大通りや辻、橋のたもとといった交通空間やその余白空間を、広場に転換するような行為――私の表現に合わせれば、「広場」ではなく「広場する」である――は脈々と行われてきたのだ。これは広場に限らず、人間のいる「場所」に共通して敷衍できる議論である。大きいものも小さいものも、あらゆる場所はそのようにして起こる。場所とは、空間を計画して放っておけばよいものではない。

私が〈場所する〉などという奇妙な言葉を思いついた背景には、若くして急逝した歴史学者・保苅実の「歴史する（doing history）」という概念がある。保苅はオーストラリアに滞在しアボリジニの人々に耳を傾け、33歳で亡くなる直前まで研究を続けた。そこでは、アボリジニの人々が語る自分たちの歴史に対して、私たち（先進諸国の人々）はそれを「間違っている」と簡単に言えるのか、歴史を語る人とは誰なのかが繰り返し問われた。彼らの話を私たちが「きちんと聴く」とはどういうことなのか。保苅は「われわれ歴史学者」が「インフォーマント（調査対象者）」の話を聴くという一方的な態度を徹底的に批判し、誰もが歴史を構築する主体なのだという願いを込めて「歴史する」という言葉をつくったのだった。(注4)

同様に、〈場所する〉という言葉も、専門家たちによる「都市開発を行う」とも「都市計画を決定する」とも「プレイスメイキングを実践する」とも異なる。もちろんそれらも中には含まれるが、〈場所する〉とは誰というわけでない人々の、日常的に行われてきた生活の営みの延長から場所が現われてくることを尊重する言葉である。

## 〈場所する〉のいくつかの段階

場所の正体が〈場所する〉だと考えると、次の段階として、都市を魅力的なものにするためには無数の〈場所する〉が生まれ出てくる環境を整えることが必要である。

〈場所する〉にはいくつかの段階がある。具体的には、はっきりと目的をもって行われる意識的な取り組みから、無意識で行われる行為の積み重ねまでの奥行きをもっている。

あらゆる行動はその場所の性格を少なからずかたちづくっていると思われるが、なかでも通りかかりや通り抜けといった「通過行動」は、訪れる人同士が互いに無頓着な場所を形成するだろう。これに対して、そこにやってきた人同士で互いに何らかの「配慮行動」が行われる空間では特有の雰囲気をもった場所が発生している。1つの空間を複数の人々が利用するために、ふるまいの暗黙のルールがそこで発生するのである。人々の行為の意味を分析する「シンボリック相互作用論」の先駆者であるアーヴィング・ゴフマンは、空間を複数主体が利用する際に自然と発生するこのような即席の領域のことを「局域」と呼んだ。(注5)

さらに、人々が何度も通い、「慣習的行動」を繰り返し行うような空間では、行動や空間の名前を指す特有のコモン・ボキャブラリが生まれているだろう。そこでは、行動と空間の緊密な結びつきの中に、私たちが外から見てもそれとわかるほど特徴的な雰囲気をもった〈場所〉が発生している。

これに加えて昨今、都市計画の実務家の間で「プレイスメイキング」や「場づくり」と呼ばれる取り組みが盛んであるが、家具・什器の配置や公共空間の設えを工夫することで一時的な目的地化を図る取り組みは〈場所する〉の中でも最も積極的で意識的なものだといえる。

このように広い範囲で〈場所する〉を捉えるならば、プレイスメイキングの最終目標は、限定的な空間で社会実験のように人の滞留や活動を促進させるということに留まらず、意思的／計画的なものから、意思以前的／自然発生的なものまでの奥行きをもつさまざまな〈場所する〉を、空間利用文化として根付かせることであるべきだ。

## 人々が自然発生的に〈場所する〉都市をいかにつくるか

場所の本質が〈場所する〉であるという考え方は、抽象的な思考に留まらず、都市計画の方法にも反映されうる。その先駆的な一例として、アメリカ・ワシントン州シアトル市の「ネイバーフッド・マッチング・ファンド」が挙げられる。もちろん、これはシアトルの人々が「場所する」という言葉を用いて考えた制度ではないが、私たちの議論を踏まえてみると、この計

図2　ネイバーフッド・マッチング・ファンドで実現したDanny Woo Community Gardens

画がいかに画期的であるかがわかるはずだ。

「マッチング・ファンド」とは、自治体による地域へのまちづくり支援システムの1つで、シアトル市ではネイバーフッド（近隣住区、近隣住環境）を単位に自助を支援する「ネイバーフッド・マッチング・ファンド」が1989年に設立された。シアトル市民がさまざまな取り組みをするにあたり、応募をして市から資金援助を受けることができる仕組みだが、（1）2人以上であれば正式なグループでなくてもよく、（2）従来から活動していたのではなくその場で結成されたグループでもよく、（3）ネイバーフッドの改善に役立つものなら活動内容にも制限はない、と設定されており、支援の対象はゆるく広範囲にわたる。もはやこれは「都市計画」なのか、あるいは「コミュニティの改善」と呼べるのかも曖昧な、たとえば「ある地域の移民たちによるバーベキューパーティー」のような取り組みにまでファンドが与えられるのである。この制度では、アジア系移民たちのアイデンティティとなる街区の入口の装飾づくりから、多民族地域のコミュニティガーデンの実現、戦前期の日本人街の記憶を掘り起こしストリートを整備するプロジェクトまで、大小さまざまな取り組みが採用されてきた。州側が「このような取り組みでなければならない」という強い規定を敷くことなく、さまざまな〈場所する〉を支援する制度として考えることができるだろう（図2）。

一見、滅茶苦茶な制度のようであるが、助成を受けるグループはそれに見合う説明を準備しなければならない点は徹底している。つまり、この事業は「ファンド」であるから、シアトル市が助成をするならば、その金額以上に相当する見返りの対価が得られるのかどうかが採用の鍵となる。ただしこの対価は、金銭的利益がでるかどうかには限らない。ボランティア労働力、専門家によるサービスなどのソフトな効果も認められており、労働力は1時間12ドルの換算とするなどの具体的な計算方法が示されている。

このような仕組みで、1989年当初からマッチングの総額は増加し、初年度は1・1億円相当であったが、約10年後には3倍以上に膨れ上がった。一時は制度がやや複雑になったものの、現在は簡略化され、5千ドルまでの助成を受けられる「スモール・スパークス・ファンド」と、5万ドルまでの「コミュニティ・パートナーシップ・ファンド」という2つに分けられている。「設立以来、5千以上のコミュニティ・プロジェクトに対して6400万ドル以上の助成を行い、結果として7200万ドルを生み出した」というのがシアトル市近隣局の自慢である。[注6]「ファンドの対価」の計算方法が明確化されることで、シアトル市もこれらのファンドがまちへの公共的波及効果をもたらした――つまり、無駄遣いしていない――ということを市民や議員に対して説明できるようになる。

この制度は、現在ではロサンゼルス市など各地で模倣されており、日本でも――対価の計算方法などの徹底性には欠けるものの――類似の制度が「提案型まちづくり」の名のもとにいくつか実現された。私が学んだ早稲田大学・後藤春彦研究室が手掛けた福岡県上毛町の「上毛町コミュニティ計画」(2007年)がその一例として挙げられるが、ここでは88の住民発意の取り組みが提案された。大学が支援するまちづくりでは、大学との関わりが切れた後に、そのまちが自立して活動を継続できるかが問題となるが、上毛町は2023年に独自に「第2次上毛町コミュニティ計画」を策定し、提案型のまちづくりを継続しているのは注目に値する。〈場所する〉活動を支援することでまちへの波及効果を期待する制度が、海外の大都市だけでなく、日本の地方の小さなまちで自走できることが、立証されつつある。

*

繰り返すが、都市を観察して考えるときに重要なのは、場所とは客観的に自立して存在している安定的なものではなく、そこにやってくる人々の行為そのものであり、行為の瞬間が続いていくことで現れ続ける、不安定なものだということだ。それをこの章では、「場所とはパフォーマティブ(遂行的)に現れるものだ」という表現で説明し、場所とは動詞形の〈場所する〉として捉えられるのだと主張した。

都市を計画する者にとって重要なのは、地域の自律性を支援することであり、それは言い換えれば無数の〈場所する〉が生まれ出てくるプラットフォームをつくることである。シアトル市や上毛町は、それを都市計画の「制度」として実現した事例であるが、方法はこの限りではない。いずれにしても、場所の雰囲気をつくっているのは「計画」というよりも、そこにあふれている人々であるという再考が必要である。

I部で私たちは、あらゆる計画の前提となる「パブリックライフ」の意義、そしてパブリックライフが営まれる舞台、さらにはその舞台について考える際に重要になる「場所」の概念について突き詰めて考えてきた。続くII部では都市を変えていく主体として「民間企業」に着目し、〈迂回する経済〉をキーワードとしながら、パブリックライフに基礎を置く計画のありかたを考えることにしよう。

注1　プレイス・ベースド・プランニングについては、『都市計画』357号の特集「場所に基づく都市計画への展望―場所の理論と場づくりの実践」（2022年）を参照。この特集の冒頭でも、地理学や哲学等の人文領域で議論されてきた「場所」の概念と、近年の都市計画のムーブメントである「プレイスメイキング」との言葉の使い方の乖離を取り上げており、筆者も論考の1つを寄稿している。

注2　都市デザイン研究体『復刻版　日本の広場』彰国社、2009年

注3　都市デザイン研究体　同書。

注4　保苅実『ラディカル・オーラル・ヒストリー――オーストラリア先住民アボリジニの歴史実践』（岩波書店、2018年）を参照。なお、本書の英題は『Doing History! Paying Attention to the Historical Practices of Indigenous Australians（歴史する！　オーストラリア先住民の歴史実践に耳を傾けること）』である。

注5　アーヴィング・ゴフマン著／丸木恵祐、本名信行訳『集まりの構造――新しい日常行動論を求めて』（誠信書房、1980年）を参照。

注6　シアトル市のネイバーフッド・マッチング・ファンドに関する情報は、筆者らの視察・ヒアリングに加え、詳細な数値情報は州ホームページを参照した。https://www.seattle.gov/neighborhoods/community-grants/neighborhood-matching-fund

# II 〈迂回する経済〉の構想

民間企業が都市開発の中心を担う時代には、無数の考えるべき課題がある。
II部ではそれらを解きほぐしながら、〈迂回する経済〉という考え方へ迫っていく。
企業利益と社会課題の解決をどのように両立するのか。
正反対に見える2つを止揚する〈迂回する経済〉は、私たちの生活の基盤である
パブリックライフに目を向ける。そして、〈即自性／コンサマトリー〉
〈再帰性／リフレキシビティ〉〈共立性／コンヴィヴィアリティ〉という
3つのコンセプトを価値の中心に置く。

# 6章 パブリックライフの死と生

## 繁華街の〈うつろな需要〉に見るパブリックライフの衰退

II部は、今、私たちが置かれている位置の確認から始めたい。都市をめぐる問題はほとんど無限にある。この章に圧縮して描こうと思うのは、そのなかでも20世紀末からの約30年前後で噴出した、都市開発と私たちの日常生活に関する問題である。それは私たちが住む家や地域を選ぶときに突き当たるようなごく身近な問題もあれば、世界の先進諸国で発生している共通の問題、そして地球規模で生じている問題まで含まれる。それらを解決することは困難であり、しかも厄介なことに多くの問題は繫がっている。不安を煽るばかりでも仕方がないが、私たち

図1　パンデミック下のお台場、ヴィーナス・フォート。無人の空間に響く音楽（2020年8月）

は超えてはいけない一線を越えつつあるのだ、という岐路に立つ自覚をもつことから出発しなければならない。

＊

まずは身近な、実感の湧きやすい視角から話を始めよう。新型コロナウイルスのパンデミックが始まる少し前から、日本の大都市の繁華街は変化しつつあった。たとえば新宿では、駅前を大規模な建物と巨大企業が占め、新宿にしかない店舗や新宿でしかできない体験は著しく減少した。２００９年に開業した新宿マルイ本館では、２０１８年の春からアップルストアが１階路面部分に入居し、新宿通り沿いの37メートルにわたる空間をガラスのファサードが覆った。新宿の各所に存在してきた独特の雰囲気をたたえた密度の高い盛り場では、広場や街路の拡幅と大規模な建築物への建て替えが進み、歌舞伎町では2015年に地上30階の新宿東宝ビル、2023年には地上48階・高さ225メートルの東急歌舞伎町タワーが竣工している。

消費空間の観察から都市論を展開するレム・コールハースは、「ジェネリックシティ」という表現で、グローバリゼーションの進む都市の様子を批判している。コールハースは、ジャーナリストや劇作家として活動した後、設計事務所OMAと研究機関AMOを設立し、設計と都市論の双方で世界的な影響力をもってきた人物である。彼が注目した1990年代に進んだ国際化は、世界中の国々の都心部を、グローバルチェーン店のひしめく無個性の消費空間へと変えていきつつあった。その様子は空港と似ており、どの空港でも一通り似たような店が揃っている、という風景を思い浮かべればよいだろう。「空港」の比喩は同時に、わかりやすい「ローカル」なもの——観光客の期待に応えるようなステレオタイプな「和風」なもの——を、都市が人々に提供するようになることも指している。

「都市とは人間が最も効率よく居住し、人間の営みが最も効率よく行われる平面なのであり、たいていの場合、歴史の存在はその効率性を落とすに過ぎない[注1]」

コールハースが言うように、利益に向かって最短距離を進もうとする戦略にとって、その地域で蓄積されてきた歴史は邪魔になる。最短距離を進む経済は、歴史を破壊し、代わりに観光客向けの「歴史っぽいもの」に置き換えていく。こうしてジェネリックな都市が完成する。コールハースは、ジェネリックシティは主にアジアで発達してきたのだと語る。そんなことはないと反論したいところだが、木造を中心に建設と解体を繰り返してきたアジアと、ずっと残り続ける石の建造物をつくってきたヨーロッパとでは、街並みを見る限り、たしかに「歴史を残し続ける」という意思には違いがあるようである。ジェネリックシティはそうした、過去に対する希薄な意識をもつ風土を襲う。

社会学や人文地理学の1つの重大なテーマは、「近代社会」や「近代都市」がどのようにして形成されてきたか——つまり「近代化」の正体——を、歴史を遡って検討することだった。しかし20世紀末以降、もはや私たちの暮らしている都市は「近代」の枠を超える様子を見せ始めた。こうして近代＝モダンを超える時代の都市像を研究する人々が現れ、彼らは「ポストモダン（近代以後）の都市」の特徴をさまざまに考察した。コールハースの指摘する「ジェネリックシティ」は、今となってはその典型的なものと言える。類似の指摘としてグローバル化と文化の均質化を指した社会学者ジョージ・リッツァの「マクドナルド化」（1993年）や、建築学者マイルズ・グレンディニングの「クローン・シティ」（1999年）などが挙げられる。

21世紀の日本の大都市で本格化したのは、この「ジェネリックシティ」の進行と同時に、都心部への投資の集中、大規模な商業施設やオフィスビルの台頭と小規模でローカルな店舗の駆逐であった。それがすでに一通り進んだ各都市を、パンデミックは襲った。

西武新宿駅の正面に巨大なスクリーンを構えたユニカビルは、２０１０年にオープンして以来「ＬＡＢＩ新宿東口館（ヤマダ電機）」が入居していたが、感染症流行下の２０２０年に閉店した。駅前の巨大な商業施設が丸ごと空室という状況がしばらく続き、その後ヤマダ電機傘下となった大塚家具が入居したが、内装などはそのままで、床に家具をずらりと並べて、割引セールを行いしばらくお茶を濁す状況が続いた。ユニカビルの破綻は訪日観光客の激減が直接の引き金となったわけであるが、それ以前に、パブリックライフの舞台としての新宿がやせ細ってきたことを問題の根源として考えなければならない。２０２３年春になって、ここにアルペンが入居し、スポーツ用品とアウトドアグッズを３階にわたって大面積で展開しているのは、人々がパブリックライフとアウトドア活動へ再び注目する時代を捉えていると私には思える。

＊

日本を代表する繁華街の１つ、新宿がこの様子である。これらについて、感染症に原因を帰して一時的なものと捉えるだけでは、本質を見誤るだろう。投資が集中して地価が上昇し、従来の店舗が成立しなくなり撤退、その後もことごとくテナント料と売上が釣り合わずテナントが入っては撤退を繰り返す。結果的にグローバルチェーンや大企業しか入居できないことになり、都市中心部はその場所固有の魅力を失っていく。あらゆる商業活動が依って立つ基盤となるはずの、人々のパブリックライフが展開できる「余地」が、開発の集中によりやせ細ることで、商業施設という「うわもの」がぐらつく。銀座も同様で、日本一の商業地のはずが新規に

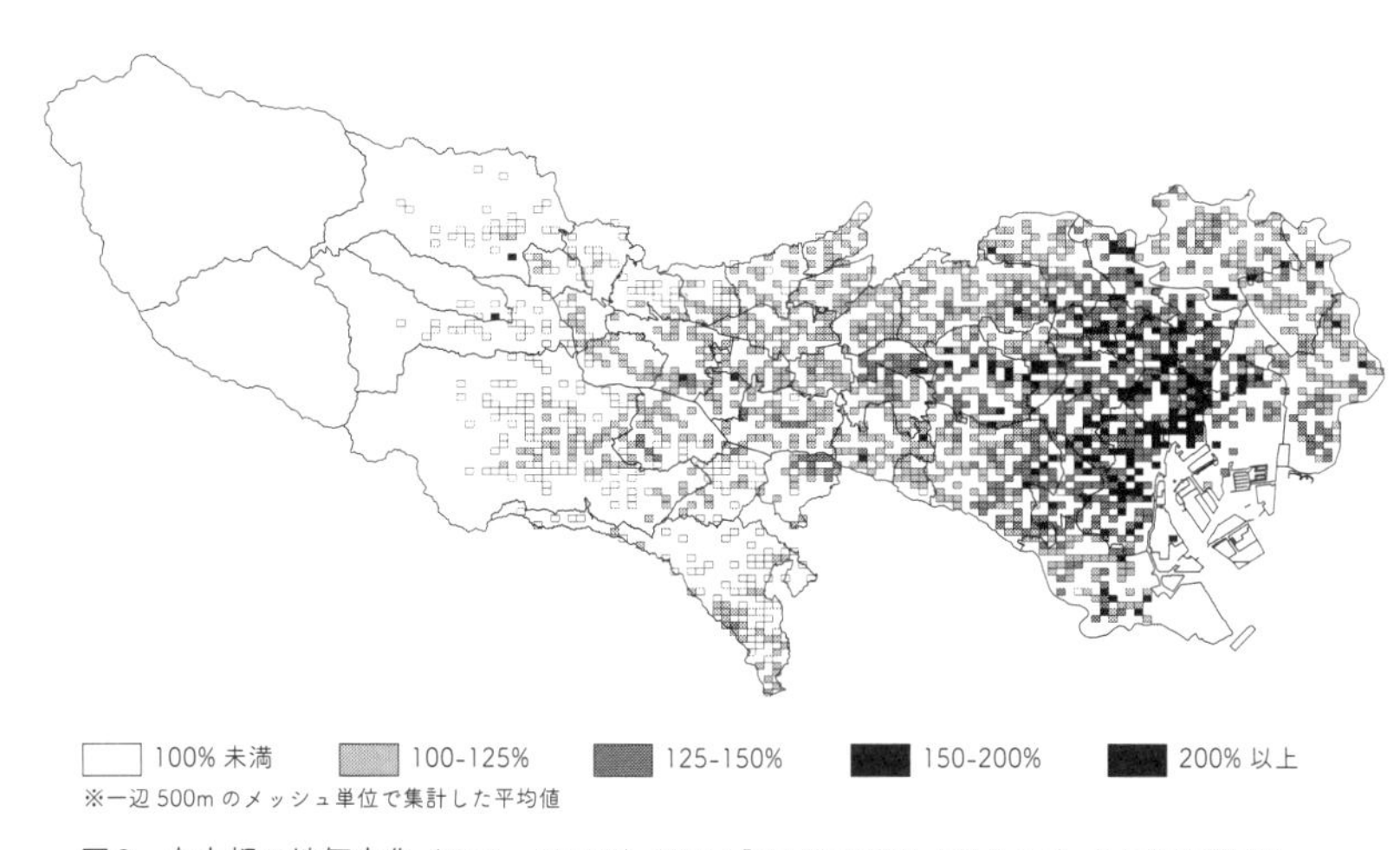


図2　東京都の地価変化（2010～2023年）（出典：「国土数値情報」地価公示データより筆者作成）

オープンした施設がガラガラという状態が散見された。銀座でも感染症の流行以前から、2016年の東急プラザ銀座、2017年のGINZA SIX（ギンザシックス）など再開発が進むことで地価が上昇し、商業環境は大きく変化してきた。

**図2**に東京都全体の地価変化を示している。この図は2010年以降の13年間での地価の上昇率を示しており、一辺500メートルのマス目単位でエリアの平均値を集計したものだ。東京の中心部では、短い期間に地価が1・5倍以上に上昇している地域が集中していることがわかるだろう。銀座では、たとえば2002年時点で坪単価4892万円だった東京都中央区銀座4―5―6（銀座三越の正面）は、2019年には坪単価1億8909万円まで上昇していた。2023年には1千万円ほど低下したもの

の、いまだ地価は極めて高額のままである。「虚需」が膨らみ「実需」が落ち込む。こうした状態はバブル経済期に生じていたことと似ており、都市の変化が私たちの生活から離れていっている。

## ブームタウンが危機にさらす「住むことのできる環境」

極端な商業地の例を挙げたが、住宅地でも同様の指摘ができる。オリンピック後に選手村や周辺開発を売り出した晴海ではマンションの分譲価格が年々上昇している。2017年には坪単価512万円だった東京都中央区晴海2―1―40は、2023年には634万円に上昇し、選手村跡地に計画されたHARUMI FLAG（晴海フラッグ）では、抽選の倍率も加速度的に上昇した。2019年の春に行われた最初の募集であるPARK VILLAGE、SEA VILLAGEの第一期募集では600戸に対して1543組の応募があった（平均倍率約2・6倍）が、2023年春の第七期募集では平均倍率71倍となり、部屋によって最高倍率は266倍にもなったという。人々の注目が高まるなか、満を持して2025年から入居開始予定のSUN VILLAGEとPARK VILLAGEにそれぞれ建つタワー棟（2棟で「スカイデュオ」と命名されている）は、どちらも地上50階建てで、1億円台を突破する戸数も多く、上層階では2億円台の価格設定となる。(注2)

本来晴海フラッグは東京都が所有する土地を開発したため、周辺よりも比較的安い分譲価格で都民のファミリー層に販売するという点にある種の社会的意義があったはずだが、すでに引渡し前に転売が始まり、当初6500万円の販売価格だったものが9500万円で出回っているという。東京都都市整備局は転売目的の購入を制限するよう働きかけており、応募できる戸数の制限を設けるようルール変更を行ったが、転売行為自体を規制することはできない。2022年の販売では、半数以上の部屋が個人ではなく法人によって投資用に購入されていたことがわかっているうえ、1つの投資会社が38戸購入している場合もあることが明らかになった(注3)。

ブームになった土地を人々が奪い合うことで、価格は釣り上がる。周辺のマンション価格も高騰し、もはや一般の中間層が購入できる価格ではない。晴海のマンション販売と前後して、少し離れた月島や勝鬨(かちどき)橋にも開発の集中が現れる。このようにして「ブームタウン」が島状につくられ、移り変わっていく。

民間企業が住宅開発に本格的に乗り出したのは1980年代以降であり、2000年以降には本格化した都心回帰とともに勢いを増した。こうして成立した21世紀の住宅開発は、戦後以来のそれと異なる様相へ向かいつつあることには注意が必要である。それは、ピンポイントで開発が起こり、ブームの中で需要を膨らませていく戦略への変化である。

「島状のブームタウンの遷移」と「うつろな需要の膨張」という現象は、民間企業の戦略のせいだけではない。20世紀末から進んだ都心・郊外の工場が海外・地方へ移転したこと、企業の福利厚生が解体され社宅が払い下げられることにより大規模な空き地が発生したことも、ブームタウンの発生を裏打ちしている。これらが21世紀に重なった結果として、今日の住宅開発が進んでいる。

2023年3月にNHKは、首都圏で発売された新築マンション1戸あたりの平均価格が1億4千万円を超えたと報じた。(注4)これは、前年3月の2・2倍にあたり、1億円を超えたのは1973年から始まった記録上初めてのことだという。超高層マンション開発の増加、4億円を超えるものもある住宅の高級化が、この平均値の異様な高騰を引き起こしている。実際には一部のマンションが極端な高額化を遂げているため、この現象は平均値だけではわからない。全体としては住環境の全体的な高額化というよりも「格差化」が進んでいるというのが正確だ。それにしてもこの現状は、一般の人々が「住むことのできる環境」を奪われつつあることを示している。快適性や幸福を追求する以前に、「このままここで暮らしていくことができるか＝リヴァビリティ（Livability）」が危ぶまれる事態となっているのである。

＊

海外の先進諸国では、こうした問題は「ジェントリフィケーション」と呼ばれて、専門家だけでなく一般の人々にも認知されている。「ジェントリー」は「紳士」という意味なので、この用語は直訳すると「紳士化」、つまり従来の地域住民ではない富裕層たちが外からやってきて、地価が高額になり、それに応じて周辺の家賃や店舗の品物の販売価格までもが高額化するなど地域一帯が高級化し、人々が住む場所を奪われることを指す。社会学者ルース・グラスがロンドンの観察から初めて「ジェントリフィケーション」を論じたのは1960年代だったが、80年代までに西欧諸国やアメリカまで議論は広がった。現在は、もはやこれらは一部の地域の問題ではないという見方に変わり、地球上のそこかしこで生じている「プラネタリー・ジェントリフィケーション（地球規模の高級化）」が議論され始めている。

## 大規模開発と未来への負債

これらの開発が、都市空間からローカルな商業活動を追い立て、住民が住み続けられない環境をつくっているとしても、企業が利益を得ているうちは問題ないと考える読者もいるかもしれない。実際にそこに住んでいる人からすれば自らにふりかかってくる切実な問題であるが、人間の感情を抜きにして、社会全体で見れば経済が潤うのではないかという考え方である。どこかの地価が高騰すれば、そこで住むことのできる環境は奪われるけれど、また別の場所で住む場所は発見されるはずだ、だから人間は移動すればいいのだ、というマクロな視点だ。

この主張は興味深いけれども、私にも反論がある。私たちは物理的な空間に身を置き、住んでいる人間なのであるから、神の視点でものを考えることはできないし、する必要もないのだ。そもそも人間のためにものを考え行うのが「計画」ではないか、という反論だ。都市計画は人間の幸福のために行われなければならないのであって、住んでいる人の居住地を追い立ててまで実現する経済的利益の追求は本質的に間違っている。

ただ、それでは納得できない場合に向けて、より実利的に答えるなら、少なくとも、こうした開発の動向は永続しない。なぜなら、現在進行している大規模開発の多くは、21世紀末の産業構造転換に対応した大規模な空地の発生という「空間資源」と、材料やエネルギーなどの「環境資源」が、その有限性を加味することなく使用できていたこれまでの社会状況に裏打ちされているからだ。いずれにせよ、近い未来に私たちは別の道を探らなければならない。

大規模化していく開発が長期的に大きな課題を残すことは明白である。21世紀になって人類の歴史上初めて、高層の分譲マンション――いわゆる「タワマン」――が次々建設されているが、問題は、数十年後に起こるこれらの建て替えである。マンションを建て替える際には、現状は入居者の「5分の4以上」の合意が必要だが、大規模集住の合意形成は、小さな集落スケールの合意形成になる。私たちは今のところ、超高層マンションの建て替えという事態をほとんど経験したことはないが、大規模な集住が果たして持続可能なものだったかどうかがこれから問われることになる。

＊

日本の建設業界の特徴は、ゼネコンや組織設計と呼ばれる大規模組織が、総合力のある安定した体制で都市の開発を担ってきたことであり、これは世界にも類をみない体制だといわれる。しかし、巨大な組織を維持していくために多くの利益を追求し、大規模なプロジェクトを次々と実現してきたこれまでの活動が、今後も同様に続く保証はない。すでにいくつかのゼネコンでは、日本に仕事がなくなることを見越して、海外に展開するプランを進めている。

デベロッパーの中でもある人々は、今後の都市開発は中規模や小規模な開発へと転じざるをえないと予想する。小田急電鉄が手掛けたヒューマンスケールな開発「下北線路街」に注目が集まっているのは、このような文脈である。私自身も『コミュニティシップ』（2022年）の執筆の際に取材した下北線路街では、屋外空間やテラスなどの自由に利用できるパブリックライフの舞台を充実させ、低層でまちのスケール感に合った開発が行われていた。これについては12章のケーススタディ（197頁）で触れるが、この事例が多くの分野で注目されるのは、「このまま大規模な開発が続くはずがない」と少なくない実務家が感じているからだ。

すでに、2030年代に実現する巨大開発のリストアップがあり、日本の大都市が変化を遂げる未来が今から想像できる。しかしその後の、2040年代の都市では、どのような未来が広がっているのだろうか。そこで私たちはようやく、大規模化・短期的利益追求型の開発によって失ったものを直視することになる。

## 人間活動が地球環境の限界を突破した「人新世」

2000年になって、ノーベル化学賞受賞者のパウル・クルッツェンらが、「人新世

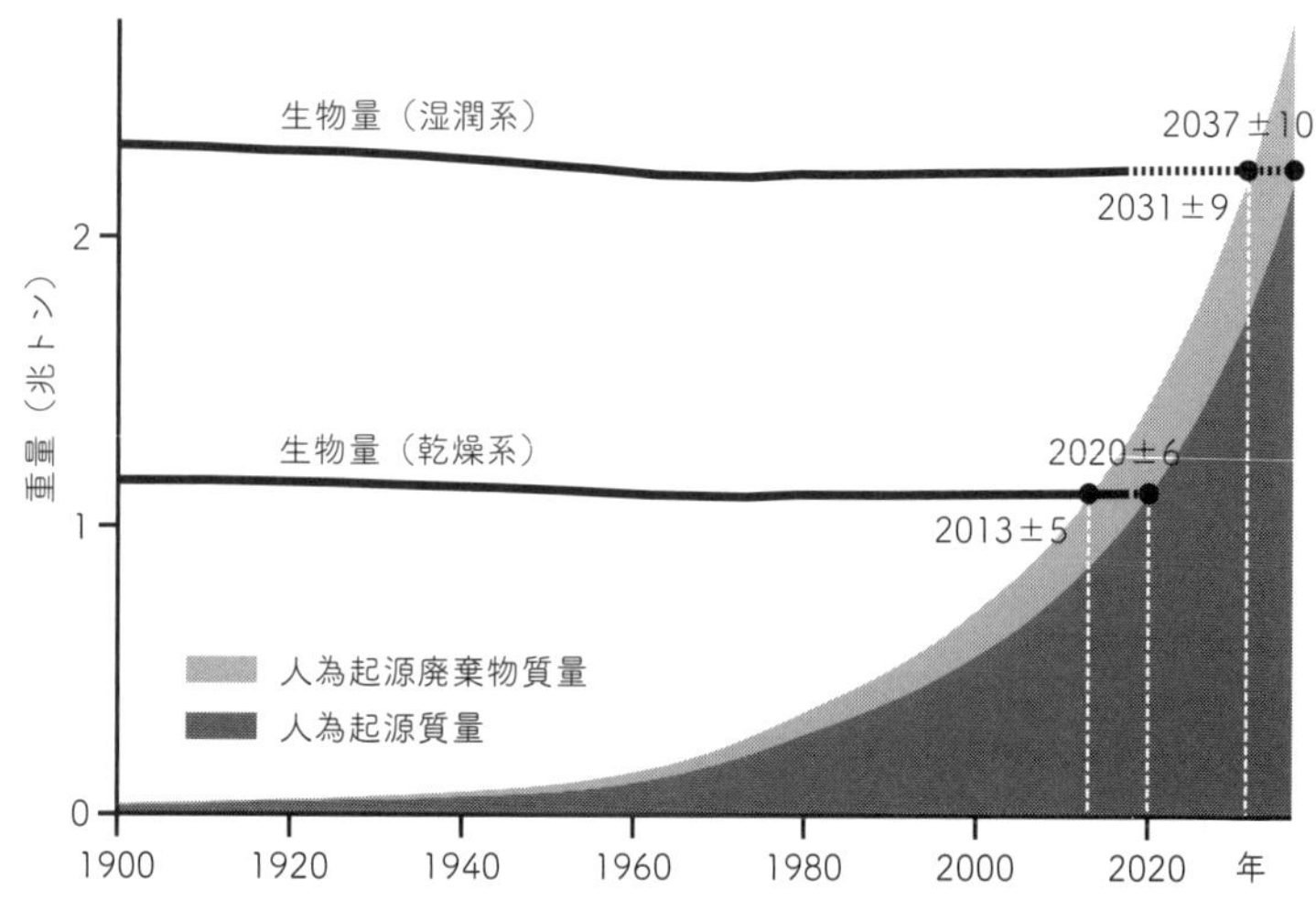


**図3　20世紀以降における地球上の人工物の増加**
（出典：Emily Elhachamほか著論文（注5）より筆者作成）

（Anthropocene）」という用語を提唱し、そのおよそ10年後に日本でも一躍話題になったことを知っている読者もいるだろう。この用語は、人類が地球の地質や生態系に与える影響が無視できなくなった時代の幕開けを指している。盤石と思われた地球環境の中で生活していたはずが、その地球環境自体が人間の活動によって大きく変質されつつあるという指摘は、まさに「図と地の反転」が起こる衝撃であった。

ただし「人新世」の指摘は、「地質時代における新しい歴史区分への突入」という位置づけの新しさはあるものの、内容自体は1970年代から指摘されていたはずだ。日本では、高度経済成長期の急激な開発の背後で、住環境が破壊され、死と隣り合わせの生活を余儀なくされた人々がいた。後に水俣病やイタイイタイ病として知られる病の発生や、各地で生じた公害問題は、海外の「発展途上国」とされた国々にごみ処理を持ち込む問題――自分たちの見えないところに悪いものを押し付ける「NIMBY」問題――とともに、地球環境の有限性を予感させつつあった。建築家・発明家のバックミンスター・フラーが早くも1963年に提唱していた「宇宙船地球号」は、今では十分現実味を帯びて聞こえる。私たちは宇宙空間に浮かぶ小さな1つの環境を共有して生きていかなければならない。社会学者の見田宗介は、「大量生産・大量消費」の前後には「大量採取」と「大量廃棄」があるのだ、と指摘した。私たちはそれを遠くの見えないところに隠してきたが、それは徐々に明るみになって、私たち自身を苦しめる。

科学雑誌『Nature』に2020年10月に掲載された論文では、人間がつくりだした人工物の重量がおよそ1兆1千億トンに達し、ついに地球上に存在するあらゆる生物資源（バイオマス）の総重量を超えたと発表された[注5]（図3）。追い打ちをかけるように2023年3月には、国連のIPCC（気候変動に関する政府間パネル）が「この10年の温暖化対策が、数千年先まで影響する可能性が高い」と発表した[注6]。いつの間にか私たちは後戻りできない場所にまで来てしまった。ここから先は、これまでの方法を延長するだけでは、到底解決できそうにもないことは明らかだ。

## 都市化のギアチェンジがもたらしたもの

今、私たちの眼前に広がっている困難を素描してみた。今度は少し視点を変えて、私たちがどのように都市をつくってきたのかという観点で何が起こっているかを見渡してみよう。問題の多くは、俯瞰してみると戦後の都市化の大きなギアチェンジから来ているように思えるからである。

私は、〈第一の都市化〉と〈第二の都市化〉という2つの区分を用いて、都市化を説明するようにしている。第一の都市化は行政が主導して進める都市化で、多様性よりも標準化・効率化を重視して、必要な機能の「量的」な充足を進める。日本では、第二次大戦後の住宅不足を一気に解消した「標準設計」の住宅の大量供給、ニュータウンと団地の開発を思い浮かべてほしい。それに対して第二の都市化は民間企業が中心となって進める都市化で、空間を商品として扱い、互いに差異化を図ることでおのずと多様化が進む。開発の焦点は量から質へ、さらにそれら空間自体から離れてイメージのデザインへと移っていく。

特にバブル経済が崩壊した平成期には、経済回復に向けて民間企業が都市を整備し利益をあげやすいように制度が変更されていった。たとえばこれまで容積率に制限をかけることで「建設していい建物のボリューム」が規定されていたが、それらのルールを緩和していくことで、土地はより高度に活用されていく。同じ面積の土地を使って得られる利益が増えていくのだ。1988年には「再開発地区計画」の制度が創設され、企業側は「公開空地」と名付けられた空地を周辺環境に差し出す代わりに、容積率や高さの上限が緩和され、より高層で大規模な開発が可能となった。20世紀末以降に都市部から撤退した工場や鉄道跡地などは、これにより高層オフィスや複合マンションへと変わっていった。さらに2002年からは「都市再生特別措置法」が公布され、民間企業からの提案を受けて「都市再生特別地区」が定められ、そこで大幅に規制緩和を行うことが可能になった。

国や自治体の役割を小さく抑えて、公共セクターを民営化し、民間企業の都市開発に期待するという姿勢は、日本だけに限ったことではない。こうした姿勢は世界的に「新自由主義の都市政策」と呼ばれ、1980年代から本格化した。日本の状況は、同時代のアメリカ・レーガン政権、イギリス・サッチャー政権を筆頭とする欧米諸国で進められてきた政策転換と符合する。

＊

私の前著『住宅をめぐる〈欲望〉の都市論』（2022年）は、1980年代から現在にかけて日本の住宅開発の特徴が「第一の都市化から第二の都市化へ」と重心移動してきたことを描いた。(注7) 1955年以来50年にわたって続いた政府・自治体による住宅供給体制は後退し、21世紀から住宅開発に多様な民間企業が本格的に参入していった。「商品住宅」が成熟するなかで、住宅・地域は人々の「欲望」の対象として編成されていくことになる。1980年代の住宅購入者は、「職場への近さ」と「生活利便施設」程度にしか関心がなかった——少なくとも当時の住宅広告に描かれるものは、たいていそれらでしかなかった——が、住宅の周辺環境やさらに鉄道でつながる遠くの環境にまで目を配って、地域のイメージや生活像までが重視されるようになってきた。

民間都市開発は私たちの地域を見る「目」を変えた。ほんの30数年程度の間——とはいえ、1つの「世代」が変わるには十分な時間だ——に、都心部を舞台としてさまざまなライフスタイルが提案され、実現されていくことになる。同時に、地域は常に開発者・住宅購入者から値踏みされるまなざしにもさらされていくことになった。

*

ところで都市計画の実務や研究の分野では、「都市計画」という言葉は一般に使われるよりも狭い意味をもっている。それは、国や自治体の定める都市計画の制度に則って、主に税金を使って行われる事業を指している。「第一の都市化」とは、その意味では「都市計画による都市化」とも表現できる。

日本で都市計画の制度が最初に構築されたのは1919年(旧都市計画法)、そして戦後復興を経て成熟した都市計画の制度をつくり直したのが1968年のことであった(新都市計画法)。1970年代には、先に述べた通り公害や環境破壊などが問題となり、「都市計画」に対する不信感が高まってきた。その代わりに登場したのが「まちづくり」だった。

1970年代は、世界各地で住民による運動が生じていた時分でもあった。パリの五月革命、ベトナム反戦運動、国内では東大安田講堂事件などが発生したが、それらと共鳴しながら、まちづくりは生活者が主体となったボトムアップの運動として出現したのだった。さらにそこには、高度経済成長期の都市開発に批判的な建築・都市計画専門家たちが加わって、専門家・住民協働の「まちづくり」が勃興した。70年代の実践では「民主主義の学校」としてのまちづくりが追求され、80年代には計画に住民の意思を取り入れていく「参加のデザイン」が取り組まれた。まちづくりの必要性が全国に知れ渡った契機は間違いなく災害からの復興であり、1995年の阪神・淡路大震災や2011年の東日本大震災からの復興の際、行政が十分に機能しないなか、地域単位でそれぞれの実情に沿った独自の取り組みが進められていった。(注8)

行政の「都市計画」と住民の「まちづくり」は、よく「トップダウン」と「ボトムアップ」にも重ねられる。これに対して20世紀末から現れたのが、第三の主体である民間企業だったのである。この民間企業による取り組みを、他の2つと区別して本書では「都市開発」と呼ぶことにしている。都市計画、まちづくり、都市開発という3つの取り組みは、本来はそれを行う主体も異なるうえ、目的も異なる。そして、それぞれに別々の可能性と限界がある。

この章では現在私たちが直面している課題と、都市をつくる主体の変化について整理してきた。国や自治体がトップダウンで進めた「第一の都市化」の中でならまだしも、それが力を失い、別々の意思をもつ民間企業が都市空間を商品として開発する「第二の都市化」の時代に、いかにして私たちの直面する課題を解消していけるのだろうか。それを次章で考えてみたい。

注1　レム・コールハース著／太田佳代子・渡辺佐智江訳『S, M, L, XL+―現代都市をめぐるエッセイ』ちくま学芸文庫、２０１５年

注2　晴海フラッグの価格や間取りについては、「SUUMO関東版」ウェブサイトを参照。入居者の抽選倍率については、ＮＨＫ首都圏ナビの記事「選手村マンション「HARUMI FLAG」最高倍率は２６６倍 人気の訳は？」（２０２３年２月16日、https://www.nhk.or.jp/shutoken/wr/２０２３０２１６a.html）を参照した。

注3　引き続きＮＨＫ首都圏ナビの記事から「元選手村「晴海フラッグ」は誰が買った？１０８９戸を徹底調査～そこから見えたものは」（２０２３年５月27日、https://www.nhk.or.jp/shutoken/wr/２０２４０５２７a.html）を参照。

注4　ＮＨＫによる２０２３年４月18日の報道「首都圏で発売 新築マンション 3月の平均価格 初の1億円超え」を参照。このほか首都圏では、神奈川県は昨年度よりも５・４％上昇し５８６５万円、千葉県は５・５％上昇し４９０８万円、埼玉県は19・４％下落し４８０４万円となっている。東京都だけが急激に上昇していることがわかる。

注5　Emily Elhacham, Liad Ben-Uri, Jonathan Grozovski, Yinon M. Bar-On & Ron Milo「Global human-made mass exceeds all living biomass（地球上の人工物の質量が生物量を上回る）」（Nature ５８８、２０２０年）を参照。

注6　２０２３年３月13日から20日にかけてスイスで行われたＩＰＣＣ第58回総会で発表された。「第６次評価報告書統合報告書」では、「気候変動は人間の幸福と惑星の健康に対する脅威である。全ての人々にとって住みやすく持続可能な将来を確保するための機会の窓が急速に閉じている。…この10年間に行う選択や実施ずる対策は、現在から数千年先まで影響を持つ」と公表されている。

注7　民間都市開発による住宅の変化・住環境の変化について詳しくは、吉江俊『住宅をめぐる〈欲望〉の都市論―民間都市開発の台頭と住環境の変容』（春風社、２０２２年）に整理している。

注8　佐藤滋ほか『まちづくりの科学』（鹿島出版会、１９９９年）を参照。本書は、１９７０年代から草の根的に展開されてきた「まちづくり」の運動を理論化しようと試みた、最初期の記念碑的著作の1つである。ただし、「まちづくり」という言葉はその後、行政や民間企業も用いるようになり、それが何を意味するのかがまったく曖昧になってしまった。

# 7章

# 〈直進する経済〉と〈迂回する経済〉

## 「利益追求」と「社会的便益」は対立するか？

前章で述べた課題のすべてを、一晩にして解決するような方法は存在しない。ただ、民間企業による都市開発の時代の問題の根本は、開発者の利益追求と、社会が必要としていることとの間に乖離があることなのは確かだ。環境問題を例にとってみればわかるが、地球環境をこれ以上崩壊させないことは人間社会全般にとって喫緊の課題であるが、そこで暮らす人間1人1人が日常的に抱くニーズとしては、残念ながらほとんど現れてこない。消費者に「必要とされること」と、社会に「必要なこと」が食い違う。そうした状況下では、経済的合理性――金銭的利益を向上させるための合理性——と、私たちが生きていく環境を持続させるための合理性が噛み合わない。

これに対して都市計画は、民間企業の活動を制限するか、あるいは補助金や制度の規制緩和を行うという交換条件付きで「必要なこと」を行ってもらうか、そのどちらかの方法をとってきた。「規制と誘導」と表現されるが、禁止するか、国や自治体が代わりの利益を用意して導くかのどちらかである。もちろんこれには一定の効果があると思われるが、しかし利益追求と社会貢献は背反した関係のままという前提で、それを補助金や規制緩和がなんとか接着しているという状態が続く。

しかし、都市開発という分野で社会課題の解決は国や自治体がリードすべき仕事と割り切ってしまえばいいのだろうか? 自治体の側も変化しつつある。「稼ぐ行政」が謳われるようになり、自治体の取り組みにさえも経済的合理性が厳しく求められるようになった現在、誰が率先して社会課題の解決や地域にとって必要なことに取り組んでいくのだろうか。本書が提唱するのは、経済や利益追求と対立するものとして社会的・文化的あるいは公共的・公益的なことを捉えるのではなく、その二項対立を縫合しようということだ。

## 資本主義の限界を乗り越えようとする取り組みの系譜

民間企業の活動がなんとか公共的・社会的役割を担えないかを模索する試みは、世界中で同時多発的に現れてきた。日本で「企業の社会的責任（ＣＳＲ）」が注目され始めたのは２０００年代初頭で、２００３年には各新聞社がこれを取り上げ、欧米が先行してきたＣＳＲを日本でも投資の尺度にするべきだと主張した。毎日新聞は「（ＣＳＲは）文化活動を支援する「メセナ」と異なり、本業の事業活動での取り組みをいう」と説明し、朝日新聞でもイギリスのティムズ担当相の「単なる広報・慈善活動ではなく、ビジネスの中核と位置づける」という発言を紹介している。[注1]しかし結局、ＣＳＲは日本では企業収益を実現した後の「余力で行う慈善活動」として捉えられた側面が強い。

これと同時期に、「社会的責任投資（ＳＲＩ）」や「ＥＳＧ投資」が普及する。ＥＳＧとは、環境・社会・ガバナンスのことで、２００６年に国連が発表した「責任投資原則ガイドライン」の中心に据えられたことで、世界共通のガイドラインとして普及し始めた。日本では少々時差があり、「持続可能な開発目標（ＳＤＧｓ）」が国連総会で採択された２０１５年ごろから注目され始めたと言われる。ＳＤＧｓは17の目標と１６９の達成基準、２３２の指標によって構成され、「21世紀のあるべき開発」を見据えて、２０３０年までに取り組むべきテーマが列挙されている。ＳＤＧｓが普及したことで、企業と投資家の心構えの問題ではなく、実際の都市の物理的な計画に対して、持続可能性の観点が本格的に導入されることになった。

２０００年ごろから急速に進んだこれらの取り組みは、大雑把に言えば「資本主義の限界」

に対する危機感が、世界各国で共通して認識されてきたことを示している。地球環境の限界という避けられない課題の浮上と、人間がつくりだす人工的な環境のもつ影響力がますます大きくなっていることは、もはや誰の目にも明らかであった。

２０２０年ごろから日本では、民間企業の立場に立った理論が注目されている。21世紀初頭以降の「こうあるべき」という目標像の制度化から20年を経て、「いかに実現するか」という段階に来たといえる。スタンフォード大学のチャールズ・オライリーが提唱する「両利きの経営」[注2]はその1つで、確実に利益を上げる事業とともに不確実で実験的な事業に力を入れることが、変化の速度が速く不確実性の高い現代には必須だと言う。ほかにも、２０２３年に経済同友会が「共助資本主義」を提唱し、ウェルビーイングの実現を「社会益」として目指す社会課題解決ビジネスを、ＮＰＯやスタートアップ企業と連携し進めていくビジョンを示した。ほかにも「利己と利他」のバランスが重要だとする議論など、各業界で共通する主張が繰り広げられている。これらの議論は企業の論理の中から湧き上がってきたもので、「資本主義」に対抗するということではなく、資本主義を変形・拡張して、旧来の資本主義の課題を解決するという姿勢である。その意味で、本書の〈迂回する経済〉はこれと姿勢をともにしている。

## 〈直進する経済〉から〈迂回する経済〉へ

前述してきた議論が、「経済の動き」全体に関する考え方や、経営や投資の際に重視すべき事柄、あるいはこれからの経済活動が目指すべき指針についてのものだったならば、私が考えたいのは、より具体的なことだ。つまり、私たちはどのような都市空間をつくっていかなければならないか、私たちが実現すべき豊かなパブリックライフとはいかなるものなのか、といった問いである。〈迂回する経済〉は都市をつくるという具体的な場面を想定するもので、「よい都市とは何か」を根底から考えていくことで導かれる思考である。そして、これまでの多くの開発が依拠してきた考え方を〈直進する経済〉と呼ぶとき、その対比となる考え方になる。

〈直進する経済〉は、利益を最大化するための最短距離を目指す。都市開発では、与えられた敷地に対して、法律や条例で許される範囲と需要とを合わせて面積・容積を想定し、そこにオフィス、住宅、商業、ホテルなどを割り当てていく。それぞれは床面積が大きいほど分譲料や賃貸料を稼げるので、床面積の合計を最大化するのが合理的である。稼げる空間を最大化するというこの考え方にとっては、たとえば吹き抜けを開けるなどはナンセンスで、その分床が消滅してしまうから、空間を無駄にしているということになる。また、利益のあがらない屋外空間や利用者が料金を支払わない共有空間を整備するのも意味がないということになるが、行政から規制緩和を受けるために確保する必要がある場合は、最小限の整備を行うことになる。

これに対して〈迂回する経済〉は、一見して利益があがらないことにこそ投資する。何でもよいというわけではなく、その開発を支えている「地」を見極め、それを豊かにすることを考

〈直進する経済〉の都市開発

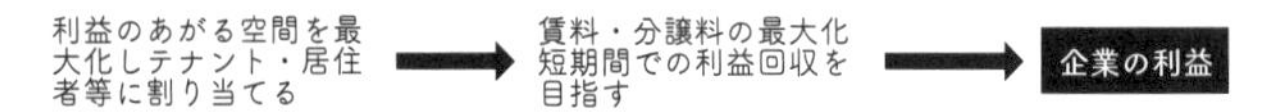


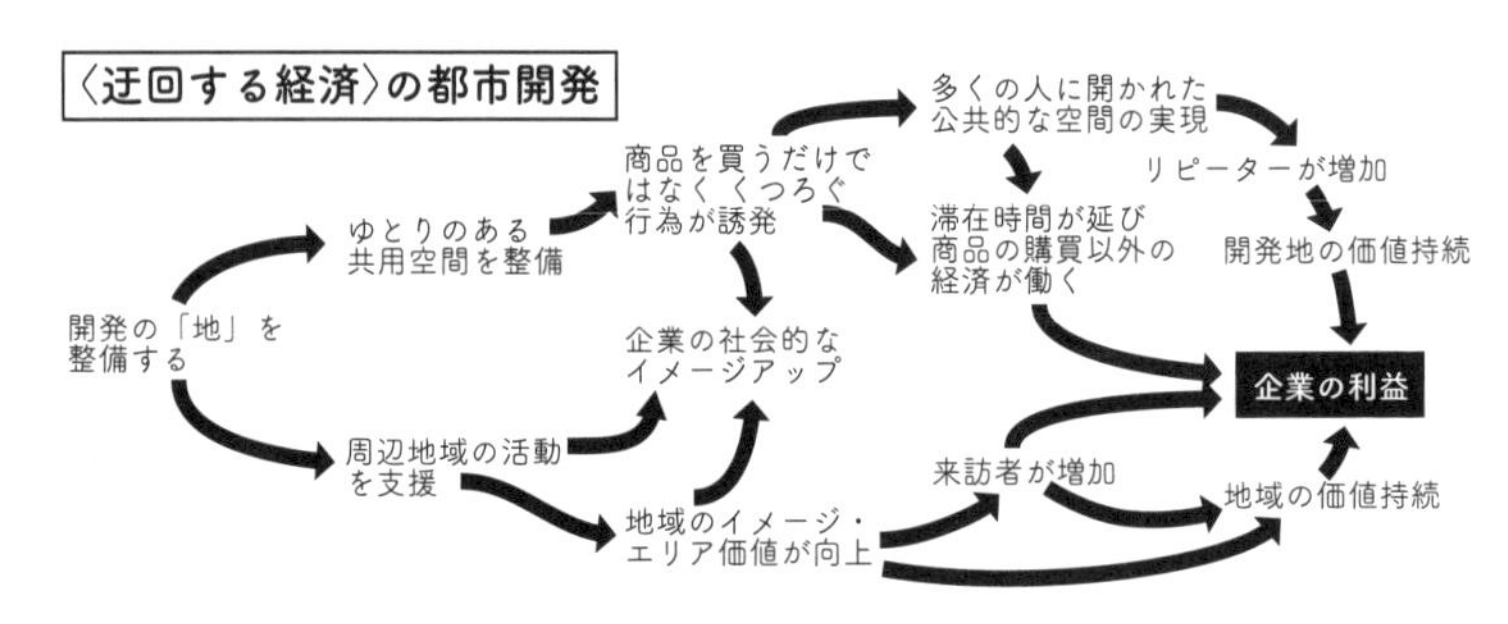


図1　〈直進する経済〉と〈迂回する経済〉の典型例

えるのである。たとえば先の例で言えば、吹き抜けや共用空間、屋外空間などの「無料の空間」が豊かになるほど、空間が魅力的になり、テナントが高密に詰まった息苦しい空間よりも来客の滞在時間が延びたり、客単価が上がったり、リピーターが増えたりするかもしれない。それ以上に、開発地や周辺地域のイメージが向上することによって、そのまち自体が人々にとっての「目的地」として重要性を増していくはずだ（図1）。

今述べた例は開発の敷地単位に限定した話であるが、〈迂回する経済〉の本分は、「まち全体のパブリックライフを耕す」ことである。住宅もオフィスも、その周りの環境が魅力的であるから、そこに住んだり働いたりしたいと思うのだ。それはたとえば、住宅広告の半分以上を住宅自体の説明ではなく周辺環境の魅力の説明が占めていることからも明らかである。[注3] 住宅やオフィスをつくろうとするなら、それと同じかそれ以上に、「住宅やオフィスを取り囲んでいる、それ以外のもの」を魅力的にしていくことが重要である。それは具体的には、飲食店やカフェや娯楽施設、雑貨店、公園や小さな休憩スペースなどの複合的な環境ということになる。これらを魅力的にすることが、結局はあらゆる開発を持続可能にする条件である。ただし、まちのパブリックライフを耕すというのは、こうした物理的な空間を用意するだけでは十分でなく、社会的空間にも目を向ける必要がある。このことは、後に事例を通して説明する。

民間企業がその多くを担う21世紀の都市開発では、経済合理性の範疇を広げて〈直進する経済〉と〈迂回する経済〉の両輪を考えなくてはならない。前者が強調されすぎると民間都市開発の負の側面が引き起こされ、後者の強調は民間企業の可能性を引き出すだろう。

*

近年、各地ですでに〈迂回する経済〉に基づく都市開発が進みつつあるが、それは大きく分けて次の３つのケースに整理できる。

まずは都心部で、余裕のある大企業が従来のＣＳＲや企業イメージアップに向けて実施する場合である。ただしこの場合だけでは、「余裕のある大企業だけが、イメージアップも兼ねて実験的な〈迂回する経済〉を実施することができるのだ」ということになりかねない。

これに対して、郊外や周縁部で〈直進する経済〉が通用しないために、やむをえず〈迂回する経済〉を実施するという場合がある。民間企業が精力的に活動できるほどの需要が見込めない場合、それでもその地域の住環境を向上させ、場所の価値を少しずつでも育み、新しい需要を生んでいく工夫が必要になる。国や自治体の補助金に頼りきれない場合は、〈迂回する経済〉を求めざるをえない。

そして3つめは、都心・地方を問わず地元密着企業が〈迂回する経済〉を実現する場合である。1つの地域に根付いて活動する企業にとっては、従来の事業内容を広げ、地域全体の環境を整え価値を高めていくことが、自らの事業の持続性を保つことになるのだ。こうして、元の業種を問わず近年「まちづくり」事業に参画し始める企業が現れつつある。

具体例はⅢ部で紹介するとして、一貫して言えることは、従来の計画対象の「周り」にあるものに目を向けることの重要性である。住宅、オフィス、商業など、用途が徹底的に「分離」され、それを担う主体も「分業」されてきたものを、もう一度「人間の豊かな人生」あるいは「パブリックライフ」という総合的な視点から捉え直してみるところに、〈迂回する経済〉は立ち現れる。

## 公開空地の変遷に見る〈迂回する経済〉の萌芽

新宿副都心を歩いていると、周囲がグレーの色合いで囲まれていることに気づく。オフィスビルが林立していることも一因だが、特徴的なのはその足元の舗装である。この超高層オフィスビル群が開発された契機は1958年の首都圏整備基本計画に遡り、ここで新宿・渋谷・池袋の3地区を副都心地区として整備していくことが位置づけられた。新宿では、淀橋浄水場を含む98ヘクタールが計画対象となり、「平面的都市計画から立体的都市計画へ移行する第一歩」とされた(注4)。そして実際に安田火災海上本社ビル(現・損保ジャパン本社ビル)や新宿野村ビルディングなどの初期の超高層ビルが姿を現したのは、1970年代後半からであった。

この〈新宿グレー〉とでも表現できる独特な屋外環境──インターロッキングの舗装と、少量の植栽、そして「パブリックアート」の設置──には、近代オープンスペース黎明期と呼べる時代の空地のつくり方の特徴が集約されている。これらのオープンスペースは「公開空地」の制度がつくられる以前に計画されたもので、副都心整備事業を指揮した財団法人新宿副都心建設公社が「建築物は5~10メートル後退させ、緑地または空地を設けること」と定めたガイドライン等により実現されたものだった。その後、総合設計制度が成立すると、公開空地等を設けることと引き換えに容積率制限や斜線制限、絶対高さ制限を緩和することが可能になり、1976年から続々と公開空地付きの高層建築が実現していく(**図2**)。しかし新宿副都心の風景からは、当時はまだ都市に開かれたオープンスペースをわざわざつくる意義も、どのようにつくればよいのかも、理解が進んでいなかったことが見てとれる。

齋藤直人らの研究では、総合設計制度で計画された公開空地の「計画コンセプト」の変遷を整理している(注5)(**図3**)。これを見ると、興味深いことに、コンセプトの重心が年代によって如

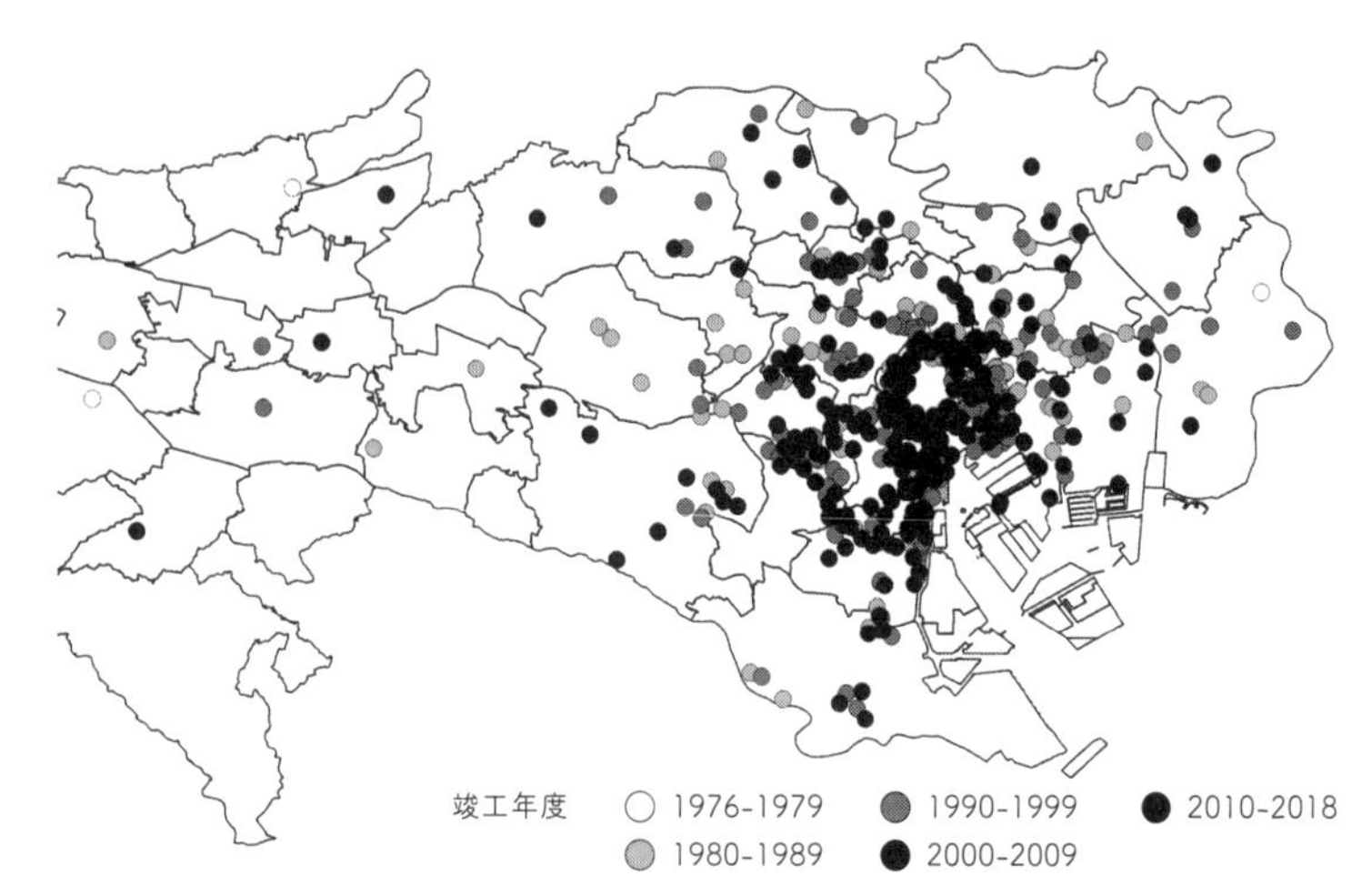


図2　総合設計制度によって実現した東京都の開発

| 年代区分 | 交通の補助<br>道路の補助をする<br>駅前広場となる<br>地下鉄の入口<br>貫通通路になる<br>歩行者環境<br>歩車分離<br>アクセス・エントランス | 緑の空間<br>密集の解消<br>良好な環境<br>緑環境の保持<br>公園の整備<br>庭園的な空間<br>豊かな緑<br>身近な緑<br>太陽と緑の場 | 周辺への配慮<br>建物と周辺のバッファ<br>空間をつなぐ<br>局地風を防ぐ<br>高低差の解消<br>地域防災 | 人々の集う空間<br>賑わいの場<br>憩いの場<br>交流の場<br>イベントスペース<br>子どもの遊び場<br>地域コミュニティの場 | イメージの演出<br>歴史的建造物の保全・活用<br>通り・街並みをつくる<br>地区のイメージをつくる<br>眺望を確保する<br>周辺地域のランドマーク<br>見られる対象となる空間<br>象徴的な空間<br>新しい都市の風景 | 該当数 |
|---|---|---|---|---|---|---|
| -1981年 | 4 | 4 | 4 | 2 | 2 | 11 |
| 82-86年 | 5 | 2 | 2 | 3 | 1 | 8 |
| 87-91年 | 3 | 5 | 0 | 5 | 1 | 10 |
| 92-96年 | 1 | 4 | 4 | 2 | 2 | 7 |
| 97-01年 | 1 | 1 | 2 | 3 | 2 | 6 |
| 02-06年 | 2 | 0 | 2 | 5 | 7 | 10 |
| 該当数 | 16 | 16 | 14 | 20 | 15 | 52 |

※この表では、総合設計制度・特定街区制度で実現した659件のうち、雑誌『新建築』掲載の52事例を扱っている

図3　公開空地の計画コンセプトの変遷（出典：齋藤直人ほか著論文（注5）より筆者作成）

実に変化していることがわかる。最初の20年、つまり1980年代中頃までは「交通の補助」として、次の10年は「緑の空間」、そして20世紀末には「周辺への配慮」、21世紀になって「人々の集う空間」と「イメージの演出」に光が当たる。建築物に、建設当時の社会背景と美意識を反映した「様式」があるように、オープンスペースにも「様式」と呼びうるような、世代的なテーマと意匠の特徴があるのだ。

新宿の空地のそこかしこで見られるグレーの舗装と「パブリックアート（当時はその呼び名もなかった）」の組み合わせは、都市に開かれたオープンスペースをどのようにつくったらよいかわからない当時の戸惑いを表わしているように見える。戦前から行われてきた野外彫刻や、権威的な美術館を抜け出してサイトスペシフィック・アートを展開した芸術家たちの活動は、1970年代に規制緩和の交換条件として用意された公開空地――どうつくればよいかわからなかった空間をもて余したオープンスペース――に並び始め、20世紀末に公開空地の積極的な役割が見出されると同時期に、ようやく「パブリックアート」という名前を授かることになる。（注6）

21世紀から始まった「人々の集う空間」への注目が、自然に生じたのではないことは補足しておこう。1999年から国土交通省が道路のイベント利用に関する社会実験を開始し、2003年以降、厳しい利用制限のあった公共用地の占有使用を弾力的に認める制度変更が進んだことがその背景にある。

いずれにせよ、行政が管理する公共空間や民間が所有するオープンスペースが、「人間の活動のための場所」として本格的に見直されたのは21世紀からで、それまではあまり積極的な意味を見出されずに整備されてきたのである。逆に言えばここ最近になって、公共的空間の整備やパブリックライフへの投資が、規制緩和の交換条件以上の価値があるのではないかと、期待され始めたということだ。民間企業によるパブリックスペース整備の領域から、〈迂回する経済〉の芽が開きつつある。

## 直進する経済、円環する経済、迂回する経済

短い時間射程で目的を設定し、それに向けて最短距離の手段で利益追求する〈直進する経済〉の批判には、すでに始まっているもう1つの動きがある。２０１０年代以降活発化した「サーキュラー・エコノミー」である。サーキュラー・エコノミーは、地球環境の問題が深刻化していることを受けて、これまで対処療法的に行ってきたリサイクルやリユースを発展させ、事業立案や製品設計の段階から「捨てる」フェーズをなくし、資源を使い続ける仕組みを構築する経済モデルだ。(注7)「サーキュラー（円環）」というからには、このモデルが批判しているのはその反対の「リニア（線状）」の経済モデルである。リニア・エコノミーは、地球上の資源を取って・つくって・捨てるという一方通行の活動を進めており、大量生産・大量消費・大量廃棄を生じさせてきた。

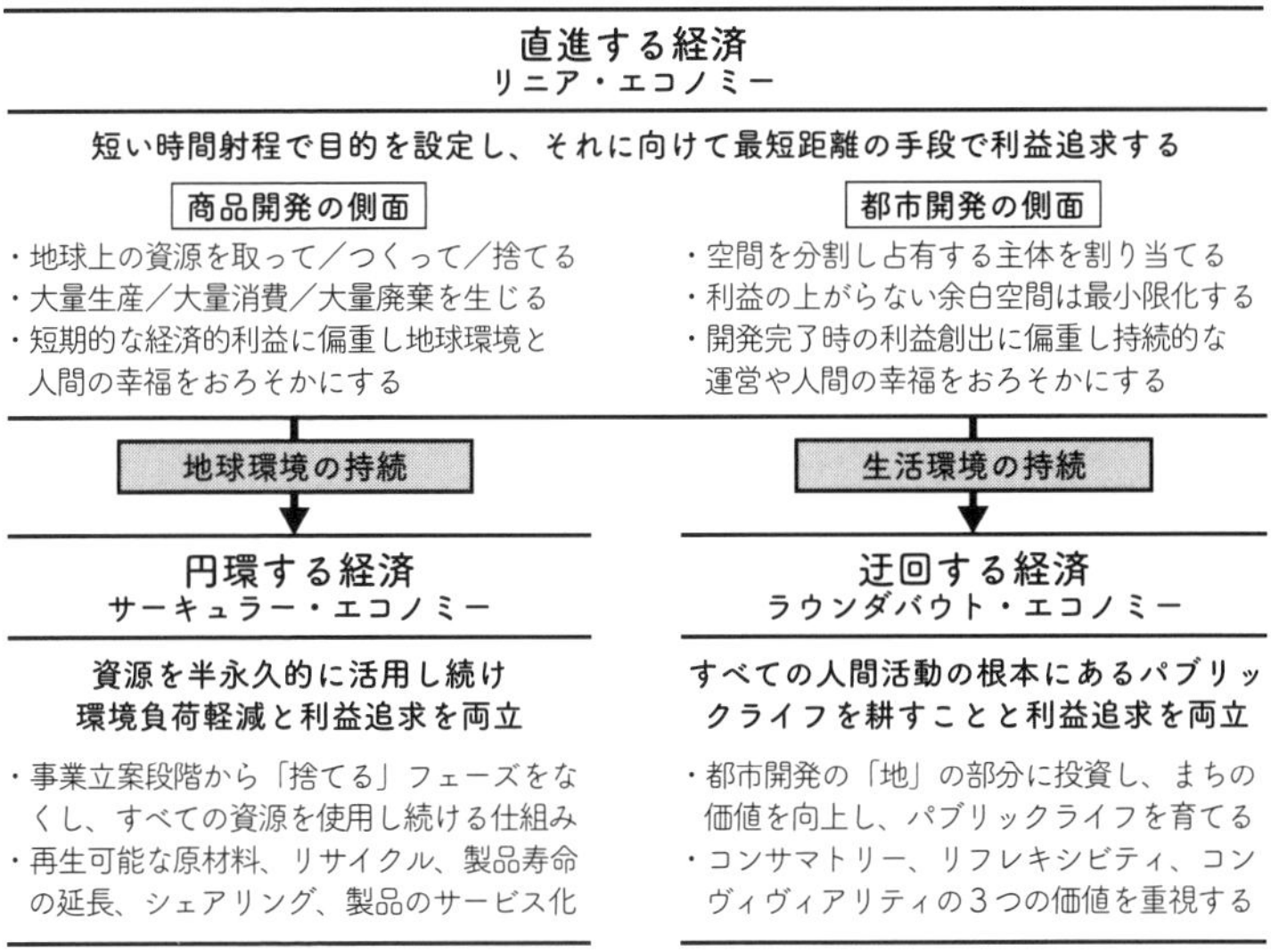

**直進する経済**
**リニア・エコノミー**

**短い時間射程で目的を設定し、それに向けて最短距離の手段で利益追求する**

**商品開発の側面**
・地球上の資源を取って／つくって／捨てる
・大量生産／大量消費／大量廃棄を生じる
・短期的な経済的利益に偏重し地球環境と人間の幸福をおろそかにする

**都市開発の側面**
・空間を分割し占有する主体を割り当てる
・利益の上がらない余白空間は最小限化する
・開発完了時の利益創出に偏重し持続的な運営や人間の幸福をおろそかにする

**地球環境の持続** ↓

**円環する経済**
**サーキュラー・エコノミー**

**資源を半永久的に活用し続け環境負荷軽減と利益追求を両立**
・事業立案段階から「捨てる」フェーズをなくし、すべての資源を使用し続ける仕組み
・再生可能な原材料、リサイクル、製品寿命の延長、シェアリング、製品のサービス化

**生活環境の持続** ↓

**迂回する経済**
**ラウンダバウト・エコノミー**

**すべての人間活動の根本にあるパブリックライフを耕すことと利益追求を両立**
・都市開発の「地」の部分に投資し、まちの価値を向上し、パブリックライフを育てる
・コンサマトリー、リフレキシビティ、コンヴィヴィアリティの3つの価値を重視する

図4　直進する経済、円環する経済、迂回する経済

サーキュラー・エコノミーは、（1）再生可能な原料を使用したサプライチェーン、（2）廃棄前提だったものを回収し再利用、（3）修理やアップグレードによる製品寿命の延長、（4）各々が保有しているものを貸し出して収入を得るシェアリングプラットフォーム、（5）ものを所有するのではなく利用に応じて支払う製品のサービス化、などの戦略によって、この線状の経済を円環状に循環させようと試みる。この取り組みは、アディダス、フィリップス、パタゴニアなどの数々の企業ですでに実現しており、「環境負荷の軽減と利益の追求を両立すること」が可能であることが実証され始めている。

〈直進する経済〉に対する〈円環する経済〉は、すでに理論化が進み、実現に向けて動きだしている。これらが〈直進する経済〉の「一方向性」を批判していることと比較して位置づけるなら、〈迂回する経済〉が批判するのは、「時間射程の短さ」と「直ちに利益につながらないものを軽視する姿勢」である。

〈直進する経済〉に基づく都市開発は、空間を分割し占有する主体を割り当て、利益の上がらない余白空間は最小限化する。そして、開発完了時点の利益創出に偏重し、持続的な運営や人間の幸福をおろそかにする。これに対して〈迂回する経済〉は、何よりも都市開発の「地」の部分に投資し、地域全体の価値を向上させ、パブリックライフを育てることを重視する。そして、近代都市計画が軽視してきた価値――これから説明するコンサマトリー、リフレキシビティ、コンヴィヴィアリティ――の3つの価値を重視する。

大まかに整理するなら、〈直進する経済〉の問題が露呈しつつあるなか、〈円環する経済〉は「地球環境の持続」を追求しながらも利益を追求する両立の方法を提唱し、〈迂回する経済〉は「生活環境（≒パブリックライフ）の持続」を追求しながら利益を追求する両立の方法を模索している。この関係を整理すると図4のようにまとめられるだろう。

## 近代の二項対立を縫合する都市計画の〈サード・オーダー〉

さて、これから〈迂回する経済〉の目指すべき方向性を示す3つのキーワードを説明していく。ただしその前に、ここで〈迂回する経済〉の理論的な意味に触れておこう。

先ほどから、「必要とされること」と「必要なこと」が食い違う、つまり開発が前提とする消費者ニーズが社会課題解決や公共的効果と乖離していることを述べてきた。これに対して政府や自治体が補助金や規制緩和を用いて、「経済合理性とは異なることとして公共的なことを行ってもらう」というのが、従来の考え方であった。この方法はこれからも当面は必要だろうが、しかし、問題の根本的な解決には、「公共的なことを実現することと、利益の追求は相反しないのだ」という考え方をすること、さらに言えば、「公共的なことを追求するほど、むしろ利益は持続的に創出され、そうでなければ、短期的な利益回収に留まってしまうことになる」と考えることが必要である。

経済性と公共性、利益追求と社会課題解決という、相反すると考えられてきたものを縫合すること。この、どちらかを取るのではない「第三の道」を、哲学者ノルベルト・ボルツの表現を用いて「サード・オーダー」と呼ぶことができる。(注8)

序章でも触れたが、近代の計画は、さまざまな二項対立をつくりだしてきた。それによって、物事は明快に整理されてきたという良い側面もある。都会と田舎。グローバルとローカル。合理的な考え方と感情的な考え方。機械のような計画と制御できないカオス。役に立つことと無駄なこと。商業と文化。住むことと働くこと。聖なるものと俗なるもの。日常と非日常。定住することと移動しながら暮らすこと。所有することと手放すこと。行政がやることと個人がやること。パブリックとプライベート。コミュニティとばらばらな個人…。

しかし、これらの二項対立を縫合することが、次に私たちが行うべきことだ。駆け足で、今列挙した二項対立が、現代では新しい段階に差し掛かっていることを指摘してみよう。都会と田舎のステレオタイプな二項対立は崩れつつある。グローバルな変化とローカルな変化は同時に起こり、共存する。感情や人間の直感にも何らかの合理性があり、逆に科学の合理性はさまざまな合理性のうちの1つに過ぎない。我々は物事を完璧に計画することはできず、混沌と計画の間にいる。役に立たないことも役に立ち、役に立つはずのことはいざというときに役に立たない。商業と文化は紙一重であり、商業と一切関係をもたない「純粋な文化」を主張することでむしろ文化の本質を見失う。住みながら働くことはもはや一般的である。聖なるものであるはずの神社や仏閣は観光対象となるだけでなく、都心部では商業施設やオフィス開発のなかに取り込まれつつある。観光客は「生活観光」を求め始めており、誰かにとっての日常が別の誰かにとっての非日常になっている。自宅がありながら、サブスクリプションサービスで全国の空き家やゲストハウスなどを一時的な住まいにして多拠点生活を送るライフスタイルもめずらしくなくなり、定住と移動しながらの暮らしは対立せずに溶け合っている。所有と非所有のどちらとも言えない「レンタル」や「暫定利用」という仕方で、都市空間を使いこなす仕組みも実現している。行政と個人の間には、さまざまな中間集団、共助や互助のかたちが存在する。そして現代の人間関係は、従来の地縁や血縁以外にさまざまに流動的なかたちがあり、コミュニティとひとりでいることは連続的な経験となっている…。これ以上詳細を述べる紙幅はないが、実はこれらはすべて、私の主宰する共同研究グループが研究を重ね、すでに成果をあげてきたテーマである。

こうした二項対立の分解・再構築は新しい事象だが、すべてが良い方向に進んでいるとは必ずしも言えない。安定した状態を抜け出してまだどちらに進むかわからない過渡的な状態のことを、序章でも触れたが、人類学の用語を拡大して「リミナル」な状態と呼べる。私たちはしばらく、「近代を通じて刷り込まれた二項対立が溶け合い、新しいかたちを模索しているリミナルな状態」を生きるだろう。しかしその中から出てくる「サード・オーダーの計画」はいたるところで行われ、これから近代社会の枠組みを超える、新しい価値を育んでいくだろう。

まちづくりの現場で時々聞く「古くて新しい」という表現は、よくある慣用句だと思っていたが、今思えばこれは、ごく平易な表現でサード・オーダーのことを指していたのだ。

＊

〈迂回する経済〉はサード・オーダーの計画だ。それは「経済的合理性と公共的・社会的合理性という二項対立を止揚するサード・オーダー」である。利益追求と公益性の追求という、資本主義社会における都市開発の「本音と建て前」を統合するアプローチとも言える。

ここから続く3つの章では、近代都市計画が最も力強く進行した1960～70年代に、それらとは距離を置いて提唱されてきた議論を中心に読み直し、そこから3つのコンセプトを導き、

〈迂回する経済〉の柱として解釈していく。近代の計画技術と制度体系が充実してきた1910～50年代に対して、60年代は近代に対する批判が世界的に噴出した過渡期であった。この後の70年代からは、ジャック・デリダやジル・ドゥルーズといった哲学者が現れ、建築や都市の分野でも「ポストモダン」あるいは「後期近代」に関する高度で複雑な議論が盛んになった。しかし私は、モダンとポストモダンの過渡的（リミナル）な状況で、文明批評に留まらず何か積極的な提案を行おうと苦闘した人々を中心に扱いながら、そこから希望を見出したいと思っている。

以降では、見田宗介／ティム・インゴルドの議論から〈即自性／コンサマトリー〉を、マックス・ヴェーバー／アンソニー・ギデンズの議論から〈再帰性／リフレキシビティ〉を、そしてイヴァン・イリイチ／吉阪隆正の議論から〈共立性／コンヴィヴィアリティ〉を考えてみたい。ここから〈直進する経済〉に基づく計画とは異なる、もう1つの計画の目指すものがはっきりと浮かんでくるはずだ。

注1　朝日新聞「社会責任、企業の基盤　英・ティムズ担当相に聞く」（2003年1月9日）および毎日新聞「「社会的責任」で企業評価　欧米先行、日本でも投資の尺度に」（2003年8月26日）より引用。

注2　加藤雅則、チャールズ・オライリー、ウリエ・シェーデ『両利きの組織をつくる―大企業病を打破する「攻めと守りの経営」』（英治出版、2020年）で紹介されている理論のこと。

注3　住宅広告において、周辺地域の説明が全体の半分を占める傾向は、1980年代から現在まで変わらない。ただし、2010年以降は

周辺地域を重視するものと、住宅の内部空間を重視するものが両極化している傾向がある。拙著『住宅をめぐる〈欲望〉の都市論』（春風社、2022年）を参照されたい。

注4 戸沼幸市編著『新宿学』（紀伊国屋書店、2013年）に詳しい。

注5 齋藤直人、十代田朗、津々見崇「公開空地・有効空地の計画コンセプトと利用実態に関する研究」『都市計画論文集』43（2008年）を参照。

注6 パブリックアートは公的機関や組織が経費を負担した芸術作品などの「公共事業としての芸術」である。古くは1933年にアメリカで行われた「連邦美術計画」やスウェーデンの取り組みなどから、1951年のフランスの芸術振興政策における「公共施設の総工費の1%を現代美術作品の購入に充てる」制度等がその起源とされる。日本では1960年代から「野外彫刻展」が行われ始め、70年代に「彫刻のあるまちづくり」が各地で起こった。日本の新聞に「パブリックアート」という言葉が紹介されたのは1989年8月21日の朝日新聞で、それ以降、90年代を通じて導入は活発化した。パブリックアートの普及の経緯は、浦島茂世『パブリックアート入門』（イースト・プレス、2023年）に簡潔に整理されている。

注7 以降のサーキュラー・エコノミーの説明については、安居昭博『サーキュラーエコノミー実践―オランダに探るビジネスモデル』（学芸出版社、2021年）を参照している。なお、ここで取り上げたサーキュラー・エコノミーの5つの戦略は、同書で紹介されているアクセンチュアの整理を筆者が理解しやすいように言い換えたものである。

注8 「サード・オーダー」は、意味の次元が3段階高次にあるということを指す。社会通念に埋め込まれた意識で「これが良い」ということを「ファースト・オーダー」とすると、これが最も素朴な計画の発想になる。しかし次の段階で、その「好き嫌い」は実は社会の枠組みに無意識にとらわれているということが明らかになる。セカンド・オーダーは社会を超えた比較と脱構築の段階であり、社会科学がこの部分を担ってきた。しかしこれで終わると、「結局誰が何をしなければならないのか」ということは雲散霧消する。私たちは、私たちの生きる環境を良くしていくために、やはり何らかの「計画」を行わなければならない。これが「サード・オーダーの計画」である。この文章で書いている「日常と非日常」という二項対立を例にとると、「日常と非日常を当然の、自明なものとして見なす」のがファースト・オーダー、「それらは相対的なものに過ぎない」というのがセカンド・オーダー、そうだとして、たとえば「日常と非日常が客観的に定義できるかどうかは別として、我々が日常と非日常という2つのモードを〈必要としている〉ことは変わらないのであるから、我々の生にとって、それがどういう価値をもっているのか、両者がどういう関係にあればよいのか、これを追求することで暮らしの豊かさを追求できるのではないか」と問うことがサード・オーダーである。

8章

# 即自性／コンサマトリー
## ——効率化から解き放たれ、体験の豊かさを実感できる都市へ

### 直線(リニア)の時間と円環(ループ)の時間

地球は1年かけて、太陽の周りをぐるりと回る。地球はそこで止まらず、そのまま2週目、3週目の公転が続く…。地球にとってみればそれは、何度も何度も同じことを繰り返しているようだ。私たちはこれを、繰り返しやってくる季節の移り変わりとして経験する。

時間は直線に進むのだろうか、円環に進むのだろうか？　太陽の周りをぐるぐると回る地球を思えば、時間は円環を描くようにループしているようだ。しかし、その地球の表面では大陸

が分裂し、その大陸を森が覆ったかと思えば、人間たちのつくった建造物がそれをさらに覆いつくす。ついに、地表では人間がつくった人工物が自然の有機物の総重量を超えてしまった。これは間違いなく一方向の変化、つまり直線の時間を感じさせるものだ。

そこに暮らす生物たちはどうか。人間をおびただしい数の生物の集団として見れば、この集団は生まれては成長し、子どもを産み、老いていく。その子どもはまた成長し、次の子を産む。このように人間を群れとして遠くから見れば、同じことを繰り返しているように見える。それは間違いなく円環の時間の中で記述できる。しかし、今度は1人の人間の立場に立ってみれば、その人は生まれてから数々の苦難を乗り越え、ときに挫折したり成功したり、悲しみや喜びを抱えながら生きていく。それは他の人物とは異なる、その人だけがたどる一筋の線のようなもので、そこで生きられた軌跡は直線の時間のように体感されるのである。しかしもっと近づいて、とある1日、2日を観察してみれば、その人間たちは朝起きて会社へ出勤し、働き、夜に帰宅して就寝したかと思えば、また次の日の同じ時間の電車に乗って出勤していく日々を繰り返す…。

宇宙のスケールから人間1人1人の1日にいたるまで――あるいはもっと細部にいたるまで――、私たちは円環と直線の時間が限りなく重なり合い、入れ子状になった世界を生きている。だから私たちの経験する時間は直線か円環かという問いに対して、どちらが正解ということはない。ただ、私たちは日々生きているなかで、「直線としての時間を生きている」と感じるときと、「円環の時間を生きている」と感じる瞬間が、それぞれやってくるのである。

直線の時間を生きているときの私たちは、時間が進むにつれて、何かが蓄積されていくことを暗黙の前提としている。時間が進むほど、知識が増え、人間関係が深まり、富が蓄えられる。そうでない場合は、「時間を無駄にした」のだ。これはある種の強迫観念のようなもので、アメリカ合衆国の独立に関わり「時は金なり」と明言を残したベンジャミン・フランクリンの精神そのものである。一方、円環する時間を生きる私たちにとっては、変わらないことこそが価値であり、時間が経ってしまうことで「何かを無駄にした」と思うことはない。

こうした観点で見るとき、直線の時間を生きる集団をアソシエーションといい、円環の時間を生きる集団をコミュニティというのだ。前者は何かを成し遂げることを目的とし、後者はただそこにあることが目的なのである。都市計画の制度の中に取り入れられてしまった「コミュニティ」に対しては、「コミュニティづくりによる地域再生」のように、明確な目的を達成するための機能が求められるようになった。近代都市計画への批判が挙がった1970年代に、コミュニティは直線の時間に連れてこられてしまったのだ。おそらくこの1世紀で私たちが行ってきた「計画」とは、円環の時間にあったものを、直線の時間に持ち出すことをいう。

## 過程より効率を重視する近代が失ったもの

ここからは、社会学者の見田宗介（1937〜2022年）を取り上げたい。見田は、日本が高度経済成長と急速な都市化のただなかにあった1960年代に研究活動を始め、初めは統計に基づいて日本人の心理や感性の変遷を追う研究を行ってきたが、1970年代からはメキシコでの経験を経て、資本主義から距離を置き独特な議論を展開するようになった。この章が扱う〈コンサマトリー〉の概念は、見田が頻繁に使用した言葉ではないけれども、『気流の鳴る音』（1977年、真木悠介の名義だが、同一人物である）を筆頭とした彼の思想に通貫する重要な考え方を言い当てていると思える。

＊

見田の仕事には、『時間の比較社会学』（1981年）という興味深い著作がある。そこでは、かつて存在したさまざまな社会に応じて、歴史的には異なる「時間」の観念があったことが描かれる。そして、それが近代化の過程で「時計時間」へ置き換えられていったことが指摘される。

「富岡製糸をはじめ日本の近代化の初期の工場労働において、労働者が時間どおりに出勤し時間にしたがって操業するという習慣が形成されるだけのためにも、十年から十五年を要したという。女工たちは「仕事中に仲間と話をしない」という就業規則に何年間もなれることができず、このことを要求する外人監督官をただ「いばっている」としか理解しなかった。前近代の共同体においては、仕事中に仲間と話をしないことの方が、よほど不自然な態度であったはずである」(注1)

時間が決められ、労働とそれ以外とを切り分け、時間の単位によって報酬が払われていくというシステムは、まず工場と官庁が、次に学校が、そして最後にテレビ放送が進めていった。「時間を費やす、時間をかせぐ、時間をむだにする、時間を浪費する、時間を節約する等々といった時間の動詞自体が、市民社会の〈功利的実践〉の日常感覚における時間と貨幣とのこのような同致をすでに物語っている(注2)」

時間が労働の単位となり、貨幣と直結していく。こうした価値観が生活の隅々まで浸透していったのが、私たちの生きる近代以降の社会の姿である。こうした社会にとって、まさに「時は金」であり、何かが実現するまでにかかる時間はなるべく短い方がいい。見田の言うように、時間は「稼ぐ」「節約する」といった、貨幣と同じ表現で考えられるようになった。そこでは結果が大切なのであって、過程は短縮できればできるだけ良い。しかしこうした考えは近代社会特有のある種の「病」なのである。見田は別のところで、『奥の細道』を著した松尾芭蕉について、次のように書いている。

「芭蕉は松島をめざして旅立つ。『奥の細道』の数々の名句をのこした四十日余の旅ののち松島に着く。しかし松島では一句をも残していない。「窓をひらき二階をつくりて、風雲の中に旅寐（たびね）する」一夜を明かすのみで、翌日はもう石巻に発っている。松島はただ芭蕉の旅に方向を与えただけだ。芭蕉の旅の意味は「目的地」に外在するのではなく、「奥の細道」そのものに内在していた(注3)」

芭蕉の旅は、目的地に辿り着くことよりも、その足で各地を見て回り、みずみずしい体験に言葉を与えていくこと自体に意味があった。この話はちょうど、現代の人類学を牽引する1人であるティム・インゴルド（1948年～）が書いたことと重なる。

インゴルドがよく知られるようになったのは1990年代からであるが、彼が人類学を志した最初の問題意識は60年代末にある。著名な菌類学者の息子だったインゴルドは、当然科学者になるものだと周囲から期待されていたが、ベトナム戦争が長期化するにつれて、科学に対して不信感をもつようになったという(注4)。軍事産業に従属していく科学やその学会組織に対する怒りと、過去の資料ばかりを追う人文学に対する疑問という二重の問題意識を抱えたインゴルドは、1966年の終わりごろに、ケンブリッジ大学で人類学を志す。

インゴルドが約40年の思索を経て到達した重要なテーマの1つは、次のようなものだった。

「まず旅行において、目的地を目指す輸送が徒歩旅行にとって代わった。次に地図づくりにおいて、路線図が手書きのスケッチにとって代わった。そしてテクスト構造において、あらかじめ作られた筋書きが物語行為（ストーリーテリング）にとって代わった。…現代の大都市社会に住む人々は、さまざまに連結された要素が組み立てられて出来ている環境に自分たちがいることをはっきりと自覚している。しかし実のところ人々はそうした環境のなかでも自らの道を縫うように歩み続け、歩みながら小道をたどるのだ（注5）」

何を言っているのか。インゴルドは旅の経験を2つの比喩を使って対比しており、それぞれ「輸送（transport）」と「徒歩旅行（wayfaring）」と呼んでいる。そして、旅に限らず、さまざまな領域で「徒歩旅行」的なものが「輸送」に置き換えられていったのが近代化だったのだと説明する。それが、手書きのスケッチが路線図へ、物語行為が筋書きへ、という話である。

「輸送は目的地指向である。それは生活の道に沿って成長することではなく、ある位置から別の位置へ横断して人や物質をその基本的性質が変化することのないように運搬することである（注6）」

インゴルドは、人間たちが歴史的に積み重ねてきた活動は「線をつくる」行為にほかならない、という思い切った見立てを行う。そして、さまざまな線が「直線になっていく」様子として、近代化の過程を理解する。この過程で「徒歩旅行」は、「輸送」に置き換わってしまう。場所から場所へ移動するとき、その時間はなるべく短い方がいい。徒歩よりも鉄道、さらに速い新幹線や航空機などが発明され、効率化により移動時間や待ち時間はできる限り短縮される。そうしてできるだけ短縮された時間の中を、現代の私たちはスマートフォンを確認したりして過ごす。これは、人間が自ら移動するというより、もののように「運ばれていく」という表現が似合う。「輸送」という呼び名は、そういう皮肉である。

インゴルドが「直線になったライン」という表現で強調するのは、私たちの生きざまの過程が、目的の実現までの最短距離を目指すようになり、過程そのものに意味を見出さなくなったということだ。見田が「近代的未来主義」と呼んで私たちの価値観のいびつさを表現したことと、両者の主張は重なる。古代ギリシャの記譜法から現代建築家の作品まで、さまざまな対象を横断して考察してきたインゴルドと、インド、メキシコ、ブラジルなどを旅しながら日本の高度経済成長を見守った見田が、ともに「近代社会」の枠から遊離する意識を獲得して、人々がとらわれているある種の「枷（かせ）」に気づいたのである。

## 〈インストゥルメンタル〉＝投資価値と、〈コンサマトリー〉＝生活価値

これまで述べてきたのは、近代化の過程で「時間」の意識が変質してきたということであり、「直線の時間」が重視されるあまり、未来の目的を達成することの一点に価値が置かれ、その過程がもっていた意味や重要性が解体されていったということである。私はこうした価値観を逆

転するために、見田が使った「現時充足的（コンサマトリー）なよろこび」という用語にヒントを得ようと思う。

　コンサマトリーという用語は、もとは社会学者のタルコット・パーソンズが提唱し、日本語では「自己充足的」などと訳されて、最近は表面的に「若者のパーソナリティ分析」などに用いられている。若者が未来に関心を示さず、計画性を放棄して、今が楽しければいいと考えているように見える…等といった、大人からは理解できない若者の「身勝手さ」を、大人側の目線で説明するために「自己充足」という言葉が割り当てられたのだ。しかし、ここまで読んでいただいてわかるように、私が論じたいのはそのことではない。

　今一度、「コンサマトリー」という考え方を整理してみよう。

　もし、あなたが学生時代に「なぜ勉強するのですか」と聞かれたら、どう答えるだろうか。高校生であれば、「行きたい大学に合格するためです」と言うかもしれない。大学生なら、「いい就職先に進みたいからです」と答えるだろうか？　こうした答え方は、勉強を〈道具的／インストゥルメンタル〉に捉えたものである。これに対して〈コンサマトリー（即自的、ここでは訳そう）〉な回答とは、「それは、勉強が楽しいからです」ということになる。

　同じことを、インゴルドや見田の例では「なぜ旅をするのですか」と問うている。目的地に行って誰かに会うとか、何かを見るとかいうことは、旅のきっかけではあるかもしれないが、コンサマトリーな考え方の人物にとっては、旅の価値の中心は旅そのものの過程で起こるあらゆる出会いであり、「過程の経験の豊かさ」ということに尽きる。

「大学に合格するために勉強する」という答えが空虚に感じられるのは、その人は現在の価値を現在の言葉によって説明できないからである。現在は常に、未来のための生贄にささげられてしまう。今行うことは、少し先の未来のために行われる。その先の未来が現実になっても、もっと先の未来のことを考えて行動が続く。この人物は、「常により良くなっていく未来」を際限なく追い求め続けなければならず、ここで求められているのは一般的な言葉で言えば「投資価値」と換言できるだろう。その反対は、「現在を現在によって肯定する」こと、つまり現在の価値を未来の役に立つかどうかで判断するのではなく、現在を生きていることそのものの価値を存分に享受するということだ。「勉強が楽しいから勉強する」、あるいはインゴルドの言う「徒歩旅行」といった経験とは、このようなことである。

## 日常生活に見られる道具的思考と即自的思考

コンサマトリーとは、もっと具体的にどういうことかと説明するには、気恥ずかしいが、やはり私自身の体験を書かなければならない。私は料理が好きである。料理を仕事にしたいとまでは思わないが、自分や家族のために日々料理をつくる時間が、いつのまにか楽しみになっている。食べる時間はもちろん楽しいけれども、弱火でじっくりとにんにくやスパイスを炒め、音と香りが漂ってくるときが何よりも良い。博士課程のころ、ドイツ・ミュンヘンのアパートに1人滞在して冬を越したとき、見よう見まねで料理を始めたのだった。思えば、知り合いのほとんどいない国の、小さなアパートの一室で毎日自炊していたあの時間は、自分自身との対話だったのかもしれない。帰国後も、私にとって料理は何かの役に立つから行うのではなく、それ自体の時間が大切なのである。

一方で、当然ながらできたものは食べることができる。食欲も満たされるという機能がある。つまり、私は料理に〈コンサマトリー〉な価値を見出して何よりも大事に考えているが、料理は同時に〈インストゥルメンタル〉な価値も併せもっている。〈コンサマトリー〉を追求することは、身勝手になってほかに必要なことを無視するということでは決してない。そうではなく、多くのものには、コンサマトリーとインストゥルメンタルな側面が同時に備わっている。だから問題は、それを私たちが認識できるかどうかにかかっている。

今まで道具として認識していたものに、コンサマトリーな価値を発見していくことが、おそらく「日常生活の美」に出会う瞬間なのである。〈道具的／インストゥルメンタル〉な思考は投資価値を重視し、〈即自的／コンサマトリー〉な思考は生活価値を重視する。

## 効率化から解き放たれ、体験の豊かさを実感できる都市へ

「大学に合格するために勉強する」と答えて何がいけないのか、空虚ではないではないかと

反論する読者もいるだろう。未来に向かって成功を積み重ねていくことで満たされ、自分の人生が輝いているように感じられる人も少なくないはずだ。その人の人生を私は否定しない。ただ、人生を道具価値に還元していくことには限界がある。

特に、長寿命化と同時に少子化が進行し、人口の大きな割合を高齢者が占めるようになった超高齢化社会がこれから本格化すると、未来に向かって成長していくことばかりを求める価値意識は、人々に苦痛をもたらすだろう。昨日よりも今日、今年よりも来年に進むほど私たちは何かを獲得し続けるのだ、という「直線の時間」に埋没し、現在を道具価値に還元していくことは、自分の身体の限界との間に常に矛盾をきたし続けるだろう。現在を成長のための道具にする「直線の時間の意識」と「物質的現実」との間の葛藤は、地球環境の限界の問題にも延長される。成熟した社会を生きる私たちは、コンサマトリーな価値意識を本格的に考えなくてはならない。

＊

振り返ってみれば都市計画は、20世紀初頭に現れて以来、〈コンサマトリー〉な価値観をむしろ徹底的に道具性に置き換えてきた。地域に存在していた祭りは、観光客を集めて地域の経済を活性化させる材料と見なされた。地域に古くから残っている、独特な雰囲気をたたえた街並みも同様に観光資源になるか、近年では地域住民の誇りやアイデンティティの形成に役立つと見なされる。ほかにも、芸術を使ったまちおこし、音楽を使ったまちづくりなど…。生活や文化の領域、何かの役に立つことから解放された〈コンサマトリー〉な領域を、次々と、都市計画の目的を達成するための手段として引き込んできたのだ。

「まだ活用されていないものを、都市の活性化のために活用する」ということが、計画者の腕の見せどころであった。それが計画者の「創造性」でもあった。自治体が所有する公園を使って民間企業がカフェ運営などをできるようにした制度「Park-PFI」（2017年）もその延長上にある。

先に「料理」の例で触れたことだが、道具性と即自性は両立する。だから今まで扱われてこなかったものを計画の舞台に持ち込むことそのものが悪だとは言わない。物事を評価する基準を、即自性の側面から、道具性の側面へと重心移動することはあってもいい。しかしそれによって、物事が制度の中に取り込まれ、変質し、もとの豊かさが損なわれてしまうようではいけない。料理の比喩で言えば、栄養バランスや数値ばかりに気を取られてしまうこと、さらにその延長に、食事の代わりにサプリメントを摂取するようになった世界を想像してもらえばいい。つまり要点は、〈コンサマトリー〉と〈インストゥルメンタル〉の両側面から、人々の諸活動や地域のさまざまな事物を捉えて尊重する必要があるということだが、それが十分できていると言えるだろうか。

コンサマトリーな価値を尊重する都市計画は、投資価値よりも人々の生活での楽しみを尊重するだろう。まちの人々の生活が豊かであること、生活が満ち足りていることは、開発者の直接の利益にはならないと考えるかもしれないが、それこそが〈迂回する経済〉の要なのだ。

そして計画の方法自体も変わる。それは、従来のように10年や20年先の未来に向かって現在から無駄なくアクションを積み重ねていく方法ではないはずだ。「事前に決めた1つの未来に向かっていく」代わりに、未来を模索しながら複数のことが実践され、その過程自体を、人々が楽しんでいること。みなが計画をともにつくり、「決められた計画を辿っている（輸送的）」のではなく「計画を生きている（徒歩旅行的）」状態こそが、即自性に価値を見出す都市計画の姿である。

注1　真木悠介『時間の比較社会学』岩波現代文庫、2003年。
注2　真木悠介、同書。
注3　真木悠介「気流の鳴る音」『定本　真木悠介著作集Ⅰ』岩波書店、2012年。
注4　インゴルドの半生については、彼の著書の翻訳者でもある奥野克巳が簡潔にまとめている。奥野克巳「5章　インゴルド生の流転」『はじめての人類学』（講談社現代新書、2023年）を参照。
注5　ティム・インゴルド著／工藤晋訳『ラインズ―線の文化史』左右社、2014年。
注6　ティム・インゴルド、同書。

# 9章

# 再帰性／リフレキシビティ
## ――出会いと絶えず変化することに価値を置く都市へ

### 他者を同化させたい「支配」の欲求と、自分が変化したい「出会い」の欲求

即自性の説明では、私たちが場所から場所へ移動する経験が「徒歩旅行」から「輸送」へと移り変わってきたことを見てきた。このとき触れなかったが、ティム・インゴルドは「輸送」について説明するときに、少し不自然な表現をしている。インゴルド曰く、輸送とは「ある位置から別の位置へ横断して人や物質をその基本的性質が変化することのないように運搬すること」だ。「性質が変化することのないように運搬する」ということが、どういう意味をもつの

だろうか。これについては、再び見田の文章を引き合いに出してみるとぴたりと理解できる。一方は「われわれが他者と関係するときに抱く基本の欲求は、二つの異質の相をもっている。一方は他者を支配する欲求であり、他方は他者との出会いの欲求である。…支配の欲求にとって他者とは、手段もしくは障害であって、他者が固有の意思をもつ主体として存在することは、状況のやむをえぬ真実として承認されるにすぎない。ところが出会いの欲求にとっては、まさしくこのような他者の自由とその主体性こそが欲求される。支配の欲求が他者をたえず自己へと同化することを欲するのと反対に、出会いの欲求は自己をもたえず他者へと異化することを欲する(注1)」

他者を自分に同化させたいという「支配」の欲求に対して、「出会い」の欲求は、自分とは異なる他者と出会うことで自分の方が変化することを求める。支配に価値を置くか、出会いに価値を置くかの決定的な違いは、「自分が変わること」を恐れるのか、それとも歓迎するかどうかである。徒歩旅行としての旅では、その途中でさまざまなものと出会うことで、自分自身が変わっていく。素晴らしい旅の経験とは、出発したときと帰ってきたときで、旅人が別人になるような経験のことだ。4年間の旅を経て「気流の鳴る音」という不思議な題の論考を書いた見田は、あとがきで次のように記している。

「一九七三年から七六年の間、インドを、メキシコを、ブラジルを、ペルーを、ボリビアを歩いた。本体である「気流の鳴る音」は、この旅の最後の日に発想された。それ以前の生と、それ以後の生に、わたしの生は分けられると思う[注2]」

これに対して「輸送」と呼べるような旅行は、移動中の出会いに価値を見出さない。私が私のまま、変わることなく、運ばれていく。1960年代初頭にマスツーリズムの時代を観察した文明史家ダニエル・J・ブーアスティンが、観光客はすでに知っている観光地に訪れ、写真で見たことのある建造物などを見て帰るようになったと指摘していたことが思い起こされる[注3]。ブーアスティンはこうした観光経験を「あらかじめ作り上げられた経験」と呼んだが、それは「出会い」というよりは「確認」の作業である。そうして世界中のものを確認して回り「自分の知っているもの」にするような旅の姿勢は、征服者のそれと同じ根をもつ。

## 自由を獲得した現代にもたらされる新たな苦しみ

社会学では、自分が変わっていくことを〈再帰性／リフレキシビティ〉と呼んで議論してきた。古くは、20世紀初頭にマックス・ヴェーバー（1864〜1920年）がこの議論の口火を切っている。ヴェーバーはシラーの詩から引用した「脱魔術化」という言葉で、近代化とともに進んだ合理化が「魔術からの解放」を行ってきたこと、それと同時に人々がそれまでコミュニティや家族に対して抱いていた愛情や信頼から切り離され、孤独に生きるようになったことを描いた。これに対して、20世紀末からは「再魔術化」という言葉も現れる。近代以前は今の私たちから見れば「魔術に満ちた世界」、それが近代化によって「脱魔術化」されたが、科学技術が高度に普及した時代には再び別のかたちの「魔術」が生じている、という見立てだ。

ただし、ここで強調しておきたいのは、これらの議論は単純化されすぎており、実際には近代は両義的な時代であったということだ。[注4] 重要なのは、近代化では魔術化と脱魔術化が同時進行した――あるものは合理化され、同時に別の非合理性が生まれた――ということである。家族愛や郷土愛、企業愛などは近代化の過程のなかで見出された「新しい魔術」だっただろうし、何より「恋愛（ロマンチック・ラヴ）」が近代社会の中で生まれたこと――見合い結婚から恋愛結婚へ――はよく知られている。

ヴェーバーの議論から90年余りが経過したころ、イギリスの社会学者アンソニー・ギデンズ（1938年～）は、情報化社会が「社会的再帰性」を増大させていくと主張する。「社会的再帰性とは、私たちが、自分たちの暮らす周囲の状況についてつねに考えたり、省察する必要があるという事実を指称している。社会がもっと慣習や伝統と連動していた時代には、人びとは、非再帰的な仕方で既成の行動様式を踏襲することができた。以前の世代にとって簡単に当然視できた生活の多くの側面は、私たちにとってはむき出しの意思決定の問題になっている。たとえば、何百年ものあいだ、人びとは家族の規模を制限する有効な手段を何ももっていなかった。現代の避妊方法や他の生殖技術によって、親たちは、たんに産む子どもの数を選択できるだけでなく、生まれてくる子どもの性別を決めることさえもできる。もちろん、これらの新たな可能性は、新たな倫理上のディレンマをともなう」(注5)

ギデンズがここで言う「社会がもっと慣習や伝統と連動していた時代には、人びとは、非再帰的な仕方で既成の行動様式を踏襲することができた」というのは、ヴェーバーの言う「魔術」に満たされたかつての世界を指している。無自覚に従っていた慣習や伝統＝「魔術」の霧が晴れたとき、人々は以前よりも自由になると同時に、むしろその代わりに「選択しなければならない」ことそのものから苦しめられるようになる。生まれた地域に住み続けたり、親に薦められた相手と結婚したり、親の仕事を継ぐという「当たり前」だったことから解放されると同時に、それらの選択がすべて自分の問題になる。「当然視されてきたこと」を考え直すこと。そして、そこからの解放がもたらす自由と新たな苦しみの両側面を指すのが、〈再帰性〉という概念である。一部の業界で好んで使われる「出会い」や「セレンディピティ」という言葉は、他者との遭遇の良い側面しか扱わない。けれども他者と出会い、衝撃を受け、自らの価値観が変わってしまうプロセスには、実際には大きな負荷を伴う。私は、自由と苦しみの両面を表わす言葉として〈再帰性〉を使おうと思う。

「近代社会生活においては、ライフスタイルという言葉が特別の意味を帯びる。伝統がその拘束力を失うにつれ、そして日々の生活がローカルなものとグローバルなものとの弁証法的相互作用によって再構成されるにつれ、ますます個人は多様な選択肢のあいだでライフスタイルの選択を切り抜ける必要に迫られるようになる。…ライフスタイルの選択は自己アイデンティティと日常生活の構成において、ますます重要なものになってくる[注6]」

ギデンズは、現代では「再帰的な生活設計（ライフプランニング）」が必要になると同時に、さまざまな場所で道徳的な問題が発生することで、自己実現のために人々には何らかのかたちの政治参加が要請されるようになってくると論じた。この様子は「ライフ・ポリティクス（生政治）」と呼ばれている。SNSが台頭し、日常のさまざまなシーンが「火種」となって連日のように政治的な議論が勃発している現在から見ると、予言的な指摘である。

## 社会を変えるか、社会に合わせて自分を変えるか

ヴェーバーの「脱魔術化」とギデンズの「再帰性の増加」というのは、近代化の中で生じる

同じことを別々の着眼点で指しているように思える。どちらも、従来の社会で当然のことと思われてきたことを「非自明化」させるプロセスだ。その結果として、私たちの前にはこれまでよりも無数の選択肢が広がっている。この事実を、どう受け取ればいいだろうか。私が行いたいのは、時代を記述するのでも、ニヒリズムに陥るのでもなく、このなかに何らかの希望を見出して、私たちの向かう先を照らすコンセプトに磨き上げることだ。

ギデンズは、〈再帰性〉とは「人びとが周囲の状況について省察する必要があるという〈事実〉」だと定義するが、具体的にはどういうことだろうか。たとえば「自分の結婚のありかた」を考えてみよう。読者の中には、自分の結婚観が、周囲が当然視するありかた——「〇歳までには結婚するべき」「ふさわしい結婚相手／ふさわしくない相手」等々という類の、メディアによって幾度も復唱されてきた考え方——とギャップがあると感じたことがある人がいることだろう。これには、何か契機があったはずである。内発的に得られた気づきも、外部環境から与えられたストレスも、双方が常識の再構築を迫ったはずだ。周囲の人が「こうするのが当然」と言っていることが、なぜ当然なのか、と疑問を覚え始めると、自分自身で考え直さざるをえない。これが〈再帰性〉の発生である。

次に人々は何らかのかたちで情報収集や外部に向けた働きかけを行っていく。この行為が最終的に向かう先は、自分自身が変わるという「自己の再形成」と、自分が生きやすいように環境を変えるという「社会の再形成」の2つに分かれることになる。

社会を変えるか、それとも社会に合わせて自分が変わるか。ギデンズは主に自己の再帰化について論じたが、社会学者のスコット・ラッシュは、再帰性の対象が社会のシステムに向けられたときにこそ、社会的再帰性の理論は批判的な理論たりえると言う。一般的には、社会を変えることには大変な努力が必要で、それよりは「自分の考え方を変えよう」というのが、「自己啓発」の教えである。しかしそれだけでは結局は社会の方が変わらないので、人々は我慢して、抑え込まれ続けることになってしまう。ラッシュが、自己ではなく社会システムに向かう再帰性こそを考えるべきだと言うのはうなずける。

都市計画やまちづくりでも、重要なのは「〈再帰性〉の高まりが社会を変えていく回路をつくることは、いかにして可能か」という問いである。一歩手前から考えれば、そもそも「人々が周囲の状況について省察するということは、どんな環境があれば実現するのか」「そうした人々が疎外されずに生きていきやすい環境とは、どのようなものか」ということが、地域づくりの問いになる。肯定的な意味での〈再帰性〉の環境を計画によって用意することは可能か、ということが問われなければならない。

## よくできた社会は、反逆を回収する装置をもつ

見田宗介は、「よくできた社会は、反逆を回収する装置をもつ」という趣旨の論考を書いて

いる。[注7] これはもちろん皮肉の表現であるが、人々がそれぞれの切実さや喫緊性に沿って社会を再構築しようと悪戦苦闘する様子は、むしろときに既存の社会のシステムを強化し、構造を再生産する方向にしか働かない場合もある。見田の言う「反逆を回収する装置」とは、個人の〈再帰性〉の高まりを社会の再帰化に結び付けないための「水路付け（canalization）」のことである。これが成功すると、再帰性は挫折してしまう。

水路付けの仕掛けは、意図的であるかないかを問わず、社会に無数に存在する。これを意識的に崩すことが、社会の再帰化を促すためには必須である。たとえばまちづくりの分野では、地方都市や集落の人々の再帰性が向上する好例として「都心からUターンした人々の活躍」が挙げられる。地方で気づきえなかったことを都会での経験から学び、自身の故郷に還元しようとする人々は、自治体にも都市計画の関係者にも歓迎される。しかし、彼らの行動が「ちょっとした都会的な活動の実践」に留まる場合は、「ダメな地方／憧れの都会」という通念や社会構造をむしろ強化してしまう。「まちの外から、いつか行動力のある指導者がやってきたらいいのに」と他力本願している地域の人々に、私は各地で出会ったことがあるが、こうした考えが根底から崩されない限り、個人の再帰性の高まりは地域の再帰化へとつながらない。

考えてみれば、反抗期や「中二病」、非行や不良も、「学生／若者とはこうあるべき」といった通念や、学校社会という既存の社会システムに馴染めない人々が行う実践で、ギデンズ風に言えば「自己の再帰的プロジェクト」だったのかもしれない。しかしそれらはまさに「不良」

「反抗期」「中二病」…という「レッテル」を周囲から貼られることで、その社会批判性は無効化される。彼らの人生を懸けた切実な行動はむなしく、「ああならないためにまっとうに生きなさい」という教育的指導の材料になって、それ以外の多くの学生からは遠ざけられる。これに限らず、社会批判をする集団が、社会の和を乱す「厄介な人々」として扱われ、むしろ彼らが批判しようとする当の社会を持続させるための反面教師として用いられることは、典型的な水路付けの一種である。

## 出会いと絶えず変化することに価値を置く都市へ

さて、〈再帰性〉を重視する都市計画は、どのような姿をしているだろうか。簡潔に言えばそれは、「出会いと、絶えず変化することに価値を置く」まちへと向かう計画になるだろう。計画学ができる最も短期的な工夫の1つは、「自身が今置かれている状況とは異なる状況を想像する機会」を、人々に提供することである（図1）。私は、自治体と協力して宮城県加美町や佐賀県多久市などで「まちづくり人生ゲーム」というワークショップを行ったことがある。「人生ゲーム」は私が学んだ早稲田大学・後藤春彦研究室で繰り返し行われてきた手法だ。自分が今子どもだったらどこで遊ぶのか、学生だったらどこの高校に進学するのか、結婚したらまちから出ていくのか、といった「仮定の問い」を通して、現在を生きる多様な世代の人々

Q　進路選択（高校生）
高校を卒業することになりました。卒業後の進路を選択してください。

Q　あとつぎ（53歳）
子供が今年学校を卒業します。あなたは家業の後を継がせますか？

筆者らが取り組んだ「まちづくり人生ゲーム」の3ステップ

**1　人生の岐路をめぐる「仮定の問い」を通して、現在を生きる多様な人々の選択肢を想像する**

小学生の自由研究のテーマ、高校の進路選択、家業を継ぐかどうか、結婚した後の暮らし方…。自分が今「生まれ直した」と仮定して、人生の選択を考えてみる。

**2　集まった人の中でも、自分とは異なる考えをもった人がすぐそばにいることを知る**

4、5人ずつのグループで答えを共有し、自分と異なる選択をしている人がいるというだけで、参加者にとっては新鮮な驚きになり、感想を言いあうきっかけになる。

**3　「何が私たちの人生の選択肢を狭めているのだろう？」という問いを通して課題を考える**

人生の岐路の選択肢について、「本当はこう答えたいが、現状を考えると答えられない」という葛藤があったものについて議論。そこからまちの課題を体系化して整理する。

図1　「まちづくり人生ゲーム」で人々の再帰性を高める3つの段階

の選択肢を、その身になったつもりで精一杯想像してもらう。さらにその場でグループを組み、自分はどう思うかについて議論しあうと、集まった人の中でも、自分とは異なる考えをもった人がすぐそばにいることに気づく。そしてワークショップが終わるころには、「何が私たちの人生の選択肢を狭めているのだろう？」と問いかけられる。こうして、まちがもっていた社会的課題の全体像が浮かび上がる。

ワークショップを行うと、参加者は「自治会長」「商店街の個人経営者」などという普段の立場の肩書をもってやってくる。したがって異なる状況の想像は、このような「普段の立場を崩すゲーム」を通して効果的になされる。まちづくり人生ゲームという手法は、これから数年にわたって展開されるまちづくりを始める最初の段階で、住民たちの緊張を解きほぐし、多様な視点で課題を共有するために行われている。加美町と多久市では、この次にまちを良くするアイデアを出し合い、行政がすべきサポートについて話し合う段階へと進んでいった。

*

小規模なまちでは、自由な発想を阻害する人々の「キャラクター化（若者は若者らしく…）」をいかに解体していくかという、地道な活動が求められる。というのも、コミュニティの強固さは、互助や共助という観点からは理想的かもしれないが、別の問題を生むからだ。それは、多様な人々が、偏見や決めつけに遭わずに、それぞれ異なる活動を自由に展開できるようにするにはどのような仕組みが必要か、という「コミュニティの再帰化」の問題だ。

これは、3章で取り上げたハンナ・アーレントの「誰」と「何」という対比と重なる。人々が「何（職業などの属性）」として扱われるのではなく、「誰（その人自身）」として扱われるということが、偏見を抜け出して人と真の意味で「出会う」、人間関係の再帰化ということである。

あらゆるまちは、人間関係をリセットして、人が「誰」として接せられる場所を必要としている。「サードプレイス」を提唱したレイ・オルデンバーグは、これを「レベラー（水平化するもの)」と呼んでいた。もっと遡れば、歌舞伎町をつくった都市計画家の石川栄耀は「盛り場」こそが、昼間の人間関係から人々を解き放つ場所なのだと、その重要性を説いていた。

このように考えると、私たちが実践してきた都市計画の多くの取り組みは、「人々の再帰性を促す」という新しい目的のために再編成できるように思えてくる。

＊

ここでは最後に、「再帰性を涵養する」ためには物理的な場も必要とされる、ということにも触れておきたい。それは、「練習場」とも表現できる。近年、新しい取り組みを実践しやすい練習場となる空間を、自治体などが積極的に用意する取り組みが増えている。実践が目に見える「景観」となり、人々がそれに接することで、互いに刺激を受けあうような仕掛けがあれば、景観を介した再帰性の向上が期待できる。

飲食店や雑貨店などの駆け出しの店主に空間を貸し出す「チャレンジショップ」や、都市部を中心に普及しているさまざまなレンタルスペースは、新たな挑戦を躊躇する人々に、自らの可能性を低リスクで試す機会を拓きつつある。私の主宰するゼミでは、レンタルスペースについてはすでに研究を進めており、「短期的な仕事の目的に適う場」「実空間での趣味の発表の場」「自己の世界観の実現の場」「余暇活動から派生した仕事への挑戦の場」「精神的な回復の場」という5つの役割が見出されつつある(注8)(図2)。いずれも、これまでの空間では実現しづらい「プロ未満の活動」や、萌芽段階にあるものを受け止める役割と言えるだろう。私たちが

**1　短期的な仕事の目的に適う場**

1. 仕事にあった空間
2. 撮影に適した雰囲気をもつ空間
3. 対話の空間
4. 本業から派生した仕事の空間

自宅に打ち合わせをする場所がない／副業で撮影のためメイクする場所がほしい／セミナーを行う場所がほしい

**2　実空間での趣味の発表の場**

5. 趣味の発表を行う空間
6. 特定のテーマで交流する空間
7. 以前の趣味を復活させる空間

写真や絵画などを発表したい／以前趣味でやっていた版画やダンスの発表がしたい／旅をテーマにした交流をしたい

**3　自己の世界観の実現の場**

8. 趣味以上仕事未満の活動の空間
9. 仕事でできないことを発表する空間
10. 目的のために自由にアレンジできる空間
11. 店舗の一部として演出する空間

ママ友、彼女のパーティー、結婚式で使いたい／仕事では発表できない自由な作品の展示がしたい

**4　余暇活動から派生した仕事への挑戦の場**

12. 趣味を仕事にするための空間
13. マルシェの空間

お店を始めたいが難しいため、ここで夜にお菓子をつくって喫茶店に卸したい／フラワーアレンジメントの趣味を仕事にしたい

**5　精神的な回復の場**

14. お客さんと交流する空間
15. 発表を通してメンタルケアをする空間

故郷に帰る前の区切りをしたい／死んだ飼い猫の絵の展覧会をしたい／腹を割って話せる場所がほしい

図2　レンタルスペースに見出された「5つの価値」の調査結果

必要としている練習場は、恒久的な機能の定まっていない「未決の空間」が舞台となっている。

人口減少とともに都市化の圧力が弱まっていくなかで、今後ますます発生するであろう空間の「未決性」を、いかにして再帰性を涵養する舞台として活用できるかが問われている。

注1　真木悠介「交響するコミューン」『定本　真木悠介著作集Ⅰ』岩波書店、2012年。

注2　真木悠介『定本　真木悠介著作集Ⅰ』岩波書店、2012年。

注3　ダニエル・J・ブーアスティン著／星野郁美、後藤和彦訳『幻影の時代―マスコミが製造する事実』（東京創元社、1964年）を参照。「旅行者から観光客へ」と題する3章で、ブーアスティンは「「アドベンチャー」は本来、「意図せずに起こったもの、偶然、運」を意味したが、今日の一般の用語法によると、誰かが売りつけようとしている、あらかじめ作り上げられた経験のことである」「経験は希薄化され、あらかじめ作りあげられたものになってしまった」と指摘する。この「旅行者と観光客」の対比はそのまま、インゴルドの「徒歩旅行と輸送」に置き換えられる。

注4　筆者は『クリティカルワード 現代建築―社会を映し出す建築の100年史』（フィルムアート社、2022年）冒頭の論考にて、近代の両義性について都市計画の側面から論じているので、詳細はそちらに譲る。

注5　アンソニー・ギデンズ著／松尾清文ほか訳『社会学　第五版』而立書房、2009年。ちなみに、矢澤修次郎編著『再帰的＝反省社会学の地平』（東信堂、2017年）によると、再帰性＝リフレキシビティを最初に問題にしたのは、エスノメソドロジストのアーロン・シクレル（1928年〜）であり、「再帰性の社会学」を提唱したのはアルヴィン・グールドナー（1920〜1980年）であったと言う。

注6　アンソニー・ギデンズ著／秋吉美都、安藤太郎、筒井淳也訳『モダニティと自己アイデンティティ―後期近代における自己と社会』ハーベスト社、2005年。

注7　おそらく、ミシェル・フーコーの「規律訓練（ディシプリン）」の議論を言い換えたものと思われる。フーコーは、近代化に伴って「権力」の作用の仕方が変化してきたことを、『監獄の誕生』などで論じた。それは、王などの権力者が、反逆者を残虐に処刑するなどして大衆を脅して統治する方法から、むしろ大衆を「誰に見られていなくとも進んで統治者の思い通りに動く」ようにしつける方法への移行である。新しいことを始めようとする個人は、直接的に道を塞がれるのではなく、往々にして、規律訓練された人々によって押さえつけられていく。

注8　松浦遥、後藤春彦、吉江俊「東京圏におけるレンタルスペースの地理的特性と社会的役割」『日本建築学会計画系論文集』85巻、768号（2020年）に成果がまとめられているので、詳細はご覧いただきたい。

# 10章

# 共立性／コンヴィヴィアリティ
## ——専門性の周りの領域を拡大し、ともに支えあう都市へ

### 人間が本来できた行為や能力を起点に考える

コンサマトリー、リフレキシビティという2つの概念に加えて、今度は、人間が集まって住むことの意味に関係する概念を取り上げたい。思想家イヴァン・イリイチ（1926〜2002年）によって提唱された、〈コンヴィヴィアリティ〉だ。

イリイチはユダヤ人であることを隠しながら、若いうちにさまざまな分野の学問を収めた人物で、第二次世界大戦後はカトリックの神父として活動した。戦後すぐに、アメリカの移民た

ちが住むスラムの支援活動を開始し、1960年代にはメキシコに活動拠点を移した。およそ15年にわたるメキシコでの研究活動の場となったCIDOC（国際文化資料センター）には、世界中から研究者が集まり活発な議論が交わされた。これは8、9章で取り上げた見田宗介がメキシコに滞在した時期と重なる。60~70年代は、資本主義社会からはずれた周縁から、巨大な経済活動が引き起こすいびつな変化を直視し、新しい理論を提起する人々が活躍した時代だった。

イリイチは『脱学校の社会』（1971年）、『エネルギーと公正』（1974年）、『脱病院化社会』（1975年）を立て続けに出版し、現代文明を鋭く批判し話題を呼んだ。これらの仕事の背景にある理論を明快に説明したのが、『コンヴィヴィアリティのための道具』（1973年）だった。それでは、〈コンヴィヴィアリティ〉とはいったいどのような考え方だろうか。

「すぐれて現代的でしかも産業に支配されていない未来社会についての理論を定式化するには、自然な規模と限界を認識することが必要だ。この限界内でのみ機械は奴隷の代りをすることができるのだし、この限界をこえれば機械は新たな種類の奴隷制をもたらすということを、私たちは結局は認めなければならない。…現代の科学技術が管理する人々にではなく、政治的に相互に結びついた個人に仕えるような社会、それを私は〝コンヴィヴィアル〟と呼びたい[注1]」

「サヴァイヴ（sur-vive）」が「（ひとりで）生きぬくこと」であれば、「コンヴァイヴ（con-vive）」は「ともに生きぬくこと」と訳せる。したがってコンヴィヴィアリティとは、「ともに生きること」のような意味になる。日本語訳書では、たいへん苦労して「自立共生」と翻訳されたようだが、ここではより端的に「共立性」と訳そう。

「人びとは生れながらにして、治療したり、慰めたり、移動したり、学んだり、自分の家を建てたり、死者を葬ったりする能力をもっている。この能力のおのおのが、それぞれひとつの必要をみたすようにできているのだ。人びとが商品には最小限頼るだけで、主として自分でできることに頼る限り、そういう必要をみたすための手段はあり余るほどある。…大規模な道具が人々の代りにしてくれる何か〝よりよい〟こととひき換えに、人々が、自分の力とおたがいの力でできることを行う生れつきの能力を放棄するとき、根源的独占が成立する。根源的独占は価値の産業主義的制度化の反映である。それは個人的な対応を、標準的商品のパッケージに置き換える」（注2）

イリイチが問題にしているのは、次のようなことである。たとえば教育であれば、自分の子に親が教えるということは、それぞれの家庭である程度できることだ。そのうち、教えるのが得意な人が子どもを集めて、地域の学校を開くだろう。しかし近代化の中で、全国一律の教科書・一律のカリキュラムで子どもを教える制度が普及すると――もちろん教育の質の格差は正されるかもしれないが——逆に学校に通わない者は「教育」を受けたことにならないようになる。どのような理由であれ、不登校になったり、学校からドロップアウトしたりすることは、その子どもの将来まで強い影響を残すことになってしまう。

そうなったとき、もはや「教育」とは人間が人間に教えて学びを促すということではなく、人間が従わなければならない「制度」のことである…。このように、本来は「自分の力とおたがいの力」でできたはずのことが、産業にとって代わられ失われた状況を、イリイチは「根源的独占」と呼ぶ。根源的独占されたものを再び人間の力でできるように回復することが、〈コンヴィヴィアリティ〉を取り戻すということである。

イリイチはもう1つの例として「自動車」を挙げ、「車は自分の姿にあわせて都市をかたちづくることができる(注3)」と言う。つまり自動車は、もとは人間の移動を便利にするためにつくられたが、それが普及すると、今度は自動車に合わせて都市がつくられてしまう。郊外住宅地や地方都市など、自動車がないと生活できない地域では現在、高齢者による自動車事故や買い物難民といった問題が生じている。判断力の低下した高齢者は免許を返納せよ、と呼びかけられているものの、現実問題として、車がなければ暮らしていけない。このとき、人間がもとはできたはずの「徒歩による生活」が根源的独占されていたことに気づくのだ。

都市計画の領域で近年「ウォーカビリティ」が注目されているのは、「徒歩による生活を再び可能にする」という切り口から、コンヴィヴィアルな都市を回復しようという動きだと説明できる。同じように、近年もてはやされる「ウェルビーイング」や「ウェルネス」の流行も、病院で行われる近代医療によって根源的独占された「癒す」行為を、「自分の力とおたがいの力」の中でできる方法として見直すという〈コンヴィヴィアリティ〉の文脈で理解できる。

このように〈コンヴィヴィアリティ／共立性〉とは、人間が本来できた行為や能力を回復し、最大限引き出すことである。

## テクノロジーの隷属から、人間の主体性を取り戻す

2021年に、緒方壽人の著書『コンヴィヴィアル・テクノロジー――人間とテクノロジーが共に生きる社会へ』（ビー・エヌ・エヌ）が、イリイチの〈コンヴィヴィアリティ〉を取り上げている。デザインエンジニアである緒方は、「コンヴィヴィアリティのための道具」とは「個人が主体性を保ちながらその能力や創造性を最大限に発揮できるよう人間をエンパワーしてくれるテクノロジー[注4]」であるとして、それをマーク・ワイザーの「カーム・テクノロジー」という考え方と対比する。カーム・テクノロジーとは、環境そのものにテクノロジーが溶け込んでいき、人間がそれを意識することなく使いこなしていく未来を捉えた概念だ。これと似たような世界観は多くの論者が提唱しており、すでに触れたヴェーバーの「脱魔術化」の議論を延長した「再魔術化」という言葉で同じ考えを表そうとする論者もいる。もはや理屈はわからないが

気にされることもなく、当然のように日々使われていく技術は、新しい魔術のようだ。しかし、そうした状況は「テクノロジーをブラックボックス化し、ブラックボックス化されていることすらも気づかれない世界」をつくりだすのであり、まさにイリイチが危惧した「テクノロジーへの隷属」が実現してしまうことになる。

現在あらゆる領域で、「スマート化」などと称してノイズを排除し、利用者が欲しい情報を自動的に仕分けして提供する技術が進んでいる。それは便利である一方、人が自分の触れたい情報にしか触れないようになり、自分の考えを肯定する情報に囲まれることによって極端な発想に陥り、バランスの欠いた人格形成が進んでしまう「フィルターバブル」という現象が指摘されて久しい。現在進んでいるスマート化やカーム・テクノロジー化に対して、コンヴィヴィアリティの思想を対置させる緒方の見立ては鋭い。

この観点から言えば、〈コンヴィヴィアリティ〉にとって重要なのは「人間の主体性」であり、さらに自分以外にも複数の人間が生きていて、それぞれに生きてきた背景があり、異なった考えをもっているという当然の事実を認め、そうした「他者とともにあること」――カーム・テクノロジーによって「ノイズ」として排除される他者と共生すること――である。

＊

ところで、イリイチの〈コンヴィヴィアリティ〉は、現在では当初よりも少し広い意味で捉えられているようである。『コンヴィヴィアル・テクノロジー』の冒頭には興味深い問いかけがあり、コンヴィヴィアリティを「異なる人々と分かち合う時間を過ごす」という観点から描いている。

「19世紀フランスの食物哲学者ブリヤ＝サヴァランにとって、コンヴィヴィアリティとは、異なる人々が長い時間をかけて美味しい食事をしながら親しくなり、インスピレーションに満ちた会話をしながら時間が過ぎていくことを意味していた。ちなみに、フランスの世界的酒造メーカーであるペリノ・リカールは、２０１９年「Be A Convivialist!（コンヴィヴィアリストになろう！）」と銘打ったグローバルキャンペーンを実施している。キャンペーンの目玉として製作されたドキュメンタリーフィルム「The Power of Convivialité（コンヴィヴィアリティの力）」は、上海のカラオケに集うミレニアルからマルセイユで友達と街に繰り出す女性たち、ニューオーリンズの素敵なディナー、ベルリンの大晦日、メキシコのビーチ、ブルックリンのバー、インドの結婚式まで、誰かと分かち合う時間を過ごす「コンヴィヴィアリスト」たちの姿が綴られたロードムービーである（注5）」

この記述にあるのは、「他者とともにある」というコンヴィヴィアリティの姿であり、そこから新しいインスピレーションが得られる（＝リフレキシビティ）一方で、ヒントを得るために交流するのではなく、楽しい時間が過ぎていくということが価値の中心なのだという「コンサマトリー」な側面も垣間見える。これは、イリイチの主張する「根源的独占」から人々が自由になり、互いに生きていける環境が回復された先に実現する、コンヴィヴィアルな暮らしの様子を捉えている。こうしてみると、〈コンサマトリー〉、〈リフレキシビティ〉、〈コンヴィヴィアリティ〉という3つの概念は、互いに深く関係していることがわかる。

## ピラミッドから網の目へ——吉阪隆正の都市計画

イリイチが〈コンヴィヴィアリティ〉を提唱した1973年といえば、日本では高度経済成長が成熟に向かいつつあるころだった。急務であった住宅不足が統計上で解消され、国土計画は戦後復興から成長や成熟を目指し、「量から質へ」が打ち出されたのが73年のことである。

ここからは、70年代に独特な立ち位置で都市計画に携わっていた吉阪隆正（1917〜1980年）を取り上げたい。鋭い文明批判を行ったイリイチと、高度成長から距離をおいて都市の姿を提案した吉阪とを見比べてみると、イリイチの言う〈コンヴィヴィアリティ〉が実現した都市がどのようなものかが、より具体的に想像できるからだ。[注6]

＊

日本の大学には従来から「土木工学」という分野があったが、「都市計画」が注目され始めたのは1960年代からで、62年に東京大学の都市工学科、66年に早稲田大学の都市計画専修コース（建築学科の卒業生に向けた大学院のコース）がつくられた。この専修コースの創始者が建築家・都市計画家の吉阪隆正である。吉阪は内務省官僚・吉阪俊蔵の息子として生まれ、幼少期からジュネーヴで平和教育を受けるが、早稲田大学に入学後、日本が第二次世界大戦へと向かう様子を経験する。そして28歳のときに自身も中国にて従軍し、相互理解と世界平和を目指すため死ぬわけにはいかないと日記に書き付ける。戦後は近代建築を牽引した建築家、ル・コルビュジエに師事した。コルビュジエも平和に対する強い信念があり、戦後はアジアやアフリカなどのいわゆる「第三世界」から積極的にスタッフを雇用していた。帰国後、吉阪は日本で住宅から公共建築までを設計した後、先述のように１９６６年からは都市計画の研究室を開設した。63歳でこの世を去ったが、建築家、都市計画家、登山家、著述家としての活動、そして建築学会長として中国との和解・交流にも尽力した人物である。

　吉阪は若くしてすでに第二次大戦後の復興都市計画の提案を行っていたが、都市計画研究室を開設後の70年代には仙台と東京に対する提案を行う。このころの吉阪の問題意識は、たとえば次のような文章に端的に表れている。

「経済活動も、政治組織も、そして物理的な市街地空間もこれに伴って大がかりな方へ重点が置かれるに従って、個人の存在は零細化へ傾いていった。…そして全体の大きな渦の力は、小さく土地にしがみついていた人々を根こそぎ流れに連れ込んで、過疎過密といわれる現象や、流動する人口の不安定さを生み出した。…そこから再び小さい協力の生まれだすまで、人々は孤独の中に苦しむことになる[注7]」

人々が東京オリンピックと大阪万博に熱狂した当時、建築家・丹下健三は東京湾を埋め立てて都市を際限なく拡大させる「東京計画1960」を発表し、田中角栄は新幹線と高速道路による巨大な交通網の建設、地方都市への工業再配置を押し出した「日本列島改造論」（1972年）を提唱していた。「大きな渦の力」とは、こうした言説に象徴される都市化・メガロポリス化の圧力である。

これに対して吉阪らが発表した東京計画[注8]（1970年）は、東京の中心にある山手線内部を自然に還すことを提案した。この公園は「昭和の森」と名付けられ、あらゆる方向から放射状に張り巡らされている東京のどの鉄道からもアクセスできる。さらにここでは、東京の微地形（丘や谷、川などのヒューマンスケールな地形の特徴）に沿った「キレメ計画」を提案している。このキレメの計画は、当時人口1千万人を超える勢いで成長していた東京を、埋もれてしまった自然地形を生かし、川筋を掘り起こすことで、20〜30万人段階、3万人段階という2つの段階に区分してゆき、エコロジカルで市民参加のしやすいまちの単位をつくるというものだった（**図1**）。

吉阪がなぜこのような途方もない提案をしたかというと、都市の肥大化が、人間個別の存在をないがしろにし、人々は帰属するものがなく路頭に迷うことになる、という危機感からで

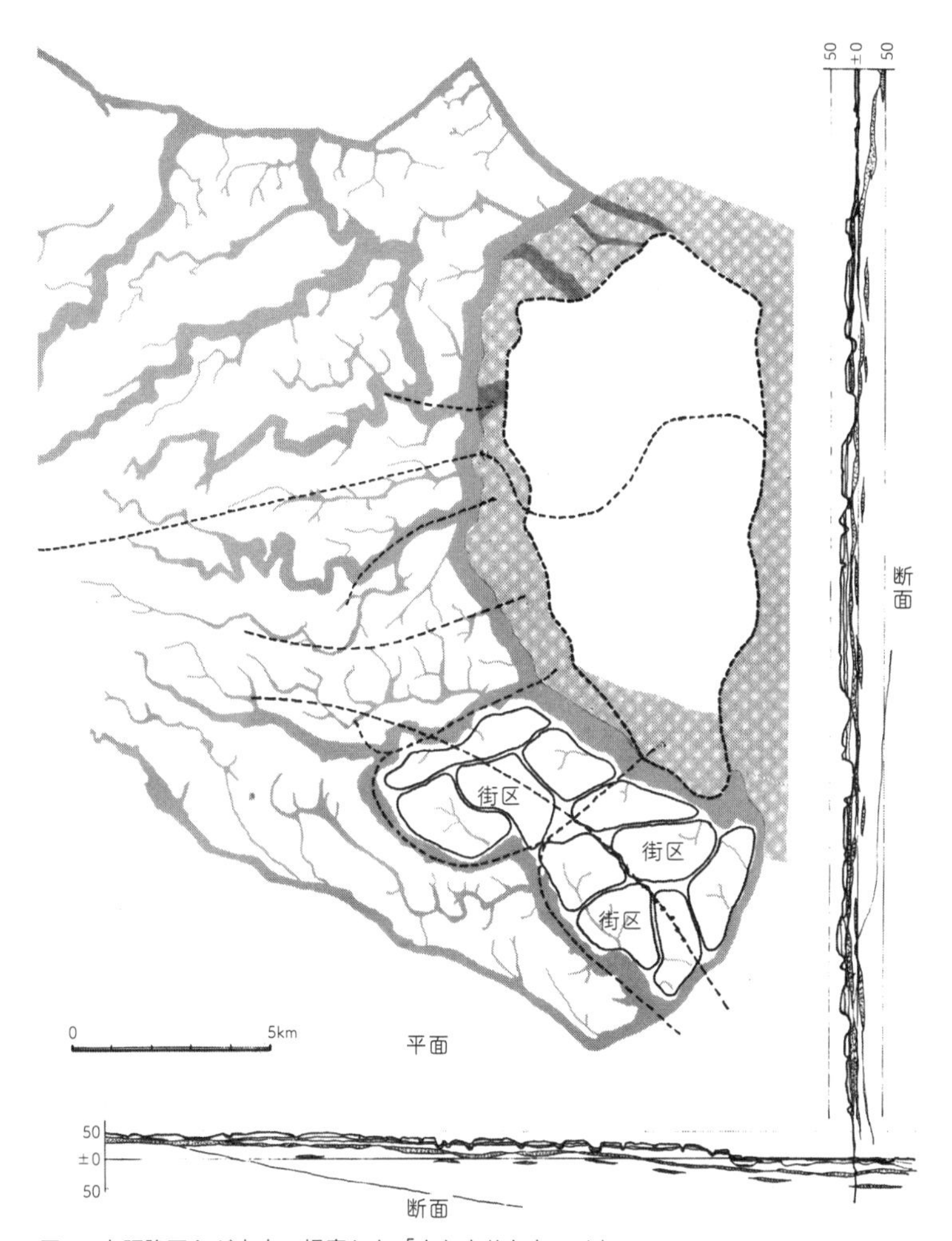


図1　吉阪隆正らが東京で提案した「まとまりとキレメ」
(出典：早稲田大学「21世紀の日本」研究会『日本の未来設計—II ピラミッドからあみの目へ』1971年を加工)

あった。「ほんの100年前、日本には3000万人しか住んでいなかったが、21世紀には1億3500万人が同じ面積に住むだろうと言われている」と、吉阪は投げかける。そして、市街地の組み立てや大きさが人間の身体的な能力と再び呼応するように、「人間—機械—自然」の3つの循環構造をつくりだす必要があるというのだ。この主張は、イリイチのものと極めて近いことがわかる。

吉阪はさらに未来を想像する。21世紀の日本列島はまるごと1つの都市のようになるだろう。そこではネットワークと生活は一体化して1つの機構となっている。そんな国土全体の中で、人々はどこに住むのだろうか。吉阪の答えは、「人間は再び自然のあるところを志向するだろう」ということだ。そうすると、未来の日本では、国土の7割を占めている山地の中で昔から見出されてきた平地や丘陵地といった、自然に囲まれた小さな空間単位が、生活文化を育むことになるだろう。そしてこれらは10〜30万人ほどの自治体となって、ネットワーク状のシステムをつくりあげていくにちがいない…。こうして、吉阪は「ピラミッドから網の目へ」と提唱する。中央集権的な構造から、分権的自治機構への転換をいかに誘導するかが、21世紀の主題だと宣言したのである。

この大規模な提案は、実現を前提としたものではなく、佐藤栄作内閣の設計競技「21世紀の日本の国家と国土の姿を求める」に応募されたものだった。この提案で「政府総合賞」を受賞した吉阪は、1975年には東京都からの依頼のもと、実際に提案の一部を実現させるための

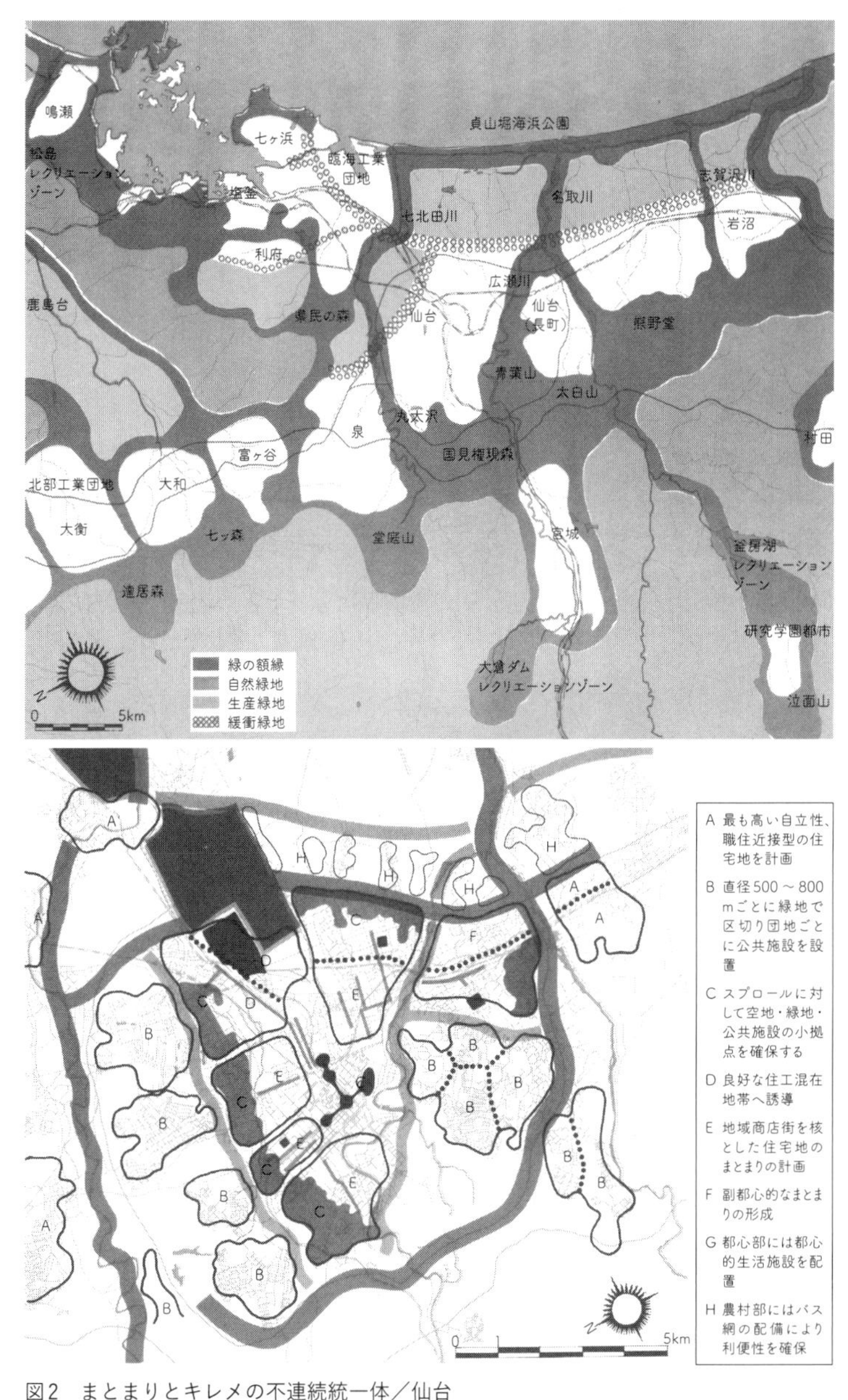


図2　まとまりとキレメの不連続統一体／仙台

（出典：早稲田大学吉阪研究室＋仙台デベロッパー委員会「杜の都 仙台のすがた その将来像を計画する」1973年を加工）

より緻密な東京計画を考えていった。

戦後に高速で国土を整備していき、ついには欧米諸国を追い抜く勢いで進んだ日本の近代都市計画は、人間や営みを次々と「類型」に還元し、計画に取り込んでいく。そこではアーレントが問題としたように、人々は「誰」として扱われることはなく、「何」として扱われる。吉阪は、それでも都市や地域が人間1人1人に寄り添うことができないかと考えた。その手法が、「まとまりとキレメ」がつくる「不連続統一体」として、都市の全体を組み上げる計画であった。(注9)

巨大な都市にどのような単位を与え、人々の「身近な公共の場」をつくり、人間の故郷を再獲得できるか、というのは、東京でも仙台でも試みられた共通のテーマだ（図2）。吉阪研究室はアンケート調査や現地調査を重ねて、「近所のまとまり」を重層的な地図として可視化していき、道を単位としたコミュニティの単位として「路地ユニット」や、共同の庭・小さな広場・防火用水・掲示板とごみ置き場などをもつ住宅地の1つのまとまりである「シマ」の計画を提案していった。

## 専門性の周りの領域を拡大し、ともに支えあう都市へ

吉阪が試みたように、緑地や水系のネットワークを用いて都市を小さな単位で区切って考

え、そこに「身近な公共の場」を用意していくことは、50年後の今日でも変わらず効果的だ。公共の場にもさまざまな種類があってよく、誰もが通り抜ける駅前広場のような空間とは反対に、ある程度限られた人々が利用し親密な関係をつくるような公共の場もあっていい。日本の都市ではパブリックスペースの多様性は乏しく、「誰にでも開かれている代わりに、関わりの薄い関係性しかつくれない空間」が多い。誰にでもアクセスできる場所、親密な共同性を育む場所、といったさまざまな性格のパブリックスペースが都市に埋め込まれるなかでこそ、イリイチの言う「自分の力とおたがいの力」でできることを補完する社会は実現する。

コンヴィヴィアリティの実現をより広い視点から考えるならば、まずは互助・共助の重要性を見直す必要がある。たとえば怪我や病気を直接直す「医療」は専門家の仕事だとしても、「健康」は専門家でない人々の無数の支えのもとに成り立つ。先にも少し触れた「ウェルネス」や「ウェルビーイング」といった概念も、近代医療の範疇よりも広い精神的・社会的・文化的な健康、あるいはもっとやわらかく、「良い状態」を保つにはどうすればいいか、と問いかけている。

近代は専門的知識を深め、さまざまな分野の専門家を生んだ時代であった。しかし、専門家が個人に対して行う専門的行為の周りに、専門家でない人々が互いに支えあって実現する領域が広がっている。それを取り出し、自覚的に考えつつあるのがまさに21世紀の私たちが進めていることだ。それは堅い表現でいえば「科学の民主化」とも言えるし、専門化と同時に失ってきたものを見直し、コンヴィヴィアルな生き方を回復していく取り組みとも言える。

こうした考え方を都市に導入する場合、あらゆる領域で「組み直し」が生じるだろう。住宅、オフィス、商業施設、工場…などの機能を分離して配置するという典型的な近代都市計画は、1961年にジェイン・ジェイコブズによって批判され、すでに「混在」の重要性が指摘されている。この延長で、たとえば「ウェルビーイング」を追求する都市では、人間が1日／1週間／1年／一生で経験する出来事や出会いの豊かさが追求されるべきであり、「要素を分離して整頓していく」のではなく、「それらの混在、そして混在の間に発生する効果」が重要になってくる。同じように「ウォーカビリティ」を追求するならば、太陽の光、空気の流れ、植物などの自然環境と同時に、目を引く店、談笑する人々、ふいに香る食べ物の匂いなど、都市的環境も重要なはずである。

つまり、「コンヴィヴィアリティのための都市」を考えるなら、第一に私たちは専門性の「周りの領域」が無数にあることを発見し、それが私たちの人生の豊かさをつくっていることを自覚しなければならない。そして第二に、それらを重視して都市環境を捉え直すとき、一度分けられて整理された要素の混在や組み合わせを考え、そこで得られる経験の豊さや多様性、選択可能性といった包括的な視点から都市を捉えなければならない。そして第三に、それらを「サービス」として提供するだけではなく――商品として環境を提供し、消費者はそれを享受するだけという関係をつくるのではなく――そこに住む人、訪れる人自身がその環境を支えているのだという意識と、まちに関わっていく仕組みをつくらなければならない。

## まとめ――パブリックライフを支える〈即自性〉〈再帰性〉〈共立性〉

あらためて〈迂回する経済〉は、あらゆる都市開発の根本にはパブリックライフがあるのだという主張である。ここで、これまでの長い論説をつなげて要約してみよう。

パブリックライフの価値の中心は、投資価値ではなく生活価値、つまり〈即自性／コンサマトリー〉だ。それは現在を未来のための道具的価値に還元する代わりに、現在を現在によって肯定し、過程の経験を楽しむ。それは「徒歩旅行」的な経験であり、この過程では自らが変化するという〈再帰性／リフレキシビティ〉が生じている。再帰性は、変化に応じて自らが変わるという苦しみを内包する概念であるが、そのよい側面に注目すると、「出会いと、絶えず変化することに価値を置く」都市計画が見出せる。そこでは、人が「何」ではなく「誰」として、つまり属性ではなくその人自身として受け取られるための場が用意される。そして、そうした場では、異なる人々同士がともにあり生き生きとしている状態、〈共立性／コンヴィヴィアリティ〉が育まれる。コンヴィヴィアルな都市を目指す計画は、単にコミュニティの結束力を高める計画ではなく、近代化の過程で専門化・制度化されていった物事を、再び人々の自助や互助や共助の力でできるかたちに変えていく。それは、すでに進んでいる「ウェルネス」

「ウェルビーイング」あるいは「ウォーカブル」の取り組みなど、今までの細分化された領域よりも広く総合的で、専門家から非専門家までの多くの人々が参画できる、やわらかい取り組みと共鳴するだろう…。

＊

本書の主張は以上の通りであり、ここから先は、いくつかの具体例を通してこの主張が現実の都市でどのように実現していけるのかを考えていく。

いつの時代にも、「何のための計画か?」という問いが、繰り返し問われる必要がある。たとえばいろいろな人々で賑わい、新しいものと古いものが混在した、ヒューマンスケールな下町がよい、と言うのは簡単だが、それはなぜかと問われると、答えに詰まる。答えに詰まるようでは、「懐古趣味的だ」「ある世代がもつ価値観に過ぎない」という批判に反論できない。

何度か名前を挙げているジェイン・ジェイコブズが巧みだったのは、それらを「治安」と結び付けたことだ。治安は警察が守る以前に、人々がまちにあふれていることによって守られている。したがって、昼にはもぬけの殻になってしまうような住宅地をつくってはいけない、働く場所と住む場所は混在していなければならない。長い街区は短くヒューマンスケールに区切ることで、人の寄り付かない場所が生まれることを回避できる…。この説明によって、同じ「治安」のためにスラムを取り壊し、移民を立ち退かせ、スクラップ・アンド・ビルドを繰り返していたロバート・モーゼスの都市計画に、ジェイコブズは「より効果的な手段」を提示するかたちで対抗したのだった。

まったく同じように〈迂回する経済〉は、「経済」を優先する都市開発に対抗し、代わりの提案をする。しかしそれは経済の否定ではなく、パブリックライフの考察を通した経済と社会的便益の縫合を目指す。そして、この〈迂回する経済〉と従来の〈直進する経済〉との両輪によって、初めて私たちはまっすぐ、まっとうに走ることができるのだと説明する。

〈即自性／コンサマトリー〉〈再帰性／リフレキシビティ〉〈共立性／コンヴィヴィアリティ〉の3つは、どれもパブリックライフの本質を説明するときに欠かせない概念であり、それらはすでに、ほとんど半世紀も前から提唱されていた。II部では、これらを振り返り、なるべく実感の湧く言葉としてかみ砕き、現在私たちが置かれている状況に向けて整理し直すことで、「何のための計画か？」に対する1つの答えを示したつもりである。

注1　イヴァン・イリイチ著／渡辺京二、渡辺梨佐訳『コンヴィヴィアリティのための道具』ちくま学芸文庫、2015年。
注2　イヴァン・イリイチ、同書。
注3　イヴァン・イリイチ、同書。
注4　緒方壽人『コンヴィヴィアル・テクノロジー──人間とテクノロジーがともに生きる社会へ』ビー・エヌ・エヌ、2021年。
注5　緒方壽人、同書。
注6　ところで見田宗介のゼミでは、吉阪隆正設計の「大学セミナーハウス」を頻繁に利用して合宿を行っていたという。大学セミナーハウスは、当時の大学がマンモス化し、教育がマスプロ化しつつあったことを問題視し、もう一度「学び」の場を人間と人間の交流に立ち

戻って考えるために計画された新しい施設であった。本書の議論で言えば、大学教育制度によって根源的独占された「学び」のコンヴィヴィアリティを回復しようとする、挑戦的な試みであったと言える。当時国際基督教大学の職員であった飯田宗一郎が発案し、吉阪率いるアトリエ「U研究室」に設計を依頼した。吉阪と見田が直接交流をもっていたかは定かではないが、興味深い接点である。

注7　東京都首都整備局地域計画部「東京　まちのすがたの提案」東京都近隣社会環境整備計画調査報告書（2）地区整備計画篇、1976年。

注8　吉阪隆正の都市計画をめぐる活動については、筆者が企画監修に携わった東京都現代美術館での展覧会「吉阪隆正展」の関連書籍『吉阪隆正 パノラみる』（齊藤裕子監修、ECHELLE-1、2020年）の「第7章　有形学へ」に詳細にまとめているので、興味があればご一読いただきたい。

注9　「不連続統一体」は、吉阪の言葉の中でも謎多きものの1つだが、筆者は3つの意味に整理している。まず、吉阪が設計に精力的に取り組んでいた1950年代には、不連続統一体という言葉は協働でものをつくる「組織論」として使われていた。次に、1960年代には「大学セミナーハウス」を代表として、さまざまなメンバーが協働してできた建築空間が、ばらばらだが関係しあっている状態という「造形論」として使われた。最後に、まちづくりに精力的に取り組んだ1970年代には、高度経済成長と都市の膨張という「大なるもの」と、個人の生活や1人1人の存在意義といった「小なるもの」をいかにして同時に考えるかという倫理的問いとして、この言葉は使われたのである。

# Ⅲ〈迂回する経済〉の実践

Ⅱ部で示した〈即自性〉〈再帰性〉〈共立性〉は、都市の中でどのように実現していけるのか。
Ⅲ部では筆者が関係したフィールドに即して、
〈迂回する経済〉の実装に至る「考えの道筋」を具体的に示したい。
ただし、都市を舞台としたプロジェクトでは組織や事業を代表する「公式見解」を
記すだけでは重要なことはわからない。そこでここでは、
「筆者自身」が何を考え、どのような可能性を見出してきたのかを共有したい。
「事例紹介」ではなく「試行錯誤から見えてくることの共有」として読んでもらえればと思う。

# 11章 〈迂回する経済〉の実践の萌芽を辿る

## パンデミック下に「都市再生」を考え直す

ここからは〈迂回する経済〉をどのように実現していくか、具体的な開発の事例を挙げながら考えていきたい。ただ、すべての事例を網羅することはできないので、私の関わってきた範囲の取り組みを眺めながら、都心・郊外・地方のまちを辿ってみるところから始めたい。

私は現在、早稲田大学で都市計画を学んだ卒業生たちのコミュニティ「早稲田都市計画フォーラム」の執行委員長を務めている。フォーラムには自治体や民間企業で働く人、あるいは独立してアトリエを構える実務家や研究者などさまざまな人々がおり、日本の都市デザインの黎明を担った重鎮たちもこれに属している。私の役割は、年に数回のセミナーやシンポジウムを企画し、早稲田という枠に縛られず学外の専門家や実務家を招いて活発に議論を行うことだ。

2020年9月に開催したセミナー「都市再生は何のため？　都市再生事業が生み出す価値のあり方を再考する」では、当時アーバンデザインセンター大宮（UDCO）のデザインリサーチャーであった新津瞬が中心となって、アール・アイ・エーの辰巳寛太、ハートビートプランの園田聡とともに登壇し、コメンテーターを東京工業大学の真野洋介が担当した。

複数の市街地再開発事業に携わってきた辰巳は、自身が手掛けた二子玉川や小岩、呉を取り上げ、それぞれ「都心型」「都心周辺型」「地域中核市型」と位置づけたうえで、それぞれが実現した経済以外の価値として「生物多様性」「地域組織」「官民学連携の地域統治」を挙げる。

一方、物理的空間の整備よりもソフトプログラムから都市の公共空間を変えていくことに尽力してきた園田は、都市の「選択多様性」を重視する。「偶然知人と出会う」「買い物をする」「勉強や読書をする」などの10以上のアクティビティが展開される豊かな場所を「プレイス」として、さらにそのプレイスが10以上集まる地区や目的地を「エリア」、さらにそのエリアが10以上集まる都市の中心的な市街地を「ダウンタウン」とする、三段階の考え方を示した。この考え方に基づいて実践されたのが、愛知県豊田市の「あそべるとよたプロジェクト」であった。ここでは、都市の豊かさを消費するだけの「消費者」ではなく、価値をともにつくっていく担い手としての「共創者」を考えていくことが中心に据えられ、経済行為を伴って生まれる

「交換価値」のほかにアクティビティの数や多様性といった「利用価値」、人の交流やネットワークの機会といった「社会的価値」、地区の文化的活動や個性の発露などの「文化的価値」を重視する方向性を示した。

私自身は、東京都立川市に2020年4月にオープンしたばかりの「GREEN SPRINGS」に強い衝撃を受けていた（図1）。立川駅の北側に開業した複合施設だが、特徴的なのは大面積のオープンスペースを有していることで、さらにそこには非常に多様な植栽と、人々が休むことのできる東屋風の場所が数多く用意されている。中庭を囲むように建つ東と西の6棟は大きな庇をもち、庇の下には店からあふれ出るようにして人々が集う。階段状の巨大な親水空間には親子がひしめくように集まり、靴を脱いで水の中に入って思い思いの時間を過ごしている。商業店舗やホテル、オフィスよりも、無料の空間である広場の整備にこれまで見たこともない規模の投資をしているのは、開発・運営を担っている立飛ホールディングス(注1)が立川市全体の約25分の1の面積を所有する不動産事業を行っているからこその取り組みだと言える。つまり、市内で長年不動産業を営む主体にとって、立川のイメージを向上させ「ウェルビーイングタウン」を目指すという大転換を図ることが、立川の価値を高めて人々に求め続けられるまちにすることができ、それが自らの長期的な利益になると考えるのである。私はGREEN SPRINGSと自分の研究紹介を踏まえて、パンデミック下でパブリックスペースの意義が見直されていること、それが都市開発の「主役」に据えられる事例が登場していることを説明した。

図1　パンデミック下に開業した「GREEN SPRINGS」

図2　神奈川県・黒川駅前に小田急電鉄が整備した「ネスティングパーク黒川」

## 商業から交流へと向かう、郊外の駅前開発

2022年1月には「パブリックライフを再生する〈駅〉から始まるまちづくり」と題するセミナーを企画した。立川の事例から引き続き、地域密着の民間企業の可能性を追求したかったからである。ここでは東日本旅客鉄道（JR東日本）の横内秀理・飯塚大輔と、東小金井駅高架下などを手掛けたタウンキッチンの西山佳孝が登壇した。

セミナーに先立ち、私と横内が訪れた「ネスティングパーク黒川」は印象的であった。神奈川県川崎市の西端に位置する黒川駅は、1日平均乗降客数が4千人程度で、周辺には市街化されていない自然環境が広がっている。工業団地の住民が多い地域であったが高齢化が進んでおり、駅前は活用されないまま長年放置されていた。小田急電鉄は「これからの郊外における

駅前施設のロールモデル」としてここを開発し、郊外で働くシェアオフィスである「キャビン」と、火を囲むカフェ、コンビニを含む店舗を整備した（図2）。

朝、ここに到着したときには、ネスティングパークはもぬけの殻で、周りのまちを歩いてみても、いかにも周縁部といった様子で不安に駆られた。しかし昼前に戻ってくると、いつのまにか人が集まり、広場に椅子や看板を出している。アクセサリーショップ、ガーデニングショップ、キッチン雑貨店といった店々が、店前のデッキに少しずつ品物を広げていく。店員や関係者がその周りに集まり一服し始める。ダイナーで焼き立てのハンバーガーを食べながら、このような小さなまちでも、小さな営みの集合が芽生えつつあることに希望をもった。

黒川のような事例は、「駅前開発」といわれて想像できるような建物とテナントを揃える〈直進する経済〉がそもそも働かない場所で、それでもなんとか駅前でできることを試みた結果として生じた〈迂回する経済〉だ。

JR東日本の横内、飯塚はセミナーの中で「JRE Local Hub燕三条」を紹介したが、これも新潟県の燕三条駅（1日平均乗降客数2千人前後）という立地でできることを考えた結果、「駅の交流拠点化」を目指し、周辺の百以上の工場とつながるビジネスマッチングと次世代人材育成の場所としてのワークスペースの整備に至った。建物を建て商業の場をつくるのではなく、企業の従来の役割を超えて、地域の特性に応じたコミュニティを耕すためのプログラムに尽力する。こうした取り組みは、厳しい状況下でなお民間企業が、地域で自律した生活を営み続けられる環境、〈共立性／コンヴィヴィアリティ〉を整える主体になりうる可能性を示している。

## 都市周縁で探る、観光とは異なるアプローチ

２０２４年3月に企画したセミナー「オーセンティケーション　地域のすがたを模索する：なにをどこまで変えるのか？」では、地域に新しく参入する、より小さな主体を取り上げた。登壇したのは、博報堂でサービスデザイナーを務めながら独立した活動として河口湖でアートコレクティブ「6okken」を主宰する津島英征、建築・デザインのバックグラウンドをもち東京・王子で米粉・ヴィーガン・アクセサリー店「konete」を営む向井ひなの、京都・京北でグローバルな活動により中山間地域の魅力を発信するROOTSの中山慶である。ここでは、単純な観光ではない価値をどのように創造できるか、ということを中心的な問いとして、物理的な空間を計画するのではなく、さまざまなプログラムを駆使して、ソフト・アプローチで活動を広げていく三者三様の取り組みが紹介された。

中山が提示する「ツーリスト／サイト・シーイング」ではなく「トラベラー／ライフ・シーキング」を相手にするという図式は明瞭で、たんに物見遊山をしにくる観光客ではなく、その場所と交わり自己の変化を楽しむ人々こそが新しい地域の担い手になるのであり、それは日本国内だけでなく世界中からやってきうるのだということが、自身の豊富な経験から説得力を

図3　ワークショップ参加を機に移住したフランス人によって葺き替えられた、京北の古民家の茅葺屋根（写真提供：中山慶氏）

もって語られた（図3）。

本書で提示してきた概念で説明するなら、トラベラーは〈即自性／コンサマトリー〉、そして自己の〈再帰性／リフレキシビティ〉を重視する人々である。そして、93％の面積が森林であるという京北では、観光の大波は届いていないが、だからこそ自然を活用し大都市と異なる価値を発信することができる。日本には「里山」や「谷戸」と呼ばれるエリアが無数に存在しているが、それは国土の64％の面積を中山間地域が占めているという日本特有の状況である。人口が減少し中山間地域の集落を持続することが困難な状況になるであろう近い未来、〈コンサマトリー〉や〈リフレキシビティ〉を発揮することがそこでの暮らしを持続するうえで重要になるはずだ。

２１００年には６４００万人まで人口が半減するといわれる未来の社会では、人々の集まる都心と自然豊かなエリアとが、互いに別々の論理によって生き残っていくだろう。そのときに問題になるのは、そのどちらにも属さない「中途半端なエリア」をどうしていくかだ。

しかしそのような場所でも、というよりそのような場所でこそ〈迂回する経済〉の考え方は必須である。たとえば〈コンヴィヴィアリティ〉の問題は、都心周辺の大面積を占める郊外住宅地にこそ当てはまる。イリイチは車社会の到来が「徒歩による生活」を不可能にしていく様子を批判し、人間が自ら、あるいは互いの能力を合わせることで実現可能な方法で暮らしていくにはどうすればよいかと問いかけた。郊外住宅地の多くはまさにそういった批判が当てはまる場所であり、なおかつ、住宅街とオフィス・繁華街を分離する近代都市計画によって、最低限の生活利便施設だけが揃ったベッドタウンと化してしまった地域も少なくない。娯楽や人との出会い、日常的に過ごす場所などが不足し、暮らしの豊かさを都心部に依存した現状に対して、「郊外住宅地それ自体が豊かな暮らしを実現できる場所になりうるか」が問われている。

埼玉県越谷で活動する地域密着のハウスメーカー、ポラスグループが手掛けた「はかり屋」と「油長内蔵（あぶらちょううちくら）」をここで紹介しよう（ポラスグループと私を含む早稲田大学の研究チームは、２０２０年から共同研究を進めている）。従来は市内で使われなくなった古い建物のある土地が売却されると、そこに新築の戸建て住宅を建設して販売するのが一般的だった。しかしこの事例では、歴史的な建築物を再生して使い続けた方が、地域にとってよいことなのではないか？　と発想する。

図4　旧日光街道沿いの商家を再生した「はかり屋」

「はかり屋」は1905年に建てられた商家で、建物の前を走る旧日光街道に面して土間をもち、街道から奥に向かって居住空間や土蔵が連なっている。ここでは建物自体は残しつつ耐震補強したうえで、格子戸や石畳、植栽をつくり直し、2018年に地域交流拠点として再オープンした。そこには日本茶のティースタンド、この建物の改修設計施工をした建築設計事務所、日本料理店、ジビエ料理店、多目的スペース、越谷の野菜を扱う八百屋、マッサージ店などさまざまなテナントが入居している（図4）。

一方「油長内蔵」は油商の店があった敷地にある江戸時代末期につくられた蔵だった。ポラスグループはこれを曳家（ジャッキで持ち上げて鉄骨のレール上を走らせて移動）し、自ら手掛けた4棟の戸建住宅地の一角に併設したうえで、蔵は越谷市に寄贈した。これにより蔵は半永久的に残り続けることになり、住まい・まちづくり相談会や空き家・空き地相談会の会場、コミュニティカフェ、日替わりショップなどのイベントスペースとして使われている（図5、6）。

2つの取り組みは、郊外住宅地である越谷が、実は宿場町として栄えた歴史をもつことに着眼し、過去と現在をハイブリッドするような景観を実現している。そしてこの場所で住宅を販売する企業にとっては、越谷という地域が「数ある郊外住宅地の1つ」ではなく、元宿場町としてのユニークな地域に育つ方が、新たに住む人を長期的に集めることにつながるのである。

ここでは2つのスケールで〈迂回する経済〉が働いている。油長内蔵の場合は、蔵を保存し、併設された住宅も落ち着いたデザインとすることで、従来販売してきた価格帯よりも高額

図5　住宅地に併設された「油長内蔵」

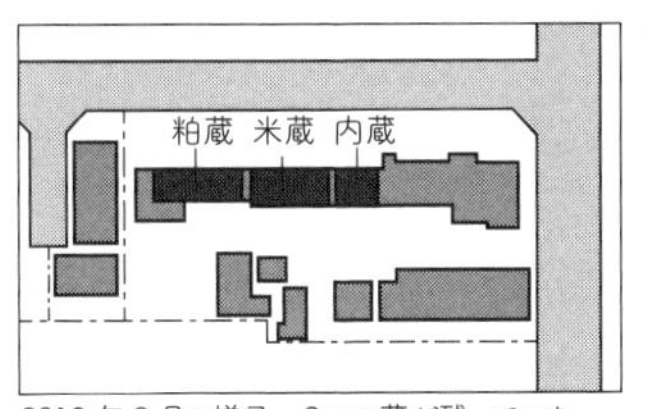


2013 年 9 月の様子。3つの蔵が残っていた

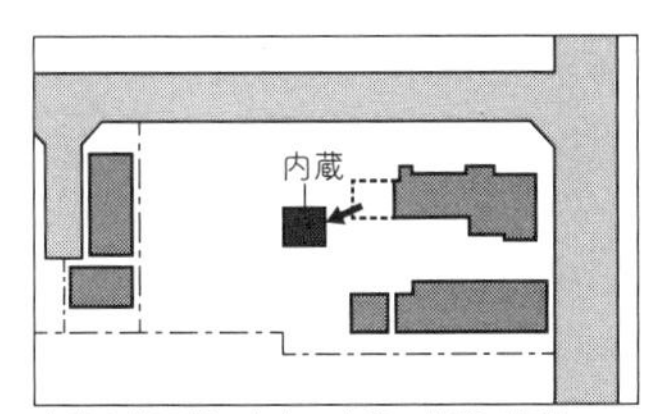


内蔵を南西側に曳家。米蔵・粕蔵は解体

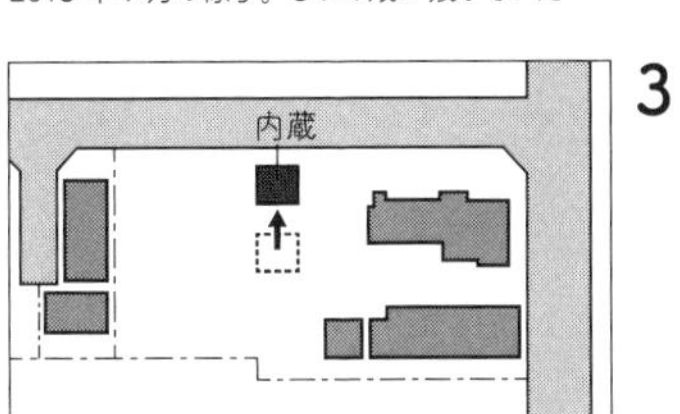


内蔵を 180 度回転させ、道路に面するよう計画

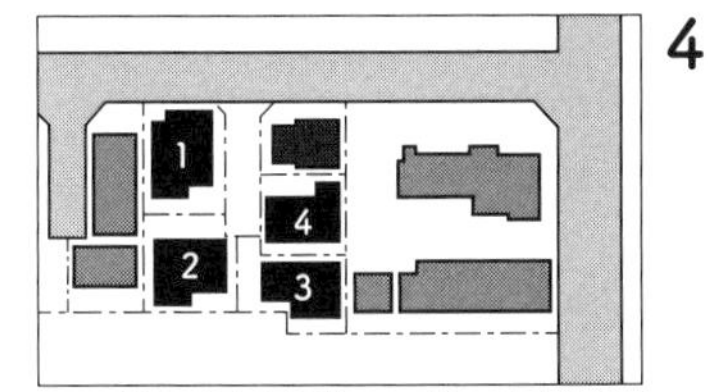


4m の開発道路を整備し、4棟の住宅を計画

図6　「油長内蔵」の整備プロセス（出典：公式ホームページをもとに筆者作図）

で住宅が販売された。蔵を残さずに取り壊し、そこに住宅を新築して売り出すこともできたが、それよりも、蔵の改修を行った費用も含めて利益を上回ることができたのである。つまり、「蔵＋新築住宅4棟」という小さなスケールで、利益回収と、郊外住宅地の均質化に抗い歴史的資源の保存活用を行うことを両立させている。

さらに、こうした実践の積み重ねは、郊外住宅地に不足してきた機能や居場所を補うもので、地域全体の住みやすさ、ひいては地域一帯の価値を向上させるものである。越谷市に腰を据えて住宅供給を行う民間企業にとっては、そもそも越谷という環境がよくなることが、新たな人を呼び込み、次の住宅販売にもつながるのだ。この事例は、住宅という「図」から、住宅以外のさまざまな要素を含む住環境という「地」へと、取り組みの対象を変えた好例だと言える。

さて、ここまで都心から郊外、地方のまちを移動しつつ、〈迂回する経済〉のさまざまな応用を見てきた。次の章からは1つずつ例をとって、より詳細な検討を行っていこう。

注1　正確には、立飛ホールディングスが立ち上げた、立飛ストラテジーラボである。開発の詳細は、ジェイアール東日本企画（筆者は現在アドバイザー協力している）が行っているウェブ連載「恵比寿発」に詳しい（https://ebisu-hatsu.com/6595/）。

12章

# 下北線路街
## ——複数の主体の共同運営が自立自走する経済圏をつくる

私が下北沢の開発を知ったのは、およそ10年前、研究室にやってきた博士課程の留学生からだった。2000年代初頭から大規模な再開発が議論の争点となり、反対する住民運動が活発化していたのだ。その後2021年、下北線路街をテーマにした『コミュニティシップ』（2022年）の執筆に携わったときには、状況が大きく変わり、小田急電鉄が住民の支援を打ち出していたことを知った。小田急電鉄の担当者である橋本崇氏・向井隆昭氏からこの開発の話を聴くにつれ、細部に込められた考えに学ぶところが多く、〈迂回する経済〉を考える格好の事例と思われてならなかった。同書の出版後、再び向井氏に話を伺った。〈迂回する経済〉の実装は、まずこの下北線路街を考えてみるところから始めたい。そして、単なる「成功エピソード」としてではなく、この事例が実現するに至った「構造」を考えてみたい。

## 小田急電鉄の「支援型開発」

下北線路街は、小田急電鉄の路線地下化とともに実施された、世田谷代田・下北沢・東北沢にかけての1・7キロにわたる地上部の開発プロジェクトである。下北沢の開発の経緯は長く複雑だ。小田急電鉄は1964年から東京都の「連続立体交差事業」と一体で「複々線化事業」に取り組んできており、2003年に東北沢から世田谷代田までの区間の地下化が決定し、跡地の再開発と街路新設が発表された。これに対して、大規模な開発が下北沢の独特な魅力を壊してしまうのではないかと批判があがり、住民運動が活発化する。(注1) 2013年には「下北沢地区上部利用計画」が発表されたが、当時は3つの駅ごとにエリアを区切る「ゾーニング構想」が計画の骨格となっていた。同時期に世田谷区が発表した下北沢駅西側の立体遊歩道計画――廃線になった高架上を立体公園としたニューヨークの有名事例「ハイライン」に触発され、高架下を巨大駐輪場とし、高架上を公園とする計画――も、火に油を注いだ。

開発の難航を受けて、小田急電鉄は2017年から「支援型開発」を打ち出す。ここで担当者の編成が変わり、橋本が加わったことで、施設開発からまちづくり的なアプローチへと転換が図られた。ハコ(建築物)をつくりテナントを誘致する開発から、ソフト・ハードを横断し、

図1　BONUS TRACKの店先（上）／reloadの正面に構えたギャラリーと小さな広場（下）

住民発意の取り組みを支援するアプローチへの転換である。駅ごとにエリアを区切るゾーニング構想も改められ、地域一帯のフィールドワークと200回以上の住民との対話を重ね、実情に即した4つのエリアに分ける計画に修正された。子育て層向けの保育施設、飲食物販施設、そして温泉旅館が立地する「暮らしのエリア」、個人商店がチャレンジできる商業施設群「BONUS TRACK」のある「シモキタとくらしの中間」エリア、「下北未体験層」に向けたミニシアターや複合商業施設が用意された「THE シモキタ」エリア、そして未来の住民「コミュニティポテンシャル」を呼び込む仕掛けをもつ「下北線路街 空き地」や商業施設「reload」が立地する「シモキタの白いキャンパス」エリアの4つである。(注2)

## 〈迂回する経済〉が発生する3つの条件

下北沢の開発の転換はどのようにして進んだのか。これを住民による反対運動が功を奏したと説明するのも、小田急電鉄による善意の転換であると説明するのも、単純化しすぎているように思える。

2015年から開発を担当していた向井は、当初からすでにこれまでの方法に限界があると感じていた。この敷地は鉄道が地下化してできたものなので、地上に大きな荷重を積むことができない。したがって高層の建築物を建てることができないため、高い事業性を見込むことができない。また、鉄道沿いの両側の建物は敷地に背を向けて建ち並んでしまっている。加えて、下北沢駅は人気が高いものの、両隣の世田谷代田・東北沢駅は小田急電鉄の中でも比較的乗降客数が少ない駅であった。こうした条件下で、「ハコをつくってテナントを誘致する」手法には限界があり、実際に、スーパーの出店見込みなどの調査を依頼しても期待は薄かったという。下北線路街はそもそも〈直進する経済〉が見込みにくい敷地条件だったのだ。それを推し進めようと苦戦しているところに、住民の運動と担当者の再編成が重なっていった。

7章でも述べたが、〈迂回する経済〉が発生する条件には大きく分けて3つある。

1つは、十分に余裕のある企業が、来訪者の注目の集まる都心の好条件の立地で、企業イメージ向上のために行う新事業としての計画である。これは企業の社会的責任（CSR）と類似の考え方であり、これだけでは、「余裕のある大企業しか、〈迂回する経済〉は実現できない」ということになる。

2つ目は、敷地の条件が悪く、そもそも〈直進する経済〉が成立しない場合である。マンションやオフィスを開発して大規模建築の床を売り切ることで利益を出そうとする開発は、地方都市や周縁部、あるいは都心であっても中心地の「隙間」や「谷間」のような場所では実現しにくい。この場合、ある種の苦肉の策として、〈迂回する経済〉が実践されることになる。

私自身も宮城県加美町や佐賀県多久市で合計7年間携わってきたような、「地方市街地や集落のまちづくり」では、振り返ってみれば当然のように〈迂回する経済〉を実施してきたのだった。こうした地域では、民間企業が手を伸ばさないような消費者の需要の少ない条件下で、どのようにして生活を維持していくか、そして都心とは別の豊かさを実現していくかが問われている。ただし、それを実行していく主体は自治体や住民組織が中心であった。私の活動も、県庁や市役所から大学の研究室へ委託されたものだった。

3つ目の条件は、地域密着の企業が、地域全体の価値向上に関心を抱き、「まちづくり」に取り組むことが自らの利益に還ってくると気づく場合である。下北線路街はこの2つ目と3つ目の条件が複合した事例だ。そして、それは単なる「苦肉の策」ではなく、結果的により良い効果を得ることにつながっている。

## 空き地から自治が立ち上がる

下北線路街の取り組みが〈迂回する経済〉という観点から特に注目できるのは、民間企業が中心となって、この場所の運営管理を担う「担い手」を積極的に育てている点である。

「下北線路街 空き地」は、2019年9月から開始されたプロジェクトで、当初は1年半の期間限定を想定していたが、2024年で5年目を迎える。この場所は小田急が打ち出した「支援型開発の姿勢を体現するオープンスペース」で、人工の芝生マットと土管、ステージ等が設置され、道に面した表にはコンテナのカフェや椅子が設えられている。地元の活動には無

図2　「支援型開発」を体現する、下北線路街 空き地

償や安価で空間を提供し、企業イベントなどには有償で貸し出す。地元の活動が充実すれば、その分この場所が地域にとって重要な場所だという認知が広がり、利用したい企業へのプロモーションになるという発想だ。

「空き地」を公開したところ、小田急電鉄は早速「やってみたいこと」を募るボードをつくり、住民たちに書いてもらう期間を設けた。その結果、「ラジオ体操」という回答が3人くらいから集まったという。これはすぐに実現できるということで、2〜3日後には担当者たちが「ラジカセを用意するので集まりませんか」と周知した。すると当日、ラジオ体操の指導免許をもつ女性が登場し、「あれ、私が書いたんだよ」と言ってきた。この女性が中心の1人となってラジオ体操を実施することになり、現在に至るまで毎日30〜40人が集まっているという。

ラジオ体操は朝早くから始まるので、やがて、彼ら自身に鍵を預けて「空き地」を開錠してもらう方式をとるようになった。入口付近にあるコンテナでつくられたカフェは10時から開店するのだが、ラジオ体操は当然それよりも早い。こうして「空き地」は住民自治による管理になっていく。利用者の間では「警備がいなくてもラジオ体操の人たちがいるから安心だよね」という話になったという。まさに、ジェイン・ジェイコブズが著書『アメリカ大都市の死と生』で説いた「まちの治安は警官ではなく、日常的にいる人々の目によって守られている」という有名な主張を、「空き地」の人々が自分たちの力で発見したのだった。

民間企業が用意するオープンスペースを考える際に、もう1つ興味深いことがある。新型コロナウイルス感染症が流行し始めると、「空き地」では企業イベントが減少し、経営が難しくなってきた。閉鎖するかという話もあったが、小田急電鉄としては「開け続ける」という声明を発表したのである。[注3] 4章で高田馬場の駅前ロータリーが閉鎖された様子を紹介したが、自治体の管理する広場や公園は、この期間に次々と閉鎖されていった。自粛期間中に居場所のない人々が公園に集まる声がうるさい、という苦情がくると、自治体としては対応せざるをえない。「空き地」に関しても、少数ではあるものの「閉鎖してほしい」という要望は寄せられていたという。しかし、自治体ならそれで閉鎖するかもしれないが、「空き地」は小田急電鉄の私有地であるから、解放し続けることができたという。向井は、苦情は少数で、実際には大多数の人がこの空間を求めているのではないかと考えたと振り返る。このように「場所の使い方のルールを自分たちで決めることができる」ということは、民間企業が営むパブリックスペースならではの可能性である。

やがて、周辺の公園が閉鎖されたため、「空き地」には居場所を失ったキッチンカーが集まってきた。テイクアウト専門のキッチンカーが、「まず下北線路街の空き地でやってみたい」と言ってくれるようになったことで、「空き地」は一時、彼らの聖地になったという。

## シモキタ園藝部に見る住民組織の可能性

住民組織による自発的な活動として忘れてはならないのは、「シモキタ園藝部」の活動である。園藝部は、もとは小田急線跡地利用や周辺のまちづくりを考える「北沢PR戦略会議」（2016年設立）で結成された「緑部会」として活動していた組織である。下北線路街のプロジェクトが「支援型開発」を打ち出してから、部員たちで資金を出しあって2020年に一般社団法人化し、「シモキタ園藝部」へと改名した。

興味深いのは、小田急電鉄との関係性である。小田急電鉄は、下北線路街の緑地・植栽の管理を園藝部に委託している。商業施設の開発で一般的に委託する植栽管理業者と比べて住民組織に委託する方が、小田急電鉄にとっては大きなコストメリットがある一方、園藝部にとっては安定的な活動財源になる。園藝部はこの費用を元手として、現在200名ほどいる部員のやりたい活動を支援しているという。「古樹屋（ふるぎや）」と銘打ち、各家庭で手放した鉢を新しいオーナーとマッチングするプロジェクトも始まった。今では養蜂・蜂蜜づくりも始めつつある。

園芸を活動テーマとする住民組織は日本中に存在するし、自治体と連携しながらまちの一角で植栽や花を育てる活動を「景観まちづくり」と称する事例ももはや見慣れた光景である。しかし下北線路街の事例はその先の可能性を見せてくれている。民間企業が開発する空間から、住民組織が活動できる仕事と場所を提供すること。それによって住民組織が安定的な資金を得て、私費を投じるボランティアではなく持続できる方法で、多様な活動を展開できること。

民間企業と住民組織の協働関係にとって、「園芸」は最も相性のいい活動の1つだろう。園芸

図3　シモキタ園藝部の活動拠点（上）／下北沢駅からBONUS TRACKへ続く緑道（下）

の効果は「景観づくり」に留まらない。私が視察した、アメリカ・シアトル市の「P-Patch」という変わった名前の制度では、まちの空き地や余白を活用して個人がさまざまな園芸の活動を展開している。第一号の事例であるピカルド農園は250人が園芸を営む巨大なコミュニティガーデンだが（この農園が「P-Patch」の「P」の由来である）、他にも住宅地の空き地や、立体駐車場の屋上など、大小さまざまな空間を使って園芸の空間は実現している。桃の木を植えて蜂を集め、蜂が花粉を運んでいくことで都市に生物や植物の多様性を取り戻していくことを狙う活動や、コンポストを利用した資源循環の取り組み、目が見えない人のための手で触ってわかる庭園、ホームレスの人々のための「ギヴィング・ガーデン」など、多様なプロジェクトが実施されている。この事例を見ると、「園芸」や「農」という活動が、いかに多様なテーマと接続しているかがわかる。この事例はシアトル市近隣局が88カ所の農園と利用者のマッチングを仲介しているが、数年先の予約まで列をなすほど人気を博している。

## 民間企業が「自立自走」を目指す必然性

開発エリアの自治という観点からもう1つ取り上げておきたいのは、「BONUS TRACK」や「reload」のサブリースである。前者は散歩社、後者はGREENINGに運営を委託している。小田急電鉄の担当者たちは、下北線路街にチェーン店でない個店が集まることにこだわったが、他方でリスクを心配する鉄道会社としては、不安定な個人事業主と契約を交わすことは難しく、結果として実績のあるチェーン店を誘致せざるをえないというのがこれまでの再開発のやり方であった。

サブリースは、小田急電鉄の担当者が信頼できる会社に下北線路街の区画を任せて、その会社が区画内に入居する個店を選び契約するという方法である。これによって、鉄道会社が運営する空間にチェーン店ばかりが並んでしまうという事態を打開することができた。

下北線路街の運営を小田急電鉄以外の民間企業に任せるという選択には、もう1つの背景がある。それは、小田急側の担当者が交代するという仕組みの存在である。鉄道会社の開発担当は、駅という単位で周辺地域の開発を担当することになるが、数年で交代を余儀なくされる。構想の段階しか携われない場合もあれば、事業の最終段階で加わることもある。下北沢の担当者が恐れていたのは、担当者が自分から他の者に変わったときに、個店がチェーン店に入れ替わってしまうのではないかということだった。

下北線路街では、一見して経済的に合理的ではなさそうな選択が数多くなされている。商業施設を建てずに、緑道などのオープンスペースをふんだんに確保していること。広場に面した建物には飲食店などを入居させずに、ギャラリーなどの一般に開かれた機能を配置すること。これはたとえば、都市の格差化についての議論が盛んな欧州・アメリカで、既存の公園に新しくカフェが面することで公園の利用者を限定してしまう、という事態に対して批判があるが、それを思い浮かべてみればよい。下北線路街の場合も、広場が飲食店に占拠されることを防ぐという狙いがあった。そして、安定した実績のあるチェーン店の入居を回避し、個人が新しい飲食店や小売店にチャレンジできるスペースを確保することも、これらの「一見不合理な選択」の1つである。

こうした工夫が、短期的な利益創出――つまり〈直進する経済〉――ではなく、下北沢という地域の独自性を守り高める工夫であることは、ここまで読み進めてくれた読者には明白だろう。しかし、視察に来た人々からは、時折「もったいないですね」と意見が出るという。そのため橋本と向井は、「人が変わると方針が変わるのではないか」という危機感をもっており、事業を進めると同時に「権限を委譲しなければならない」と口にしていた。「個」に依存するようになると、その人がいなくなれば終わってしまう。散歩社やGREENINGを引き入れて運営を任せていくという発想は、そうした問題意識から生まれたものでもあった。

地域に複数の主体が関わり、空間を運営する権限を移していくという「自立自走」の発想は、開発に〈コンヴィヴィアリティ／共立性〉を確保することにつながる。民間企業が開発したものを強力な管理下に置き続けるのではなく、そこにさまざまな主体が入り、共同で運営していくこと。そしてそこに独自の、複数の小さな経済が生まれてくること。こうしたことは、「担当者が交代する」という制度を抱えた民間企業（鉄道会社）が中心となって進めたプロジェクトだからこそ実現する必要があった、ということも見逃してはならない。〈コンヴィヴィアリティ／共立性〉の実現は、「大きなシステムへの依存」を回避し「自治の理想」を追求する、という道徳的な追求であるだけでなく、「民間企業にとって現実的な手段」でもあるのだ。

## 地元企業が〈迂回する経済〉を目指す動機

ここでは下北線路街という事例を、II部で挙げた3つのキーワードのうち、〈コンヴィヴィアリティ／共立性〉という側面に注目して見てきた。繰り返し強調したいのは、コンヴィヴィアリティの実現を目指すことは「道徳的な追求」ではなく、企業にとって現実的な手段であり、それが地域にも積極的な効果をもたらすということだ。したがって、「コンヴィヴィアリティの追求は理想的だが現実的ではない」というのは見当違いであり、まさに本書の主張である、社会的なことの追求が経済活動の持続性をつくるという〈迂回する経済〉の実現をここに見ることができる。

今回取り上げた「鉄道会社」という主体のように、民間企業が「地域に残り続ける主体」であるならば、それが〈迂回する経済〉を実現させることは十分に現実的である。地域に残り、その地域で経済活動を行う主体にとって、地域の価値が高まることは自らの利益になる。〈直進する経済〉を優先して、安定性と短期的利益を追求することで他と同じような開発を繰り返してしまうよりも、その地域の特徴に即したブランディングを見据え、住民の活動を活発化し、消費者を呼び込むだけでなく次の世代のコミュニティの担い手を育て、小さな単位の経済圏と自治を発生させていくことこそが、「残り続ける民間企業」の役割となるだろう。ここに、行政でなく民間企業にこそできる特別な可能性を私の期待を込めて加えるとすれば、それはポピュリズムに陥らずに——逆を言えばクレームに屈さずに——各自の信念に基づくスタイルを貫くことができること、そして行政圏を超えた新しい範囲で「まち」の単位を見出していけること、である。

注1　下北沢の住民運動については、たとえば東京新聞「反対派の声生かし「シモキタ」感を表現　下北沢駅周辺で「線路街」が完成」（2022年5月25日）などで触れられている。

注2　下北線路街のプロジェクトの概要や関係者のヒアリングなどは、橋本崇・向井隆昭・小田急電鉄株式会社エリア事業創造部編著『コミュニティシップ』（学芸出版社、2022年）にまとめられているので、参照されたい。

注3　小田急電鉄「下北線路街ニュースVol.6」（2021年2月15日）より。「空き地」が下北沢の住民にとって「近所で安心して楽しめる場所としての重要な役割」をもっていること、「当スペースの存続を願う約200名の方から署名をいただいた」ことを挙げ、当面の間利用を継続すると発表している。

13章

# 早稲田大学キャンパスの反転
## ――コモンスペースを主役とする知の広域圏を考える

２０３２年に創立１５０周年を迎える早稲田大学では、教育・研究のビジョンとともに、キャンパスをどのように整備していくかが問われた。そこで「成長するキャンパスから成熟するキャンパスへの転換」を目指し、２０３２年までの計画、そしてその先の「長期計画」を定めるマスタープランを作成することになった。２０１９年から検討が始まり、私は若輩ながらも、都市計画分野の講師としてワーキンググループに参画した。結果として、２０２３年の完成まで、調査・立案・計画書作成に一貫して携わる貴重な機会を得た。パンデミックの発生と大学の存在意義の変化など、考えさせられる点は無数にあった。マスタープランの内容は大学のホームページに公開されている(注1)ので、ここではプロジェクトを通じて筆者が考えたことを、これまでの議論に引きつけて論じていこう。

## 都市の似姿としてのキャンパス――オンライン化・人口減少時代の空間の役割

感染症の流行は、周知の通り、少なくない活動をオンラインに移行させ、逆に対面の活動の意義が問われることになった。創立150周年を目前に控えた早稲田大学では、キャンパスの長期的な整備方針を示す「マスタープラン」を考え始めるときに、このパンデミックが重なった。対面での講義が控えられ、ほとんどの授業がオンラインでの配信となっていた時期に、私たちはなお物理的なキャンパス空間のことを考えていたわけである。学生や教職員がキャンパスに集合する意味を、もはや当然視することはできない。物理的な空間の役割は、はたして何だろうか?

当たり前のように行っていたことを見つめ直し、不要なら改め、あるいはその価値を再発見し直すことを、9章では〈再帰性/リフレキシビティ〉と呼んだ。私たちは「物理的な空間」のもっている意味、対面で集合することの意味を、「再帰的に」考え直す必要に迫られたのだ。

早稲田大学は2020年秋から「反転授業」というコンセプトを大々的に打ち出した。反転授業とは、「教室で講義を受けて知識を得る」→「自宅で復習して知識を定着させる」という従来の教育・学習方法とは逆で、「自宅でオンライン教材により知識を得る」→「教室で議論や発展的な課題に取り組む」という方法を指している。早稲田大学では少なくとも2013年ごろからすでに提唱されつつあったが、感染症流行を機に本格的に普及することとなった。「反転授業」が主張しているのは、ずらりと並んだ机や椅子——ときにそれらは固定されている場合もある——に座って教員の話を聴く、ということが「対面での学習の価値」の本質ではない、ということだ。そうであれば、キャンパスの空間はどう変わっていくべきだろうか？キャンパスのマスタープランを考えなければならない必然性はほかにもある。日本の人口は減り続け、18歳の人口は1992年の205万人をピークに減少し、2023年には112万人になった。大学進学率は大きく増加しているため、大学生の総数は維持しているように見えるが、大学の数は1971年の389校から2023年には793校に倍増しており、各大学は学生獲得をめぐって厳しい状況に置かれている。(注2)

こうした状況を鑑みて、マスタープラン冒頭では「教育・研究のための空間の「量」を求める需要に応えて床面積を増やす計画は、最終局面に向かっている」と提起している。そして、「成長するキャンパスから、成熟するキャンパスへの転換」を目指すことを方針として掲げた。

こうしてみると、キャンパス計画が置かれている状況は、日本の都市計画やまちづくりのそれと似ていることに気づくだろう。どちらも、「オンライン環境が充実した世界での、物理的空間の意義」と「人口減少時代の空間像」が求められているのだ。ここから続くキャンパスの話は、私たちのまわりの都市空間にも通じる「都市の似姿」として読んでもらえればと思う。

**2 ラーニング・クラウド**
室内のコモンスペースを管理する情報空間上の秩序

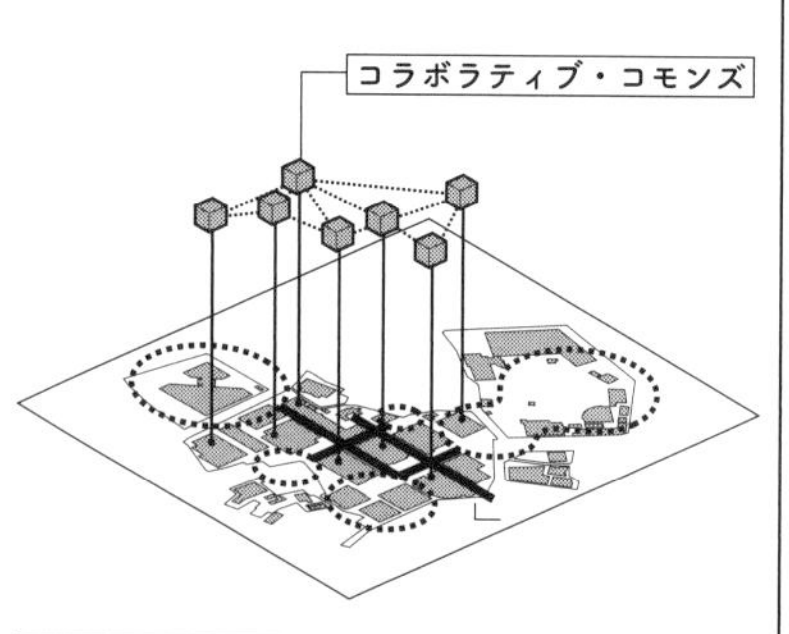


**3 カルチュラル・リゾーム**
地下に設置された図書館同士をつなぐ知のネットワーク

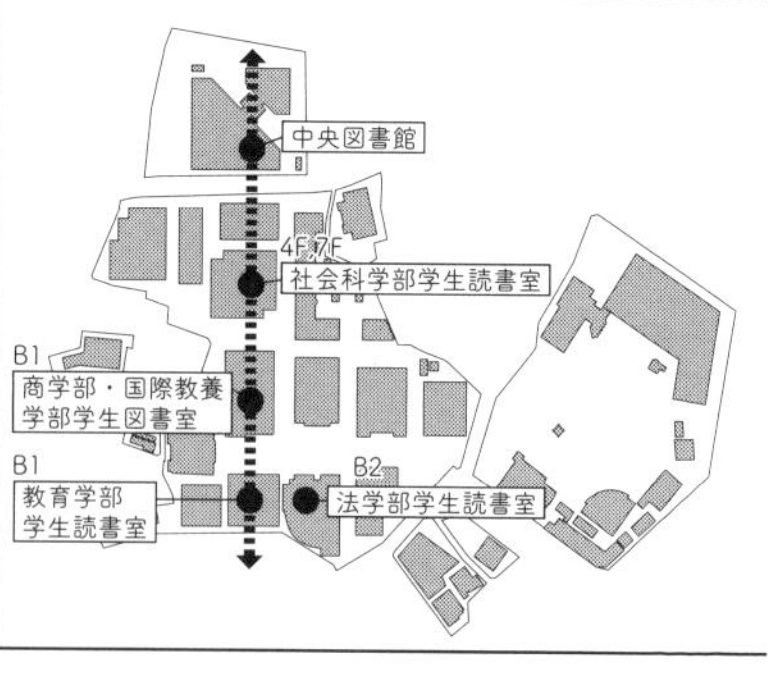


## 地上・地下・情報空間のネットワークを構築する

現在の早稲田キャンパスは、東西・南北に走る4つの通りが「井」の字を構成している。しかし、1882年の設立により最初につくられたキャンパスでは、「早稲田村」と呼ばれる水田地帯に数棟の木造建築が広場を囲んでばらばらに建てられていた。この「村のようなキャンパス」は、1915〜25年に行われた天皇の「御即位御大典記念事業」によって、グリッド——東西南北にぴたりと揃った格子状の規律——に再編成された。初代建築学科教員・佐藤功一の仕事である。

キャンパス全体の様子はその後の百年で大きく変わってきたが、井形の通りはこれ以来継承されてきた。そこでこれを手掛かりに、キャンパスの3つのネットワークを重ねることで、次の時代に向けての空

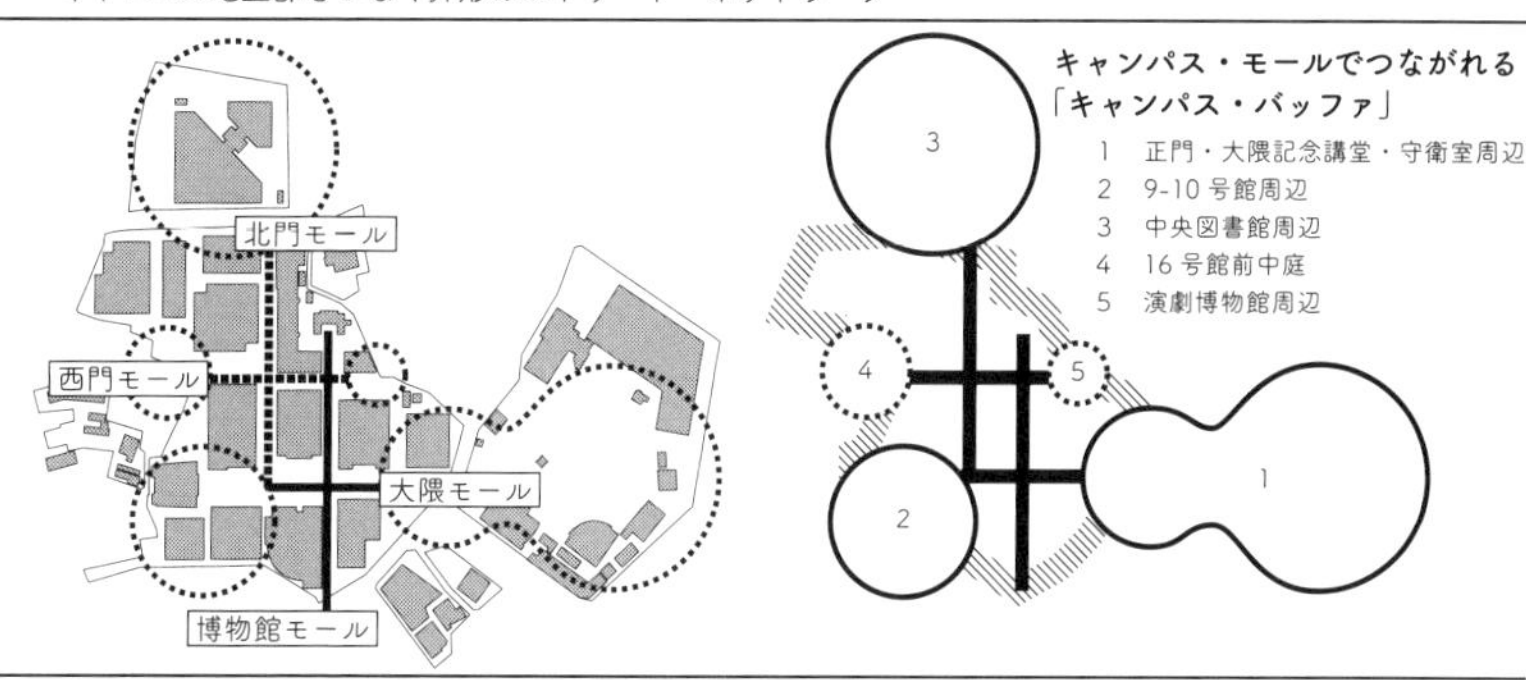


図1　3層によるキャンパスのネットワーク計画（出典：早稲田キャンパス整備指針、筆者作図）

間秩序をつくっていこうと考えた（図1）。

1つは、先に述べた井形のストリート・ネットワークを指す「キャンパス・モール」だ。これはキャンパス地上部をつなぐ物理的な秩序であり、この骨格に大小さまざまな屋外のコモンスペースが接続している。モールの行き止まりにはアイストップとして教室以外の特別な機能を持った施設（大隈講堂、演劇博物館、中央図書館）がすでに立地している。通りの先にアイストップをつくって4つの通りのキャラクターをつくるというのは佐藤功一のこだわりだった。ここでは一歩進んで、モールの先に「都市とキャンパスが出会う大きなコモンスペース」を整備するように考える。後述するが、このコモンスペースは「キャンパス・バッファ」と呼ぶことにした。

もう1つは、キャンパスの情報空間上の秩序である「ラーニング・クラウド」だ。キャンパス内の各棟には、学生や教員が自由に使えるコモンスペースが分散配置されている。地上にある屋外コモンスペースと異なり、室内のコモンスペースは可視化されにくい。そこで、コモンスペースの一覧と、それらがいつ利用可能かを確認できるオンライン可視化・予約システムを整備することを考えた。

最後に、地下に設置された図書館同士をつなぐ「カルチュラル・リゾーム」だ。早稲田キャンパスには分野ごとに図書館が用意されており、それらは各建物の地下に設置されている。商学部・国際教養学部学生図書室や社会科学部学生読書室、法学部学生読書室など、別々に設置されている地下図書館と、少し離れた中央図書館——日本国内では最大規模の私立大学図書館だ——までをつなぐ、知のネットワークを構想した。地下に築かれる知のネットワークであるので、「地下茎」を意味する「リゾーム」という哲学における用語を拝借した。ただし図書館同士をつなぐ際には、実際には地下通路で物理的につなぐことは難しい。その代わりに、図書館のある地下への出入口のまわりに、建物外部からも視認できる読書ラウンジを設けることを考えた。現状、図書館は地下に閉じこもるように計画されており、出入口も目立たないが、読書ラウンジとして地上に現れることによって、キャンパスの南北の軸には読書ラウンジが点々と顔を出す視覚的な連続性が生まれる。こうして、それぞれの地下図書館の存在感が感じられる通りが、地上にかたちづくられていく。

このように「モール」「クラウド」「リゾーム」という3つの比喩を用いて、キャンパスの地上と地下、物理空間と情報空間の秩序化を狙おうというのが、ここで試みた提案である。

## 教室からコモンスペースへ、主役を反転するキャンパスの提案

キャンパスの秩序をつくる3つのネットワークを考えたので、今度はそこに配置されていくコモンスペースを考えよう。ここでいう「コモンスペース」は、共用空間、特に行政が所有・管理している道路や公園などの誰にでも開かれている公共空間に対して、学生・職員・教員のように特定の人々によって共有され利用されている「コモン＝公共財」としての空間を指す。

「反転授業」が試みられると、それに合わせて机や椅子がずらりと並んだ「教室」ではなく、個人が自習をしたり、集団で議論や共同作業をするようなさまざまな質と規模の空間が必要になる。教室からコモンスペースへ、計画の主役を変転させてみよう、というのが「キャンパス空間の反転」だ。

定員何名の教室を何部屋つくり、それ以外の空間を廊下や休憩スペースとする、というのは〈直進する経済〉に通ずる最短距離で無駄のない計画だ。しかし実際には、教室の外の「余白」の空間でこそ、学生同士の自由な交流が行われる。

私はオンラインでの授業に、何か掴みどころのない違和感を覚えていたが、それは授業の前後の時間がなくなったことではないかと思う。「余白」は空間だけでなく、時間にも存在する。同じ教室であっても、授業の始まる前には学生同士が雑談をして、情報交換する時間がある。

授業後には教員と学生が歓談する時間もある。定刻になって授業が開始し、講義が終わると退出させられてしまうオンライン授業では、その前後の余白の時間が失われている。授業で話された内容が身につくのは、「あの話は何だったのか」「自分はそうは思わない」などと意見を交わす過程があってこそなのだ。

*

「余白＝コモンスペースを主役に」といっても、コモンスペースにはいくつかの段階がある。ここでは4つの段階を考えることにして、それぞれ「キャンパス・バッファ」「キャンパス・スクエア」「ラーニング・アトリウム」「コラボラティブ・コモンズ」と呼ぶことにした（図2）。

「キャンパス・バッファ」は大学の最も外側に位置する開かれたコモンスペースだ。キャンパスの周囲は高低差のある地形や、塀や樹木で囲われており、まちとキャンパスの往来は不自由だった。これらを部分的に解消し、境界部の透明性・キャンパス内部の視認性を高めることをまずは目指す。加えて、キャンパスの印象を大きく変えることのできる重要なポイントを見極め、「まちと大学が出会う5つの空間」を指定した。マスタープランでは、それぞれの整備方針を示している。

「キャンパス・スクエア」はキャンパスを走る4つのストリートの交点に位置する屋外の広場空間である。キャンパス・バッファは大学とまちの間にあるものだが、こちらは大学構内の

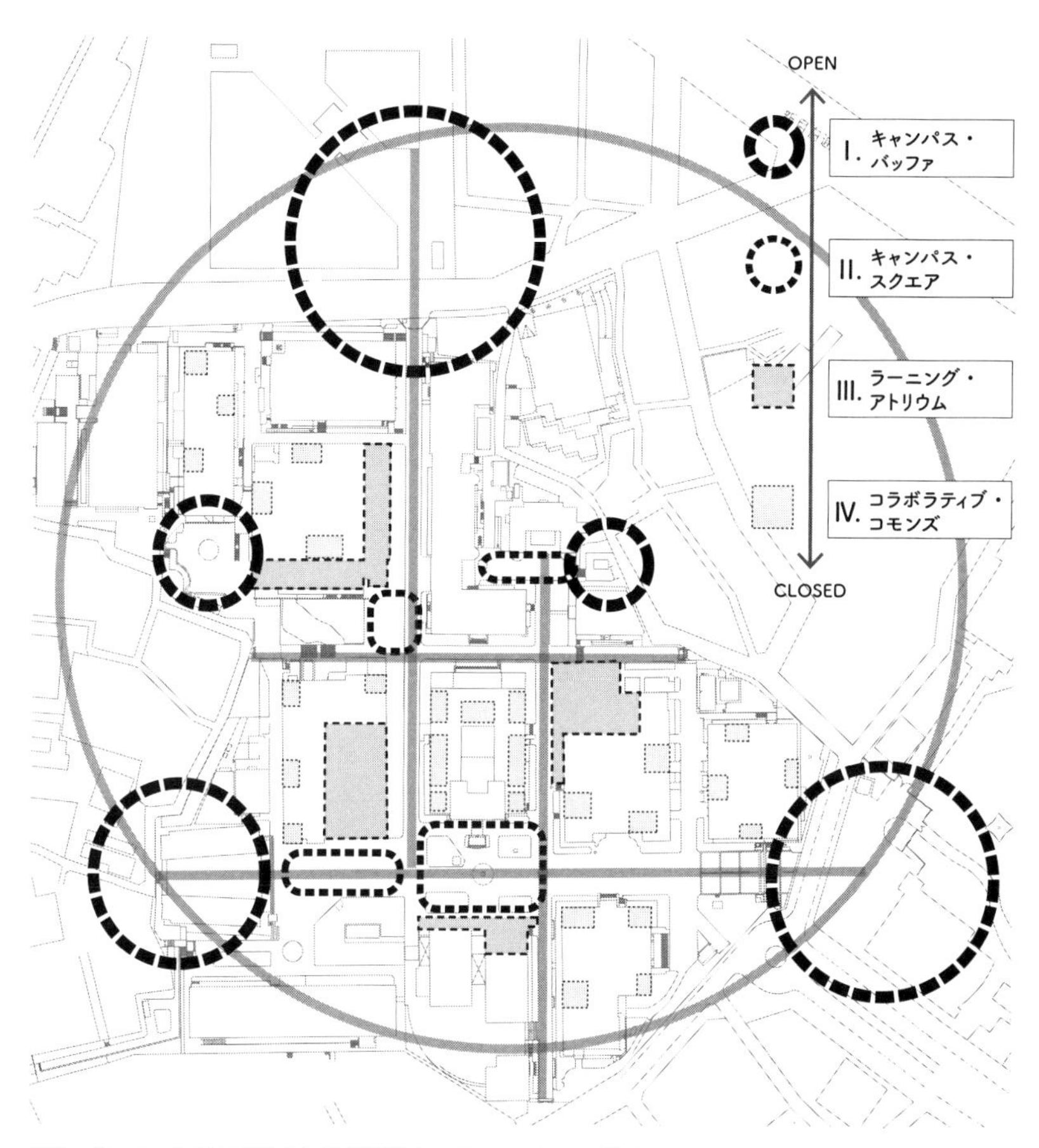


図2　キャンパスに展開される4種類のコモンスペース（出典：早稲田キャンパス整備指針、筆者作図）

中心部に埋め込まれている。ここに多様な家具や屋外什器を分散的に配置することで、建物間の移動に留まらないさまざまな滞留行動が生まれる広場を目指す。広場は交通の結節点だけでなく、さまざまな人々が出会い、そこでともに時間を過ごすくだけた空間として位置づけられなくてはならない。

「ラーニング・アトリウム」は、キャンパス・スクエアに面した建物の1階部分をピロティや開放的な空間として整備することで生まれる、半屋外のコモンスペースである。街路の交点に整備されるキャンパス・スクエアに面して、周囲の建物が低層部の共用空間を提供しあうことによって、屋外から屋内へと連続していくコモンスペースの形成を目指している。ラーニング・アトリウムには、購買やテイクアウト可能な飲食販売、ごみ箱、可能であればカフェやPC用電源などを揃えて、快適な環境を用意する。

最後の「コラボラティブ・コモンズ」は、建物内部の予約制の個室群である。これまで述べてきた屋外、半屋外のコモンスペースは万人に開放されていつでも利用できるものだが、グループでの議論や本格的な共同作業に利用するためには限界がある。そこで、各建物の上層階の部屋を転用して、会議やディスカッション、ワークショップ等で利用できるように整備していく。オンライン授業が増えたことによって大規模な教室が必要なくなることも見越して、将来的には大教室を複数の小教室に分割し、その際に生まれる空間の何割かをコモンスペースに転用することも想定している。

## ルールからコモンズへ、空間利用を洗練させる暗黙知

キャンパスのマスタープランを検討する際、いくつかの大学を視察する機会があった。興味深かったのは、立命館大学・大阪いばらきキャンパスの事例だ。

大阪いばらきキャンパスは、政策科学部、経営学部、総合心理学部、グローバル教養学部と大学院の5つの研究科がコンパクトにまとまったキャンパスで、大阪府茨木市が管理している岩倉公園をキャンパスの一部のように連続的に整備しているのが特徴である。私が訪れたとき、公園には無数のベビーカーが停められており、子ども連れの家族が大勢訪れていた。公園に面するB棟低層部には「スターバックス」やビアホール（!）「銀座ライオン」が入居している。これは大学構内では珍しいことと思うが、この場所がサッポロビール工場跡地だった気配を残している。公園とB棟の間には「シンボルプロムナード」が走っているが、夕方に訪れると高校生たちがここを通り抜け、カフェに立ち寄っている姿も見られた。「地元の高校生が日々通っているキャンパスならば、ここに進学したくもなるだろう」というのが私の素直な感想だった（図3）。

一方A棟には大学生の活動のためのコモンスペースが十分用意されている。コモンスペースは、自由に使える共用ラウンジと、予約が必要な個室に分かれている。ラウンジでは線状の

上　図3　学外の人々が日常的に訪れる立命館大学・大阪いばらきキャンパス
下　図4　さまざまな家具のある空間を選択できる共用ラウンジ

空間にずらりと椅子や机が並ぶ（図4）。キャスター付きの机・椅子もあれば、喫茶店のようなソファとローテーブル、カウンター式のテーブル、一段上がった畳の座敷、さらには窓に面したビーチサイドチェアのようなものまである。個人で使うか数人で向かいあって話すか、あるいは畳の上で大勢で議論するか。椅子の素材、背もたれの深さや柔らかさなどが明確な意図をもって分けられ、多様な活動に応じた場所を選択できるようにしている。

そして、それらが一望できるのである。このラウンジでは「性質の異なるさまざまな家具」と「一望できる空間性」が揃うことで、コモンスペースの豊かな選択性が実現している。

予約制の個室はどうか。個室は廊下の両側にずらりと並んでいるが、壁のおよそ半分は半透明で、もう半分はホワイトボードになっているため、見通しは良い。内部はキャスターのついた机や椅子が並んでいる。私がたまたま入った個室では、机や椅子がハの字型に並んでいた。案内していただいた方の説明によると、個室の利用者は、机や椅子を移動して自分たちの活動に適した並びを試行錯誤するが、その結果は片づけずに、次の利用者に見てもらうのがここでのならわしだという。前回利用者の配置を見て、これが良いと思えば使えばいいし、そうでなければやり直せばいい。「あえて原状復帰しない」ことによって、コモンスペースの利用方法が伝達され、洗練されていく。

コモンとは「共有財」、つまりみなで使う共通の資産であるが、それをどうやって使っていくのかを考えていくプロセスを「コモニング」という。コモニングは民主的なプロセスでなければならず、これが乱暴になってしまうと、権力のある誰かがつくったルールを一方的に押しつけられてしまい、コモンの使い方は硬直化してしまう。

原状復帰せず、机や椅子の配置の試行錯誤を伝えていくという取り決めは、小さな工夫ではあるが、ラーニング・コモンズの「コモニング」を内発的に行っていくための手法だ。学生たちの自主的な工夫が行われていくこと、そしてそれを互いに洗練させていくこと、このことのために大学キャンパスの空間が使われるなら、これほど理想的なことはない。「反転授業」に対応して「教室からコモンスペースへの主役の反転」を試みたマスタープランが重視したかったのは、「教員から一方的に伝授される知」から、「教員も学生も含む無数の人々の間で共有され洗練される知」への主役の反転でもあった。

## 大学を周辺地域に開く、幻の大学都市計画

ところでキャンパスマスタープランの検討時に意識していたのは、大学の中だけでなく、周囲を含めた「大学街」をどう考えていくかということである。これは、4章で触れたように、大学街で展開される「空間利用文化」について研究していたことにも呼応する。

早稲田大学の周りにはさまざまな大学や専門学校が立地している。早稲田に閉じずに、多様な教育機関が連携して、都市全体で1つのキャンパスをつくってはどうか。このような構想が、驚くべきことに第二次世界大戦の終戦直後、すでに「早稲田文教地区計画」として提案されていた。これに加わっていたのは、10章でも紹介した吉阪隆正で、当時29歳だった。

「大学はそれ自身一個の社会的生命体として、一般社会の内包する一切の生活組織と機能とを自らのうちに包摂し総合したるものでなければならぬ。…従来のわが大学教育の場は、単にそ

れ自身が社会的有機体としての完結性を欠くばかりでなく、さらには能ふ限り一般社会生活よりの隔離をはかるが如き状態におかれてゐる。…高く厳めしく張りめぐらされた壁は、大学をして社会より隔絶された一孤城の感を深からしめるものがあり、その非社会性を象徴するかの如くである。加へてその教場はただひたすらに形式的学業の徒らな詰込に終始する」(注3)

1946年3月につくられたと考えられる「早稲田文教地区建設綱領」の冒頭には、このように書かれている。大学が社会から隔絶されていることを批判し、そこで行われる内容も「形式的学業」の詰め込みになってしまっている、という指摘だ。これは先の「キャンパスの反転」の論点に重なる。

文教地区計画は、このような問題意識とともに「大学を中核体とした文教地区の設立事業」を提案する。要点は、①教育施設だけでなく、居住環境や商店街、文化施設を総合的に整えること、②政治、法律、経済、社会、哲学から芸能、報道、体育、農林、水産、各種工学などが揃う「真の意味の総合大学」として文教地区を計画し、男女共学を実現すること、の2点である。(注4)

この資料の出席者名簿には、戦災復興院建築局課長、文部大臣官房課長に加え、東京都区市の教育課長・土木課長の名前がずらりと並んでいる。さらに、日本大学校、日本女子大学校、東京美術学校（現・東京藝術大学）、東京音楽学校、東京工業大学校、東京帝国大学校、早稲田大学校、慶應義塾大学校、東京文理大学校（現・筑波大学）、物理学校（現・東京理科大学）、明治大学

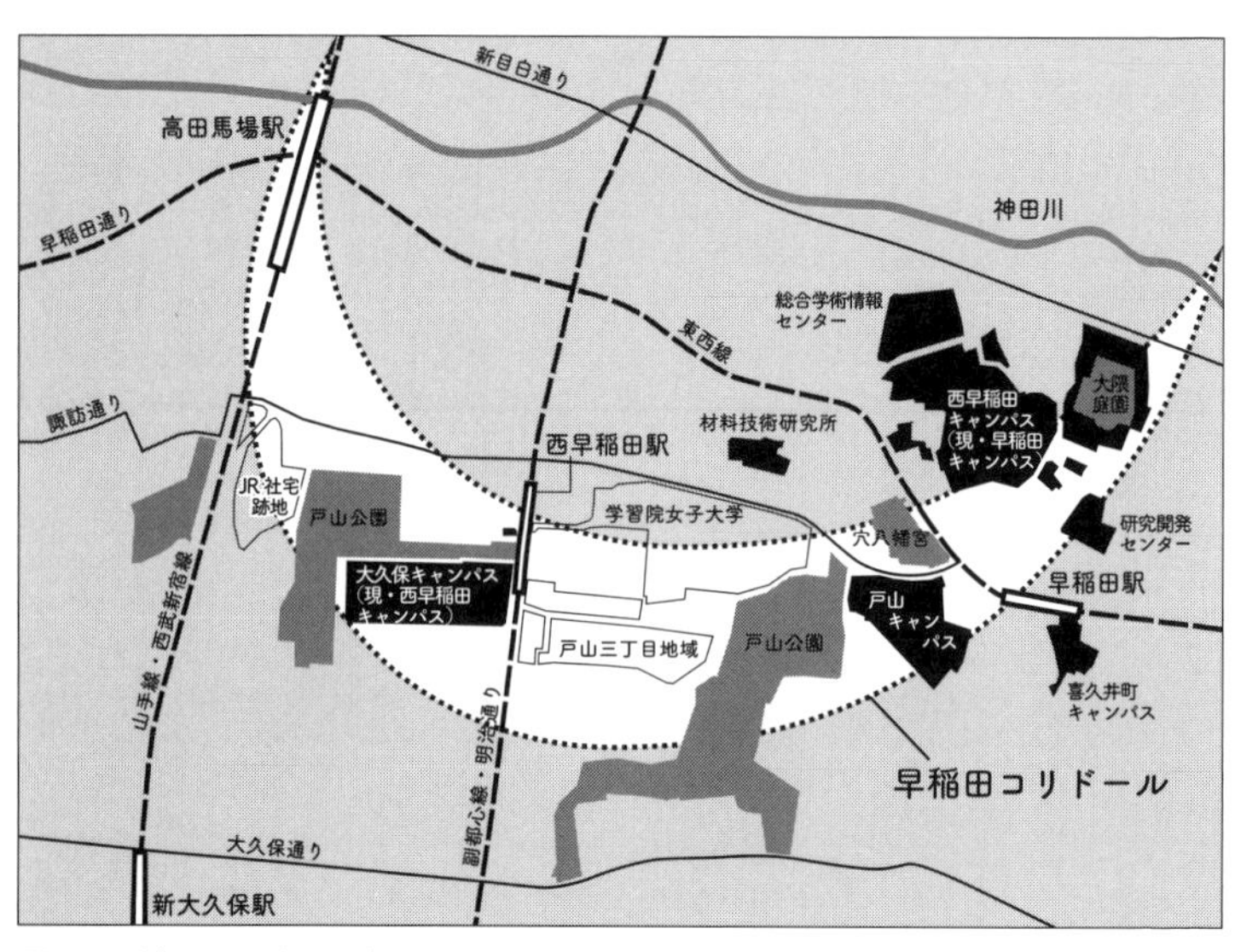


図5　早稲田コリドール計画（出典：公開情報（注6）をもとに筆者が再作図）

校、昭和医科大学校、慈恵医科大学校からもそれぞれ出席者が揃った。

しかし、「早稲田文教地区」はその後実現に至らず霧消してしまった。そして、「形式化・マスプロ化してしまった大学教育」に対して「真の学びの環境を考える」という試みは、およそ20年後に八王子で「大学セミナーハウス」――どの大学にも属さない、誰もが利用可能なキャンパスで、吉阪のアトリエ「U研究室」が設計を担当した――として実現することになる。

*

それから約半世紀が経った2001年、早稲田大学理工学部が「早稲田ユニバーサル・キャンパス構想」を発表した。[注5] これは「文教地区計画」を彷彿させるもので、早稲田大学のキャンパスと周辺地域との共生を目指した環境整備と、大学が中心となった都心再生を謳うものだった。中心的な提案は「早稲田コリドール計画」と題された三日月形の「早稲田文化圏」の形成である。この三日月は、高田馬場駅から始まって戸山公園を抜け、大久保キャンパス（現在の西早稲田キャンパス）を通り、学習院女子大学や穴八幡宮を含みながら、戸山キャンパスと西早稲田キャンパス（こちらが現在の早稲田キャンパス）、大隈庭園へと至る（図5）。早稲田の複数のキャンパスをまたぐ巨大な三日月形を1つの「圏域」とするという見立ては、文教地区計画の範囲よりは小ぶりだったが、同様に幻の計画となってしまった。

## 繁華街の間の谷地に広がる大学群と緑地

文教地区計画、コリドール計画という先例があるなかで、あらためてどのような構想を考えられるだろうか。

広域の地形図を開いてみよう（図6）。早稲田は台地と台地の間の谷筋に位置していることがわかる。小石川台地と早稲田大学の立地する牛込台地との間に走る、平川谷である。この平川谷は東京の谷地の中でもひときわ大きいものであり、その谷底には神田川が流れている。神田川は井の頭公園にある井の頭池を水源として、うねりながら東方向へ流れていき、やがて隅田川と合流して東京湾へ流れ出る。

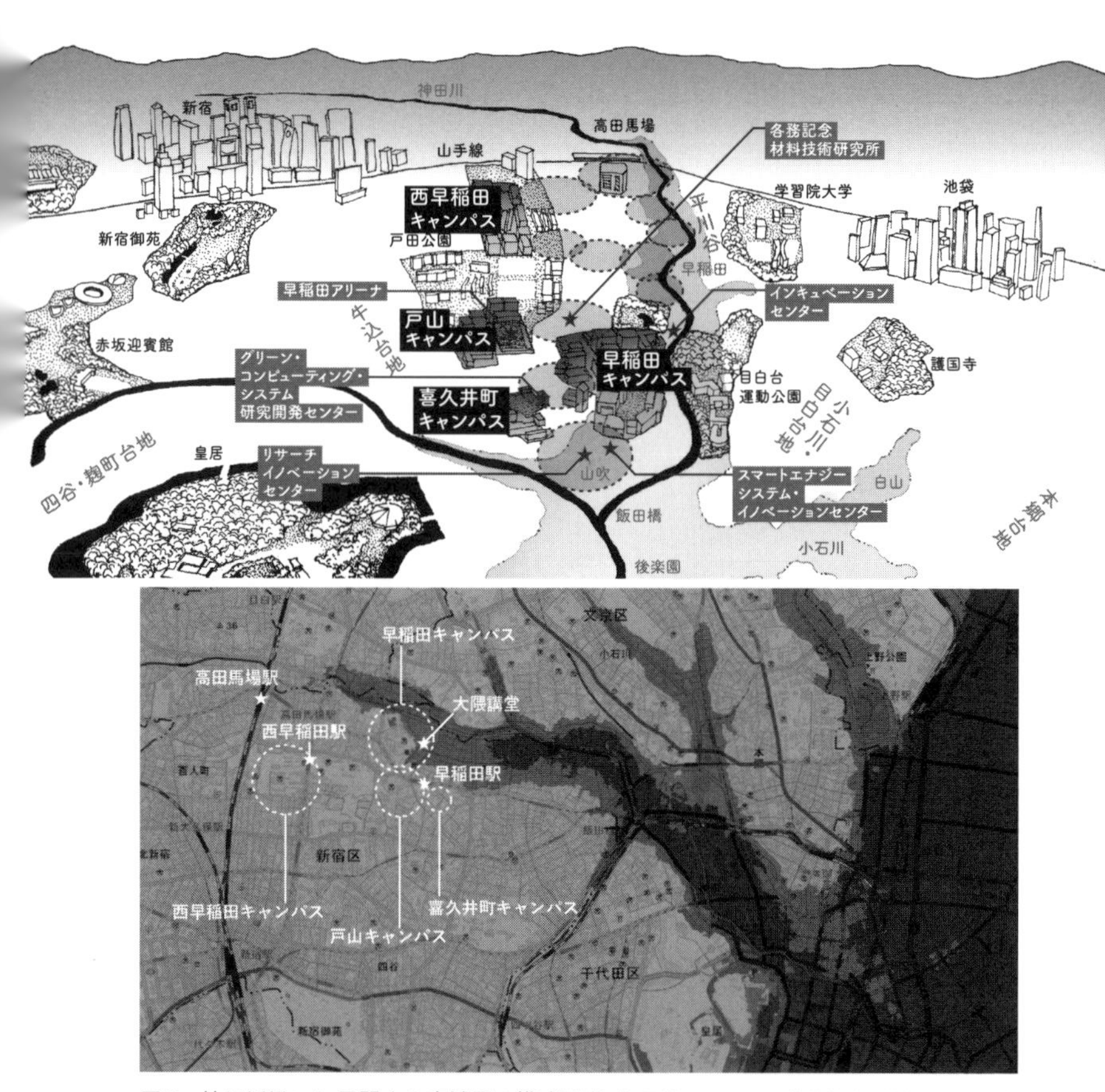


図6　神田川沿いに展開する広域圏の模式図（出典：早稲田キャンパス整備指針、筆者作図を加工）

この谷地がもつ「現代の意味」について考えてみたい。俯瞰してみると、この谷は新宿と池袋という日本の中心的な2つの繁華街の間を走っており、早稲田大学のほかにも、東京富士大学、学習院大学、学習院女子大学、お茶の水女子大学、順天堂大学、明治大学などの教育研究施設や、甘泉園公園、目白台運動公園、肥後細川庭園、ホテル椿山荘東京庭園、江戸川公園、小石川後楽園などの緑地・公園が連なっている。まさに、都心中心部へのアクセスを保ちながら、それらの隙間を縫うようにして、〈直進する経済〉から一歩外れた自然的・文化的な環境が連続しているのである。

これらを踏まえて、大学マスタープランの最も大きな視野の計画として、神田川を背骨とした谷地に、他の研究教育施設や文化施設、緑地や公園などと連なる一帯の環境を構築することを提案した。(注7) 結果的に、「コリドール計画」のように、計画の手がかりとなる明確な空間単位を「三日月」ではなく「谷筋」によって示しながら、「文教地区計画」のように複数大学が連携することを視野に入れた計画を描いたのである。

## 台地の文化＝〈直進する経済〉と、谷地の文化＝〈迂回する経済〉

この計画は早稲田大学の正式なマスタープランとして決定され、2032年を中期目標としつつその先の未来も見据えてキャンパスの整備指針を定めるものとして機能していくこととなった。最初の建て替えである新9号館の工事は、2027年度に供用開始予定で進んでいる。

振り返ってみると、新宿や池袋のある「台地」の間を走る「谷地」に教育や研究や文化の場所を育てていくというのは、〈直進する経済〉と〈迂回する経済〉という対比からしても示唆的である。

ここで詳細な歴史検証をするつもりはないが、東京の成り立ちを論じる際に、乾いた台地と湿った谷地というそれぞれの場所で、対照的に独特の文化が育まれてきたことは、繰り返し指摘されている。(注8) 今回の構想では、台地を商業集積の地として捉え、谷地をそこからは一歩引いた、自然や歴史が残るなかでさまざまな研究や教育が展開される場所と位置づけている。

あらゆる学問の共通する目的は、自らの行いを見つめ直し、考察して、もっと良い生き方を模索するということだ。それは紛れもなく〈再帰性／リフレキシビティ〉という言葉で説明できる。そうであるならば、ただちに役に立つことばかり追求するのではなく、常に既存の社会の枠組みや既成観念を問い直し更新しながら、再帰的に人間のより良い生き方を追求していく場所を都心の谷間に張り巡らせていくことは、〈迂回する経済〉のインフラストラクチャーを紡いでいるようにも思える。早稲田大学は、キャンパスの外に広がる環境を、大学の自己資金ではなく民間企業などの「外部資金」でともにつくりあげていくことを打ち出した。この谷地に広がる文化のインフラ形成にさまざまな主体が関わってくることになれば、それは「大学まちづくり」を超えた活動になっていくだろう。

注1　マスタープランの内容は下記にて公開されている。https://www.waseda.jp/top/about/activities/masterplan2023

注2　文部科学省「18歳人口及び高等教育機関への入学者・進学率等の推移」および「地域社会の現状・課題と将来予測の共有について（2）大学等進学などに伴う人口動態の変化」を参照。なお、18歳人口は、2040年には90万人まで減少すると推計されている。

注3　「早稲田文教地区計画」冒頭文からの引用。3月4日という日付が記載されている。当時の吉阪の日記によると、1946年2月から5月に「文教地区計画」の活動をしていたようであるから、日付は符合する。

注4　具体的には次のように記載されている。「（一）教授学徒の社会的共同生活体として、住宅や寄宿舎をもつべきであり、さらにはこれを物質的に培養する消費組合組織や商店街を併置し、或はこれを精神的に教養する文化施設をも具備すべきであらう」「（二）政治学、法律学、経済学、社会学、哲学文学、芸能学（音楽、演劇、映画）、造形美学、図書館経営学、各種報科学学、言語学、体育学、薬学、農学、林学、水産学、畜産学、各種工学、理学等々のあらゆる科学分野を包摂した真の意味の総合大学として建設さるべきであり、また男女共学を本旨となすべきであらう」

注5　21世紀の到来は、これを節目として大学のありかたを再考する大きなきっかけになったようである。「早稲田ユニバーサル・キャンパス構想」と並走して、2001年から大学キャンパスマスタープランも検討されていた。これには「西早稲田キャンパスグランドデザイン研究会」の名義で、戸沼幸市・古谷誠章・後藤春彦が携わっている。

注6　早稲田ユニバーサル・キャンパス構想および早稲田コリドール計画について公開された情報は、筆者が管見する限り、日本建築学会2002年度大会の梗概集のみである。「大学キャンパスを中心とする都心再生構想に関する調査研究（その1）」（増田幸宏、山田和義、高橋信之、尾島俊雄）と題する梗概集に、コリドールの計画概念図が掲載されている。したがって本書での公開は、この公開情報の範囲にとどめておくよう判断した。ただし、筆者はマスタープラン作成中の検討資料として、コリドールの原図および田中智之によるパース図（内部資料）を確認している。

注7　これに先行して、2018年から早稲田大学では「オープンイノベーションバレー構想」を掲げており、マスタープランの内容はこれと関連づける意図もあった。ただし「オープンイノベーションバレー」はシリコンバレーを参照しながら、大学と産業界のエコシステムを実現するというもので、「バレー」という言葉が構想にどう関わっているかは曖昧である。キャンパスマスタープランでは、文字通りの「谷筋」を研究・教育・文化形成の単位とすることを明文化したのだった。

注8　比較的ポピュラーなもので言えば、中沢新一『アースダイバー』（講談社、2005年）などを参照されたい。

14章

# 東京の食の経験の地図
## ――個人の飲食体験の集積から場所の魅力を可視化する

2016年、筆者の主宰する空間言論ゼミで都市の飲食環境に関する研究が始まり、それならただの飲食環境ではなく私たちが享受する「食の経験」に着目しよう、ということになった。当時の日本の都市計画分野で、まだ飲食環境の研究全般が未成熟であったことを鑑みると、きわめて先駆的な論点だったと言える。2020年には日建設計総合研究所の担当者から声がかかり、21年度末まで小さな共同研究を行うことになった。そこで提案されたのは都市の飲食環境を育てる「食の触媒」、名付けて〈食媒〉という考え方だった。〈即自性／コンサマトリー〉に価値を置く都市の姿を考えるために、一連の研究成果を取り上げてみたい。

## 食の志向性は、経済合理性に代わる「都市のものさし」となるか

これまで〈共立性／コンヴィヴィアリティ〉、〈再帰性／リフレキシビティ〉を都市の中で考えるための具体的な例を見てきた。それでは、〈即自性／コンサマトリー〉についてはどうか。〈即自性〉は、何かを実現するための「手段」として物事を捉える〈道具性〉とは対照的な概念で、「他に変えられないそのものの価値」を指す。たとえば「場所から場所への移動」を道具的に捉えると「目的地に辿り着く過程」に過ぎないため、無駄な移動時間を短縮するという発想になる。これに対して移動を即自的に捉えると、たとえば「変化する環境から得られる発見の連続の経験」のように考えられる。散歩や散策は手段ではなくそれ自体が目的であり、「即自性」に依拠した行動と言えることはすでに説明した。

散歩以外で、〈即自性〉を重視する私たちの最も身近な行為は間違いなく「食事」だろう。都市の食環境は、都市生活の代表的な楽しみとなっている。観光地で食べる各地の名物も良いが、毎日通う地元の「行きつけの店」には、食事を摂るという以上の愛着が育まれている。料理や店内の雰囲気、店のサービスに加えて、そのときどんな人と一緒に、何の話をしたかが合さり「大切な記憶」として残る。食環境をこのような「経験」の次元から捉えて計画していくことは、〈即自性〉に価値を置く計画の中心と言っても過言ではない。

それにしても、都市の〈道具的側面〉なら想像がつくが、きわめて主観的な〈即自的側面〉をどのように分析していけばいいのか。一般的に、経験についてアンケートやヒアリングで問いかけても、うまく言語化されにくい。アンケートでは無回答で返ってくるか、お決まりの表現（おしゃれ、賑わい、安心安全など）の回答が多くを占め、どのまちも同じような結果になってしまう。これに対して調査者があらかじめ用意して「こういう経験はありますか」と問いかければうまくいきそうだが、そうすると調査者の思い込みや仮説が調査結果を大きく変えてしまうことになりかねない。(注1)〈即自性〉の側面から都市を捉えるという理想の前には、「調査方法のジレンマ」が立ちはだかっている。これを乗り越えることが、この章の重要なテーマである。

*

ところで都市計画の研究分野では、飲食環境についての研究は分散的に行われており、地域ごとのケーススタディはあるものの体系だった議論は少なかった。飲食店は流動的で、次々と生まれては閉店していく。都市という広大な空間で長い時間射程の計画を考えるとき、安定した「住む場所」や「働く場所」こそが主役であり、これらが揃ったところに、流動的な飲食店は自然にやってくると考えられてきたのかもしれない。

しかし、逆転した説明になるが、私たちが住む場所を決める際には周辺にどんな飲食店があるかが重要になる。住宅もオフィスも、その周囲にどんな食環境が広がっているかが、生活の質を左右するのであり、その意味であらゆる「図の活動」は都市の食環境に依存している、と

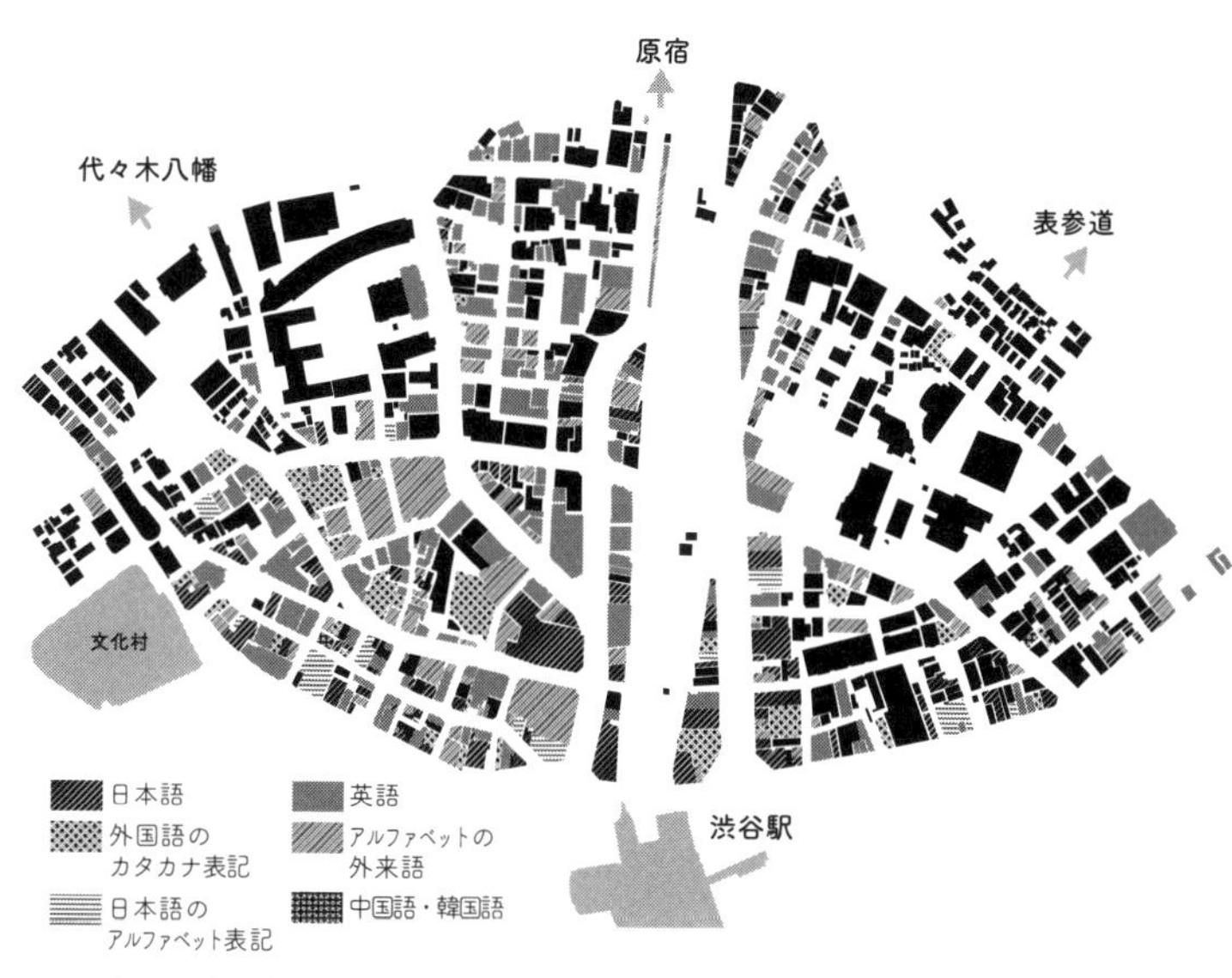


図1　渋谷の路面店の店舗名表記に見る渋谷のイメージ（2012年）

言うこともできる。「食環境から都市を考える」というのは、食環境以外の活動が豊かになるための回り道であり、まさに〈迂回する経済〉の発想なのだ。

## 渋谷の看板表記からわかる、エリアのイメージ

食環境について考える最初の一歩は、「飲食店の数」に注目することだ。だが、数や密度を比べるだけでは、都心のどのまちも「飲食店が多い」という結果にしかならず、違いはわからない。

今から10年以上前に、ふと思いついて簡単な調査をしたことがある。渋谷のすべての路面店舗——飲食店や雑貨店、衣服店を含む——の看板を確認して、そこに書かれている名前が、日本語か、外国

語のカタカナ表記か、アルファベット表記か…という違いを地図に示したのである（図1）。結果は一目瞭然で、渋谷駅周辺には日本語の店名や外来語のカタカナ表記の店名が多く、そこから離れていくと英語のアルファベット表記が増えていく。渋谷から原宿・表参道へと進むと、路面店の看板が直接的に訴えるものから間接的なものへと変わっていく当時の様子が、この簡単な調査からわかる。

ここでは店舗の数だけを数えていてもわからないイメージの遷移を、まずは店名の「表記」に着目して調査してみた。ちなみに、看板の表記言語に着目する研究は「言語景観」という分野を形成しており、通常は多国籍化の度合いを調査する際に用いられている。それでは、食環境の体感的な次元に迫っていくために、他にどのような方法があるだろうか。

## 飲食店の「食情報」から駅圏を比較する

最初に注目したのは、飲食店側が記載したレストランの「売り」の文章である。駅圏ごとに、飲食店情報サイト「ぐるなび」に掲載された店舗の売り文句を採集し、それらを意味の似通ったものに分類していった。調査する駅圏については、多様な特徴の駅を対象とするために、乗降客数が少ない駅・多い駅、飲食店の業種（居酒屋、ファストフード、イタリアン・フレンチ、郷土料理など）[注2]が多い駅・少ない駅という軸を設定して、9駅をケーススタディ対象とした。対象となったのは、京成上野・上野御徒町（多業種・小乗降客）、新宿・渋谷（多業種・多乗降客）、東新宿・代官山（単業種・小乗降客）、北千住・大手町・目黒（単業種・多乗降客）であった。駅圏の中でぐるなびに掲載されている店舗数が１００件を超える場合、乱数による無作為抽出で選出し、扱う店舗を１００件にとどめることにした（**図2**）。

| 類型 | | 駅圏 | 掲載飲食店 | 分析対象飲食店 |
|---|---|---|---|---|
| I | 多業種 小乗降客 | 京成上野 | 295 | 57 |
| | | 上野御徒町 | 367 | 47 |
| II | 多業種 多乗降客 | 新宿 | 739 | 100 |
| | | 渋谷 | 1801 | 100 |
| III | 単業種 小乗降客 | 東新宿 | 187 | 20 |
| | | 代官山 | 220 | 31 |
| IV | 単業種 多乗降客 | 北千住 | 605 | 68 |
| | | 大手町 | 154 | 65 |
| | | 目黒 | 431 | 72 |

※「食情報」の中に「食の経験」を含まない店舗があるため、分析対象飲食店は掲載飲食店よりも少なくなる。

図2　東京の「食情報」を調査した9駅圏

論文はオンラインで公開されている(注3)ので、ここでは込み入った議論を省いて結果を解説することにしよう。ぐるなびに掲載されている店舗紹介を「食情報」と呼ぶとして、この食情報の構成比率から9つの駅を比較してみたのが**図3**である。この図では、１つの正方形が１つの駅圏を表わしていて、その正方形をどのような食情報が構成しているかを、面積の比率で表現している。

まずは横方向に注目してほしい。それぞれの駅圏に立地する店舗が発信する食情報が、「食事内容」「食事空間」「空間内の出来事」「周辺地域」のどれを表わしているかを示すものだ。9つを比較すると、上野御徒町や北千住、東新宿などは、全体の半数以上を「食事内容」の情報が占めている。しかし、代官山は「食事内容」が半

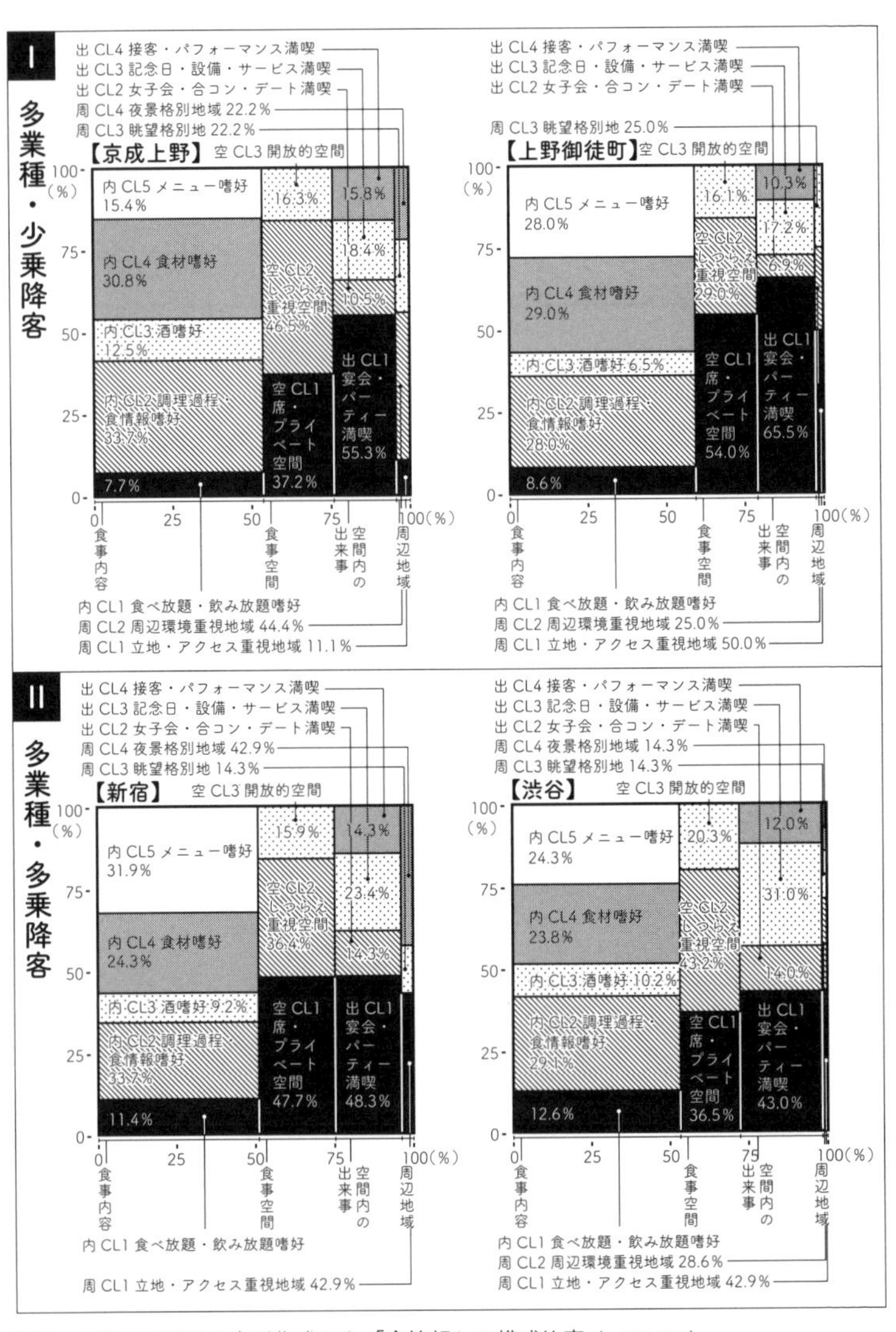


図3　東京の9駅圏の店が作成した「食情報」の構成比率（p.240-242）

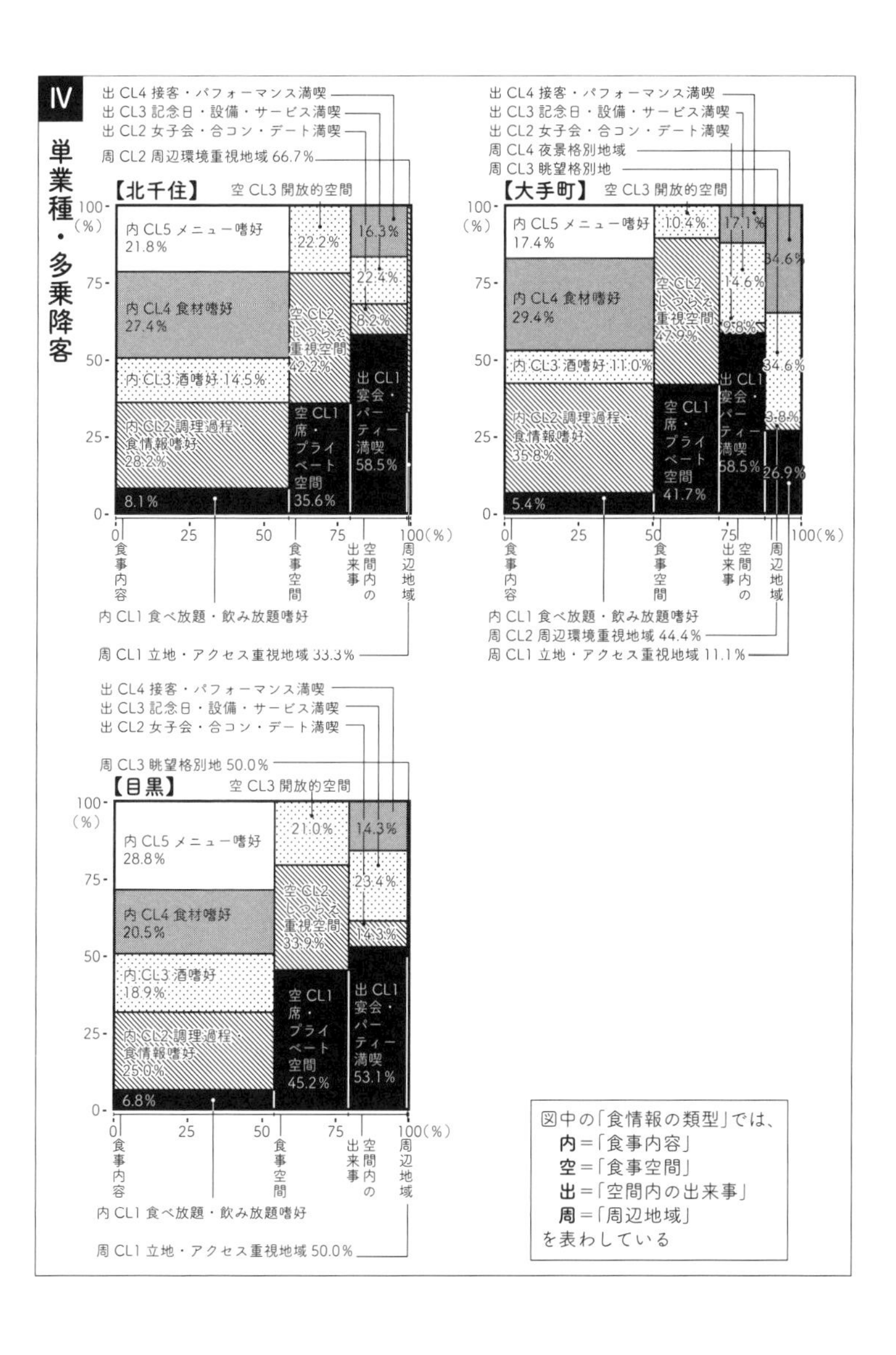
IV
単業種・多乗降客
【北千住】
出 CL4 接客・パフォーマンス満喫
出 CL3 記念日・設備・サービス満喫
出 CL2 女子会・合コン・デート満喫
周 CL2 周辺環境重視地域 66.7%
空 CL3 開放的空間
内 CL5 メニュー嗜好 21.8%
内 CL4 食材嗜好 27.4%
内 CL3 酒嗜好 14.5%
内 CL2 調理過程・食情報嗜好 28.2%
8.1%
22.2%
空 CL2 しつらえ重視空間 42.2%
空 CL1 席・プライベート空間 35.6%
16.3%
22.4%
8.2%
出 CL1 宴会・パーティー満喫 58.5%
食事内容
食事空間
空間内の出来事
周辺地域
内 CL1 食べ放題・飲み放題嗜好
周 CL1 立地・アクセス重視地域 33.3%
【大手町】
出 CL4 接客・パフォーマンス満喫
出 CL3 記念日・設備・サービス満喫
出 CL2 女子会・合コン・デート満喫
周 CL4 夜景格別地域
周 CL3 眺望格別地
空 CL3 開放的空間
内 CL5 メニュー嗜好 17.4%
内 CL4 食材嗜好 29.4%
内 CL3 酒嗜好 11.0%
内 CL2 調理過程・食情報嗜好 35.8%
5.4%
10.4%
空 CL2 しつらえ重視空間 47.9%
空 CL1 席・プライベート空間 41.7%
17.1%
14.6%
9.8%
出 CL1 宴会・パーティー満喫 58.5%
34.6%
34.6%
3.8%
26.9%
内 CL1 食べ放題・飲み放題嗜好
周 CL2 周辺環境重視地域 44.4%
周 CL1 立地・アクセス重視地域 11.1%
【目黒】
出 CL4 接客・パフォーマンス満喫
出 CL3 記念日・設備・サービス満喫
出 CL2 女子会・合コン・デート満喫
周 CL3 眺望格別地 50.0%
空 CL3 開放的空間
内 CL5 メニュー嗜好 28.8%
内 CL4 食材嗜好 20.5%
内 CL3 酒嗜好 18.9%
内 CL2 調理過程・食情報嗜好 25.0%
6.8%
21.0%
空 CL2 しつらえ重視空間 33.9%
空 CL1 席・プライベート空間 45.2%
14.3%
23.4%
14.3%
出 CL1 宴会・パーティー満喫 53.1%
内 CL1 食べ放題・飲み放題嗜好
周 CL1 立地・アクセス重視地域 50.0%
図中の「食情報の類型」では、
内＝「食事内容」
空＝「食事空間」
出＝「空間内の出来事」
周＝「周辺地域」
を表わしている

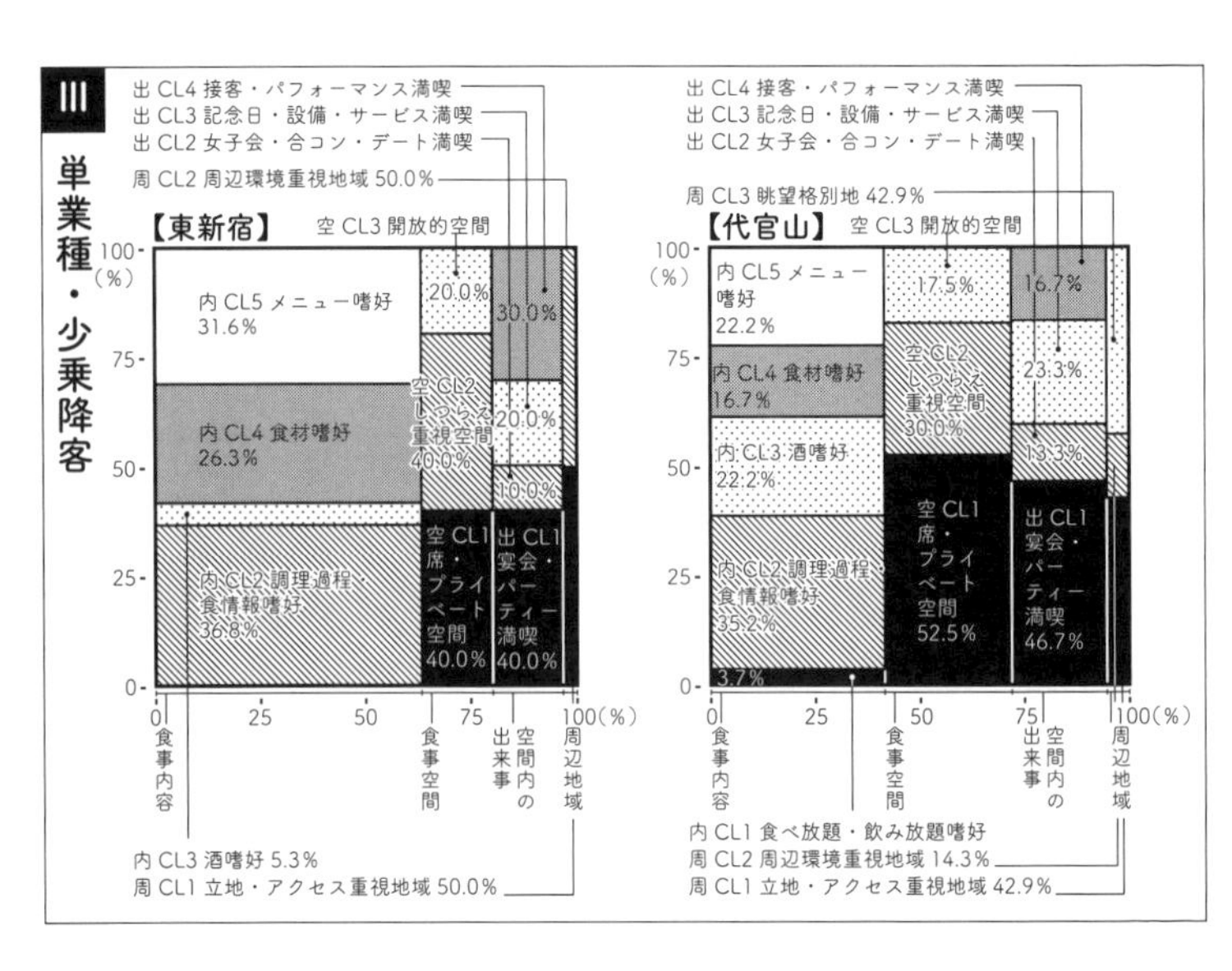


数より少なく、「食事空間」や「空間内の出来事」に関する食情報が一定数を占めている。「周辺地域」の情報は全体として少ないが、代官山や大手町である程度の存在感を示している。特に大手町では、アクセスの良さなどに加えて「夜景」や「眺望」に関する言及が顕著である。

## 来店客の口コミから分析する、新宿の「食の経験」の「島」

今度はよりクローズアップして、新宿というつのまちに着目してみよう。次の研究では、飲食店側が用意した「食情報」とは反対に、来店者が書き込んだ「口コミ」を分析した。口コミの中でも飲食とは関係ないものを省き、飲食店に対する感想や評価を取り出して、これを「食の経験」と呼ぶことにした

（図4）。「食の経験」は先に分析した「食情報」と同じように、食事内容、食事空間、空間内の出来事、周辺地域に分けることができたが、それに加えてどれにも該当しない「総評」といえるような書き込みもあった。500件の飲食店から3063件の口コミを分析対象として、口コミの中から7988の「食の経験」を取り出した結果が図5である。

いろいろな食の経験があることは当たり前だとして、それが新宿のどこに分布しているかを見てみよう。口コミに書き込まれた「食の経験」の分布を、カーネル密度推計という方法を用いて可視化したものが図6である。この図では、たとえば食事内容に関する経験のうち「美味しさ」「コストパフォーマンス」などのほとんどが新宿全域に広がっているが、「雰囲気」「時間帯」などは該当する地域が限られていることがわかる。他にも「賑やか」「非日常」「隙間利用」「地域特性」「景色」などの項目も、新宿全域というよりは部分的に広がっている。

食の経験について、新宿全域に広がっているものと、局所的なものとを分けて整理したうえで、局所的な経験が実際にどこに広がっているかを描いたものが図7である。たとえば歌舞伎町エリアには、歌舞伎町の派手な景観といった「地域特性」、韓国料理などの特定の「ジャンル」、価格に対する料理の質の低さを指す「不味

| 駅圏 | 掲載飲食店 | 分析対象飲食店 |
|---|---|---|
| 新宿西口 | 413 | 145 |
| 新宿三丁目 | 688 | 120 |
| 新宿 | 445 | 120 |
| 西武新宿 | 501 | 115 |
| 新宿周辺地域 | 2047 | 500 |

図4　「食の経験」を調査した新宿駅圏

| 中分類 | | 小分類 | 含まれる表現の例 | |
|---|---|---|---|---|
| c14.特定層向け | 42 | 女性 | 【おしゃれな感じで、若い女性客が多かったです】 | 28 |
| | | 子供 | 【女性が多かったり子連れだったりでも安心です】 | 2 |
| | | 若者 | 【コスパはいいので、学生にはオススメ】 | 5 |
| | | 外国人 | 【海外の方にもお薦めします】 | 9 |
| c15.質の悪さ | 25 | 低クオリティ | 【以前に比べると質はだいぶ落ちてました】 | 25 |
| c16.少量 | 21 | 少量 | 【どの料理も少量でいかにも上品に見せようとしています】 | 21 |
| c17.少種類 | 13 | 少種類 | 【バリエーションもっと増えたらいいなあ】 | 13 |

| 中分類 | | 小分類 | 含まれる表現の例 | |
|---|---|---|---|---|
| s14.暗い | 13 | 暗い | 【店内はちょっと暗めで落着きます】 | 13 |
| s15.明るい | 12 | 明るい | 【店内は開放的で、明るい雰囲気でした】 | 12 |
| s16.庶民的 | 8 | 庶民的 | 【夕方から呑める大衆酒場】 | 8 |
| s17.かわいい | 6 | かわいい | 【店内はとても可愛い感じ】 | 3 |
| | | 女性が喜ぶ | 【店内も女性をターゲットにした内装で、明るいです】 | 5 |

**E.空間内の出来事（377）**

| 中分類 | | 小分類 | 含まれる表現の例（数字は該当店舗件数） | |
|---|---|---|---|---|
| e1.サービスの良さ | 209 | 接客の良さ | 【店員さんも元気がよく、丁寧で良い印象のお店です】 | 176 |
| | | サプライズ | 【たくさんの驚きが見れて楽しめました】 | 17 |
| | | 多言語対応 | 【カウンターには海外からのお客様も多く店主の粋な英語接客が素晴らしい】 | 15 |
| | | 会計・注文方法 | 【オーダはタブレットで行えるので落ち着けてよいと思います】 | 12 |
| | | 早さ | 【スタッフは元気で、注文のレスも早かったです】 | 22 |
| e2.ターゲット | 135 | 子・家族連れ | 【店内はざわざわしていて、赤ちゃん連れには絶好の場所だち言えます】 | 21 |
| | | お一人様 | 【一人でも楽しめそうな大人風の居酒屋さん】 | 39 |
| | | 男性 | 【狭いお店で、男性ばかりです】 | 5 |
| | | 中高年 | 【いつもオジサマで混んでいます】 | 11 |
| | | ビジネスマン | 【サラリーマンの会社帰りの飲み会には最適です】 | 27 |
| | | 女性 | 【季節もののカクテルも美味しく、女子ウケは良いと思います】 | 7 |
| | | 外国人 | 【生物が苦手という外国人も炙る料理で大はしゃぎしていました】 | 45 |
| | | 若者 | 【カップルの若者たちが多くにぎやかな店】 | 14 |
| | | 地域で働く人 | 【遅い時間はホステスさんもけっこう多く来店します】 | 3 |
| e3.サービスの悪さ | 106 | 接客の悪さ | 【店員さんにお酒の知識が乏しく、私語もあり、気持ち良く飲めません】 | 22 |
| | | 遅さ | 【オーダー取りのスピードは店の大きさを考えると少し遅め】 | 96 |
| e4.長居できる | 106 | 長居できる | 【このお店は居心地が良く、いつも長居をしてしまいます】 | 41 |
| | | 長時間営業 | 【朝方までやっているので時間を気にせずゆっくりいただくことができます】 | 69 |
| e5.飲み会 | 83 | 飲み会 | 【ビジネスにも普通の飲み会にも適している】 | 83 |
| e6.デート・女子会・お祝い | 58 | デート | 【内装はシックで照明もやや暗めなので、デートにも使えそうです】 | 33 |
| | | 女子会 | 【女子会でよく使います】 | 11 |
| | | お祝い | 【先週の誕生日に彼に連れて行ってもらいました】 | 25 |
| e7.隙間利用 | 41 | 休憩待ち合わせ | 【歌舞伎町の持ち合わせによく利用します】 | 35 |
| | | 作業 | 【カウンター席よりお外を見ながら打合せ前の事前整理】 | 4 |
| | | 立ち寄り | 【アルタの中買い物しつつ寄れるのがいい】 | 6 |
| e8.ビジネス | 37 | ビジネス | 【商談を兼ねた打ち合わせだったので、こちらを利用しました】 | 37 |
| e9.アミューズメント | 28 | 上演・ライブ | 【芸妓さんの舞まで観れて最高でした】 | 9 |
| | | エンタメ | 【きれいなプロジェクションマッピングが大好きになり何回も行っています】 | 16 |
| | | PC・漫画 | 【漫画喫茶なのですが、ダーツとビリヤードが併設されてます】 | 2 |
| | | カラオケ・ダーツ | 【カラオケつきの個室なので、のんびりすることができます】 | 3 |
| e10.会話 | 22 | 会話 | 【景色も良く、ランチビールもあり、大人 3 人の会話もできました】 | 22 |
| e11.長居できない | 7 | 長居できない | 【場所柄、お客さんはひっきりなしに来るのでゆっくり出来ないです】 | 7 |

**A.周辺地域（175）**

| 中分類 | | 小分類 | 含まれる表現の例（数字は該当店舗件数） | |
|---|---|---|---|---|
| a1.立地の良さ | 88 | 好立地 | 【大通りに面しているので立地状況もいいと思います】 | 52 |
| | | 駅近 | 【新宿の南口出口からすぐに到着です】 | 49 |
| a2.穴場 | 50 | 穴場 | 【「知ってる人は知ってる」でいつも賑わっています】 | 50 |
| a3.地域特性 | 38 | 治安 | 【歌舞伎町ではありますが、裏道の入口ぐらいの所なので怖くありません】 | 15 |
| | | 地域の環境資源 | 【歌算伎町のネオン街を道すがら見学できます】 | 15 |
| | | 周辺の特徴 | 【昭和の香り漂うアーケード街の中にある】 | 10 |
| a4.景色 | 19 | 景色 | 【人の行き来を見ながら至福の時間を持てます】 | 19 |
| a5.立地の悪さ | 16 | 悪立地 | 【立地場所がもう少し良いと良かったのですが】 | 9 |
| | | 駅遠 | 【新宿駅から徒歩 10 分くらかかります。ちょっと行きづらいです】 | 7 |

**V.総評（281）**

| 中分類 | | 小分類 | 含まれる表現の例（数字は該当店舗件数） | |
|---|---|---|---|---|
| v1.人気・リピート | 208 | 人気 | 【広いのに結構待ちました。人気店なんだなあと実感】 | 57 |
| | | 行列 | 【通るたびに行列ができています】 | 25 |
| | | 代表 | 【新宿の沖縄料理といえばこちらのお店】 | 6 |
| | | 混んでる | 【いつも満員かつ予約も取れないお店です】 | 85 |
| | | 客層の良さ | 【客層も落ち着いていて、ゆったりした気持ちで美味しい加賀御前を頂けました】 | 10 |
| | | 常連のいる | 【お客さんは常連さんが多そうでアットホームな雰囲気】 | 8 |
| | | リピート | 【このお店はとても気に入りました。また別の機会にも利用したいと思います】 | 120 |
| v2.入りやすい | 76 | 手軽・気軽 | 【居心地もよくまた気軽に来たくなるお店】 | 43 |
| | | 安心 | 【チェーン店のため、安心して入れるのが良いですね】 | 15 |
| | | 使い勝手の良さ | 【場所の割に広いので、使い勝手が良い昔ながらの喫茶店です】 | 12 |
| | | 入りやすい | 【落ち着いた大人な雰囲気のお店ですが入りやすいと思います】 | 12 |
| v3.不人気 | 70 | 二度と行かない | 【残念な気持ちになりました。もう二度と行きません】 | 11 |
| | | 空いてる | 【地下の店舗は比較的いつも空いていて】 | 57 |
| | | 客層の悪さ | 【周りはガラが悪いので 1 人では行けません】 | 6 |
| v4.老舗 | 46 | 老舗 | 【新宿で創業 40 年以上の老舗スペイン料理】 | 46 |
| v5.入りにくい | 5 | 入りにくい | 【チョット入りづらい雰囲気なので頑張ってください】 | 5 |

※cはcontent、sはspace、eはevent、aはarea、vはvaluationを表す。

図5　口コミから得られた新宿の「食の経験」の分類

C.食事内容（481）

| 中分類 | | 小分類 | 含まれる表現の例（数字は該当店舗件数） | |
|---|---|---|---|---|
| c1.美味しさ | 346 | 美味しさ | 【凄く美味しい手羽先を食べる事が出来て】 | 299 |
| | | 味わい | 【トンカツは、塩でいただくのが、このお店のオススメ】 | 106 |
| | | 安定 | 【串カツのチェーン店ですので、お味は間違いないです】 | 40 |
| | | 酒が楽しめる | 【おつまみとして食べやすいものばかりでお酒がすすみます】 | 58 |
| c2.コストパフォーマンス | 319 | コストパフォーマンス | 【ランチタイムのコスパはいいと思いました】 | 31 |
| | | 低価格 | 【焼き鳥は 1 本 100 円からと新宿にしては安い価格です】 | 22 |
| | | 適正価格 | 【比較的てごろな価格で高級牛の焼肉が食べられます】 | 76 |
| | | 無料・お得 | 【替え玉は何玉でも無料！ゆで卵も食べ放題です】 | 227 |
| | | 食べ・飲み放題 | 【飲み放題は惜しげもなく勧めてくれて】 | 135 |
| | | 多量 | 【ボリュームがあるのでお腹を空かせてから行った方が良いです】 | 39 |
| | | 丁度良さ | 【量は女性から男性まで満足出来ると思います】 | 20 |
| c3.ジャンル | 237 | 外国 | 【このビストロはまさにイタリアン軽食堂という感じの店ですが】 | 56 |
| | | 郷土 | 【都城出身のご主人が営む賑やかなお店です】 | 46 |
| | | スタイル | 【歌舞伎町では、有名な老舗の鉄板焼きのお店だそうですが】 | 21 |
| | | ○○料理 | 【定番の鮎料理が揃っており、いずれも大変美味しくいただきました】 | 86 |
| | | 専門店 | 【新宿の西口にある京風のおでんが売りのお店です】 | 71 |
| | | 酒の種類 | 【クラフトビールの種類は 20 種類以上あり】 | 51 |
| c4.多種類 | 189 | 多種類 | 【たくさんうどんの種類があって、迷っちゃいます】 | 189 |
| c5.こだわり | 142 | 料理人 | 【バーテンダーさんの見事な手さばきを見ているとホレボレしてしまいます】 | 31 |
| | | 仕事へのこだわり | 【朝〆の新鮮鶏を職人が一本一本手作業で串にして】 | 49 |
| | | パフォーマンス | 【カウンターでは厨房の様子をライブで見れるし】 | 48 |
| | | 調理方法 | 【焼き魚は目の前の囲炉裏で焼いておりとても美味しいです】 | 25 |
| | | つくりたて | 【アツアツ出来立てが食べられます】 | 28 |
| | | 見た目の良さ | 【見た目のインパクトもあって、楽しく過ごせました】 | 17 |
| c6.食材 | 128 | 体にいい | 【メニューもヘルシーなものが多く】 | 27 |
| | | 食材 | 【鶏の稀少部位であるとろっとしたホルモンを炭火焼きにしたもの】 | 64 |
| | | 鮮度・産地 | 【料理は東京都の食材を中心に組み立てられている】 | 54 |
| c7.不味さ | 113 | 不味さ | 【料理やドリンクはびっくりするくらい美味しくないです】 | 113 |
| c8.質の良さ | 112 | 高クオリティ | 【全体的に高いレベルにまとまっていてスキがない】 | 66 |
| | | 本場・本格 | 【都内で本格的な北海道が味わえます】 | 58 |
| c9.高価格 | 98 | 高価格 | 【値段はそこそこいきますが美味しいものにはお金はしょうがない】 | 98 |
| c10.オリジナル | 92 | 新しい | 【アボガドとだしのソースで食べる新感覚のお店です】 | 6 |
| | | 独自 | 【罰ゲーム感覚のものを中心にオリジナルなものが多いので】 | 25 |
| | | 名物・定番 | 【看板メニューのカシラを注文、本場と全く同じ味でした】 | 89 |
| c11.選べる | 75 | アレンジ | 【いくつかネタから自分でアレンジしたどんぶりを注文できます】 | 19 |
| | | テイクアウト | 【いつも長蛇の列なのでお持ち帰りでよく買って帰ります】 | 60 |
| c12.料理の雰囲気 | 65 | 味の雰囲気 | 【水餃子や角煮など家庭的な中華料理屋さんで】 | 53 |
| | | 高級感 | 【週末は、少し、高級感が味わえる雰囲気です】 | 1 |
| | | 季節感 | 【今回は新春らしいしつらえのものもたくさん出てきて】 | 13 |
| c13.時間帯 | 58 | 時間帯 | 【新宿で簡単にお昼食べるのに便利です】 | 58 |

S.食事空間（352）

| 中分類 | | 小分類 | 含まれる表現の例（数字は該当店舗件数） | |
|---|---|---|---|---|
| s1.静か | 139 | 静か | 【とても静かで落ち着ける雰囲気でした】 | 28 |
| | | くつろぎ | 【そんなにカウンターに慣れていない私でも、緊張せずに寛げます】 | 72 |
| | | 落ち着いた | 【落ち着いた環境の中で珈琲をいただけるのが特徴です】 | 74 |
| | | 喧騒を忘れる | 【新宿の街中の喧騒から逃れられる隠れ家的なバー】 | 8 |
| s2.席の種類 | 102 | 席の形態 | 【初めてのこたつに大興奮でした！】 | 30 |
| | | 種類の多さ | 【BAR といっても個室やソファ席もあって】 | 6 |
| | | 個室 | 【個室でゆっくりと食べられていいですね】 | 48 |
| | | カウンター | 【カウンターもあるので、一人でも行きやすいです】 | 32 |
| s3.洗練 | 96 | おしゃれ | 【歌舞伎町にある居心地の良いおしゃれな雰囲気のバーです】 | 36 |
| | | 綺麗 | 【きれいな店内が気持ちいいお店です】 | 49 |
| | | 大人 | 【静かな雰囲気はまさに大人の為の空間です】 | 15 |
| | | モダン | 【外観はかなりモダンで印象的】 | 2 |
| s4.快適性 | 87 | 空調 | 【煙につつまれるのは、ある程度覚悟していった方が良いお店】 | 25 |
| | | 煙草 | 【西新宿オフィス街のサラリーマン愛煙家の巣窟みたいです】 | 61 |
| | | 設備環境 | 【2 階でスマホを充電しながらゆっくりできます】 | 12 |
| s5.広さ | 86 | 広さ | 【店は広く、お客さんでいっぱいでした】 | 68 |
| | | 席の多さ | 【席数も多くて利便性が良いです】 | 17 |
| | | 開放感 | 【外に近い席に座れば、けっこうな開放感を感じることが出来ます】 | 12 |
| s6.雰囲気ある | 83 | 雰囲気の良さ | 【情緒ある雰囲気を楽しめます】 | 73 |
| | | 趣のある | 【思い出横丁にあるので見た目はかなり趣深く】 | 12 |
| s7.狭さ | 78 | 狭さ | 【店内は少し窮屈な印象を受けました】 | 66 |
| | | 席の少なさ | 【あまり席数が多くないので、ランチの時間帯はすぐに満席になるようです】 | 3 |
| | | 閉塞感 | 【窓が少ないので、ちょっと閉塞感はあります】 | 12 |
| | | こじんまり | 【店内はこじんまりしていて雰囲気のいい感じ】 | 2 |
| s8.賑やか | 67 | 賑やか | 【お店の中は活気あふれる雰囲気のある居酒屋です】 | 53 |
| | | うるさい | 【店は狭くて学生でうるさい感じです】 | 12 |
| | | 落ち着かない | 【ビジネス街という感じで、落ち着けませんでした】 | 8 |
| s9.非日常 | 39 | 郷土感 | 【先斗町を彷彿させる古い家屋の街並みが佇み】 | 12 |
| | | 異国感 | 【中国語も飛び交い、現地にいるような感覚】 | 16 |
| | | 非日常感 | 【非日常感を味わいたいときに来るといいだろう】 | 11 |
| | | コンセプト | 【外見は洒落た建物で中に入ると魚市場のような造り】 | 7 |
| s10.古風 | 33 | 古風 | 【スナックやパブっぽい昭和感溢れてる店内】 | 28 |
| | | 昔懐かしい | 【昔の映画やドラマで観た懐かしい空間】 | 9 |
| s11.演出 | 31 | 調度品 | 【赤い絨毯や年季の入った調度品が渋いバー】 | 14 |
| | | BGM | 【店内ではジャズが流れていていい雰囲気でした】 | 18 |
| s12.華やかさ | 18 | 上品 | 【お店に入ったとたんに、お店の風格や気品が感じとれました】 | 6 |
| | | 豪華 | 【どこか京都を感じさせるような華やかで落ち着いた雰囲気が素敵だ】 | 11 |
| | | 派手 | 【店のつくりがホストっぽいというかおどろおどろしていて】 | 2 |
| s13.汚さ | 16 | 汚さ | 【階段やレジ周囲のホコリにビックリ】 | 7 |
| | | 古び | 【店内はかなりくたびれた感じです】 | 5 |
| | | 雑然 | 【雑然とした狭い店内は綺麗とは言えませんが】 | 6 |

さ」、路地裏のしっとりとした感じなどの「雰囲気ある」に関する経験が集まっている。このように、食の経験は新宿の中にもいくつかの「島」を形成しているのである。

新宿といっても、1つではない。食の観点から見れば、どこでも得られるような食の経験が味わえる「ジェネラルな新宿」と、ここでしか味わえない経験――良いものだけでなく悪いものも含まれる――が得られる「島」の両者が、新宿の食環境をつくっている。食の経験の分析は、新宿を「ジェネラルな新宿」と「いくつもの島」に分解して可視化することができる。

それでは、食の経験の「島」はどうやって計画できるのだろうか？ 少なくとも、調査当時の新宿の「島」の形成範囲を比較した限りでは、次の6つの共通点が指摘できることがわかった。

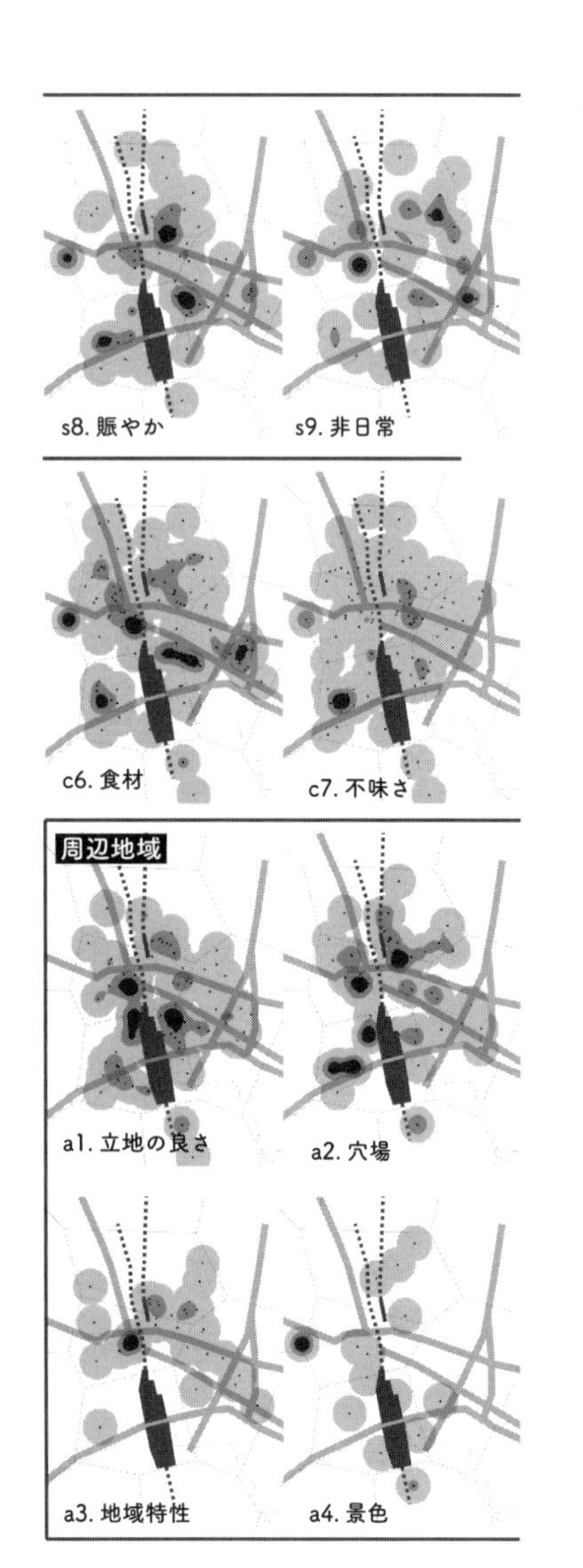

（1）規模の大きい建築物に囲まれているエリアに「島」がつくられる。
（2）幅員の広い道路や線路を超えて「島」は形成されない。
（3）幅員の広い道路から曲がって奥へ入る路地沿い、路地の出入口に「島」がつくられる。
（4）建築物の規模が小さい密集した街区に「島」がつくられる。

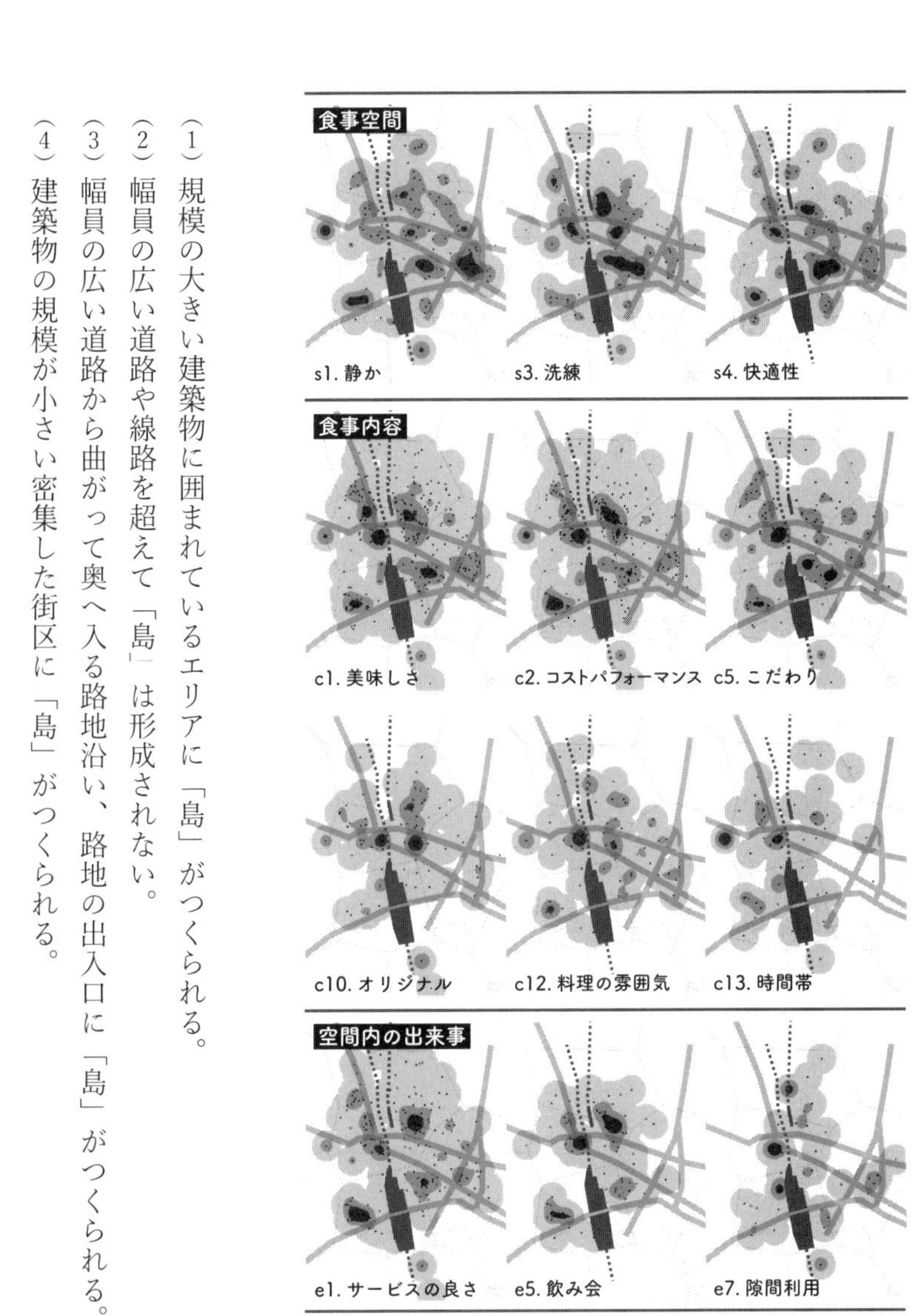


図6　新宿の「食の経験」の分布（一部抜粋）

図7　新宿でしか味わえない「食の経験」の「島」の立地（p.248-250）

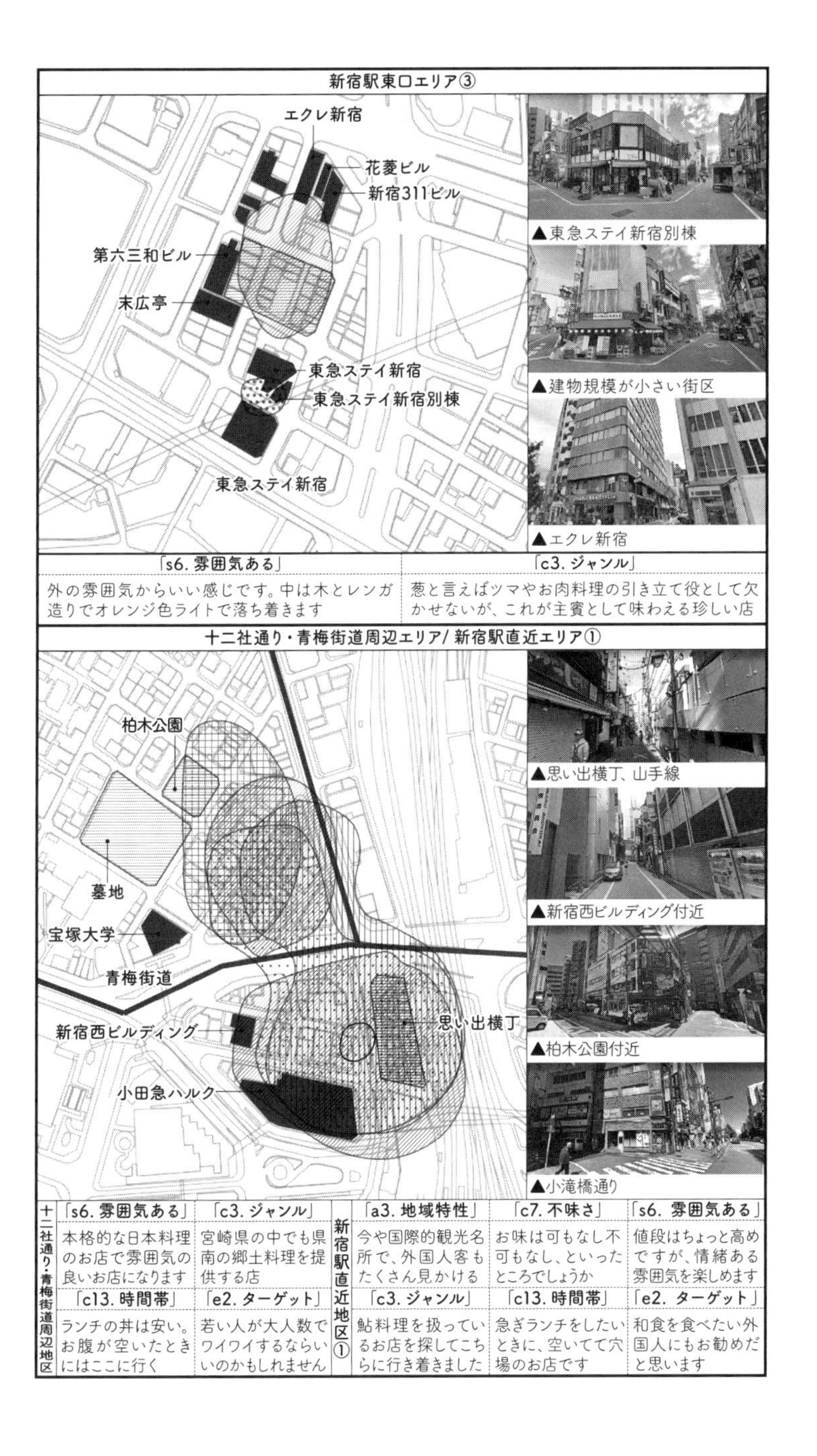


▲東急ステイ新宿別棟

▲建物規模が小さい街区

▲エクレ新宿

▲思い出横丁、山手線

▲新宿西ビルディング付近

▲柏木公園付近

▲小滝橋通り

**新宿駅東口エリア③**

| 「s6. 雰囲気ある」 | 「c3. ジャンル」 |
|---|---|
| 外の雰囲気からいい感じです。中は木とレンガ造りでオレンジ色ライトで落ち着きます | 葱と言えばツマやお肉料理の引き立て役として欠かせないが、これが主賓として味わえる珍しい店 |

**十二社通り・青梅街道周辺地区**

| 「s6. 雰囲気ある」 | 「c3. ジャンル」 |
|---|---|
| 本格的な日本料理のお店で雰囲気の良いお店になります | 宮崎県の中でも県南の郷土料理を提供する店 |
| 「c13. 時間帯」 | 「e2. ターゲット」 |
| ランチの丼は安い。お腹が空いたときにはここに行く | 若い人が大人数でワイワイするならいいのかもしれません |

**新宿駅直近地区①**

| 「a3. 地域特性」 | 「c7. 不味さ」 | 「s6. 雰囲気ある」 |
|---|---|---|
| 今や国際的観光名所で、外国人客もたくさん見かける | お味は可もなし不可もなし、といったところでしょうか | 値段はちょっと高めですが、情緒ある雰囲気を楽しめます |
| 「c3. ジャンル」 | 「c13. 時間帯」 | 「e2. ターゲット」 |
| 鮎料理を扱っているお店を探してこちらに行き着きました | 急ぎランチをしたいときに、空いてて穴場のお店です | 和食を食べたい外国人にもお勧めだと思います |

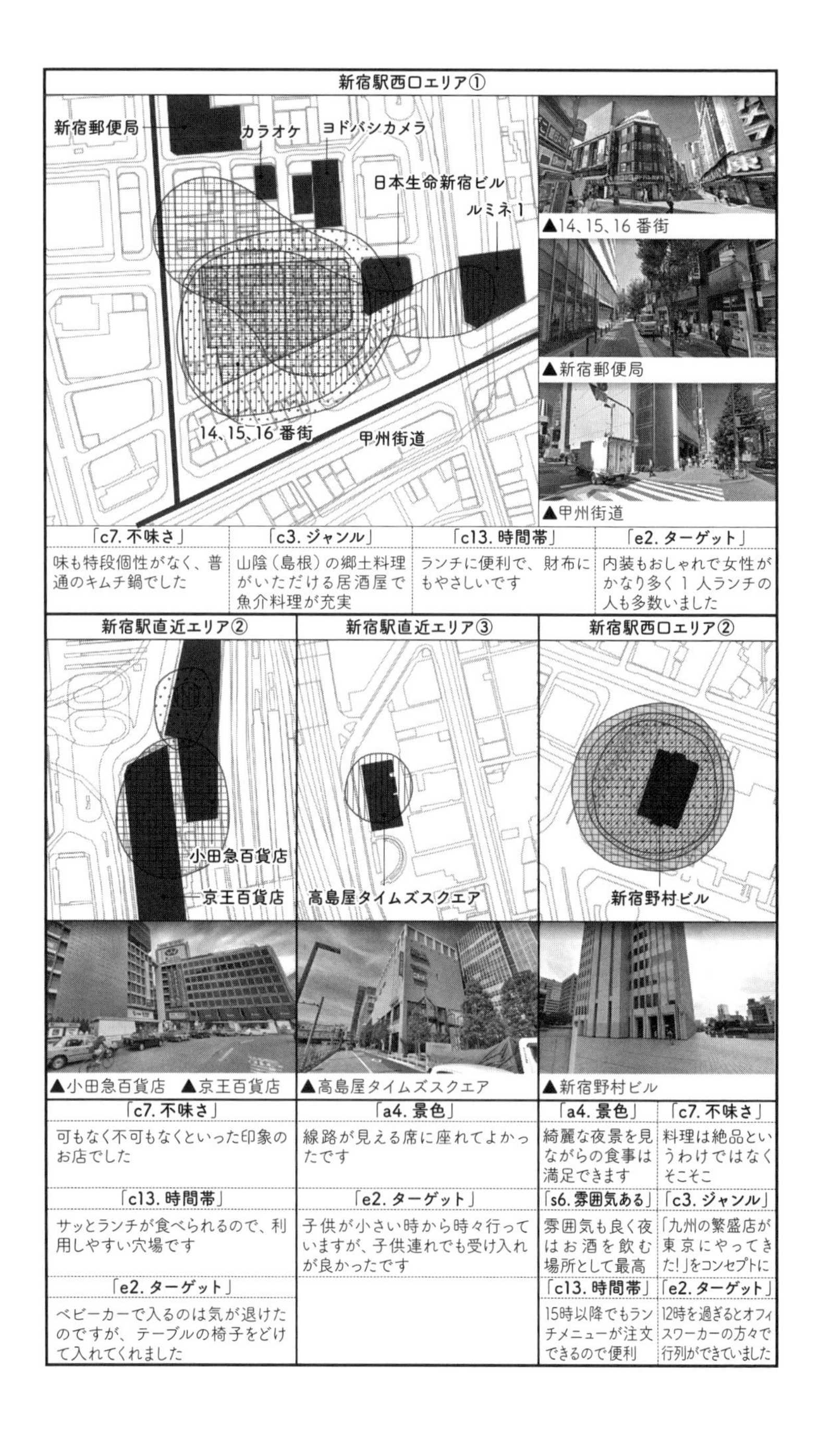
新宿駅西口エリア①
新宿郵便局
カラオケ
ヨドバシカメラ
日本生命新宿ビル
ルミネ1
14、15、16 番街
甲州街道
▲14、15、16 番街
▲新宿郵便局
▲甲州街道
「c7. 不味さ」
味も特段個性がなく、普通のキムチ鍋でした
「c3. ジャンル」
山陰（島根）の郷土料理がいただける居酒屋で魚介料理が充実
「c13. 時間帯」
ランチに便利で、財布にもやさしいです
「e2. ターゲット」
内装もおしゃれで女性がかなり多く1人ランチの人も多数いました
新宿駅直近エリア②
小田急百貨店
京王百貨店
▲小田急百貨店　▲京王百貨店
「c7. 不味さ」
可もなく不可もなくといった印象のお店でした
「c13. 時間帯」
サッとランチが食べられるので、利用しやすい穴場です
「e2. ターゲット」
ベビーカーで入るのは気が退けたのですが、テーブルの椅子をどけて入れてくれました
新宿駅直近エリア③
高島屋タイムズスクエア
▲高島屋タイムズスクエア
「a4. 景色」
線路が見える席に座れてよかったです
「e2. ターゲット」
子供が小さい時から時々行っていますが、子供連れでも受け入れが良かったです
新宿駅西口エリア②
新宿野村ビル
▲新宿野村ビル
「a4. 景色」
綺麗な夜景を見ながらの食事は満足できます
「c7. 不味さ」
料理は絶品というわけではなくそこそこ
「s6. 雰囲気ある」
雰囲気も良く夜はお酒を飲む場所として最高
「c3. ジャンル」
「九州の繁盛店が東京にやってきた!」をコンセプトに
「c13. 時間帯」
15時以降でもランチメニューが注文できるので便利
「e2. ターゲット」
12時を過ぎるとオフィスワーカーの方々で行列ができていました

（5）島が形成される位置は、駅からの距離に左右されない。
（6）大規模建築物の内部に「島」がつくられる場合もある。
食の経験は、1つの店舗ではなく、地域一帯に「島」となって広がっていくことで、来訪者を呼び込む効果的な資源となっていく。新宿ほど大きな都市であれば、「新宿の食」という1つのイメージはもはや一般化しておらず、その代わりいくつもの「島」が新宿を形成している、というのが実情だ。これらの島の1つ1つの特徴をよく理解し、育てていくことが都市の食の選択性と多様性をつくっていくだろう。

## マクロでもミクロでもない「メゾスケールの多様性」を考える

「多様性」はスケールを伴う概念である。10年前に渋谷の飲食環境の変遷を調査していた私は、1970年代から現代にかけて、渋谷の飲食環境は多様化したものの、チェーン店が普及して新宿や池袋にもある店舗が増えてきたことに気づいた。「渋谷」という単位では多様化したものの、「東京全体」という単位では均質化していく。このような状況を、「ミクロ多様化／マクロ均質化」と呼んでみることにした。逆に考えれば、近代都市計画が進めたゾーニング――住宅地やオフィス街などを機能分離していった、今では批判の多い計画――は、「ミクロ均質化／マクロ多様化」をやってのけたのかもしれない。どちらもスケールの異なる多様性として理解できるのだ。渋谷という範囲ではいろいろな色があってカラフルでも、東京全体へ身を引いてみれば、カラフルだったものはぼんやりとしたグレーになってしまう（ミクロ多様化／マクロ均質化）。逆に遠くから見ていてカラフルだったものは、近くで見れば単色で塗り潰されているように見える（ミクロ均質化／マクロ多様化）。

だから都市環境の多様性を考えるときは、多様性自体よりも、「どのスケールで多様性を実現するのか」こそが重要である。食の経験の観点から言えば、それは「新宿全体」でも「1つの店舗」でもない、その間にある「島」のスケールだ。マクロとミクロの間の「メゾ」のスケールでの一貫性をつくりつつ、全体として多様性を実現するという戦略が、新宿を舞台に時間をかけて自然と培われてきた方法として見出すことができる。

## 2000人の経験から探る、食の志向の8つのものさし

今度は飲食店ではなく「人」に注目してみよう。まちに繰り出し、飲食店を日々利用している人々の好みは、どのような尺度で測ることができるだろうか？

ここからは日建設計総合研究所の協力を得て、首都圏（東京、神奈川、千葉、埼玉の一都三県）に居住する20〜50代の2080名に対してウェブアンケート調査を行った。男女は半数ずつ、各年代520名ずつの均等な割付で調査結果を回収している。アンケートの前にゼミのメンバーを

含む14名でワークショップを行い、さまざまな読者層向けの食情報誌29冊を持ち寄り、そこから「食の経験」としてどのようなことが書かれているかを抜き出した。それらを分類したところ、57種類に整理することができた。今回はこれらの食の経験を、各人がどれくらい求めているかを調査することにした。具体的には、57のそれぞれの経験が満たされる店舗をどれくらい知っているかについて、「行きつけの店がある」「数回行ったことのある店がある」「一度だけ行ったことのある店がある」「行ってみたい店がある」「知らない」のどれかを答えてもらった。

57の項目は一見ばらばらだが、1人1人の回答傾向を見ると、「これを重視する人物は同時にこれも重視する傾向にある」という関係性が見えてくる。こうした関係性をもとに、クラスタ分析という多変量解析の手法で57の食の経験を分類すると、図8に示した結果になった。これは「デンドログラム」と呼ばれる図である。左側には57の食の経験がずらりと並んでいる。これが、右側へ進むにつれて、試合のトーナメント表のように結合していく様子がわかるだろう。たとえば、「高級・上質・極上な」「おしゃれな／洗練された」「写真映えする」「眺めのよい」「開放感のある／テラスのある」「デートに適した」といった項目は、左側から出発したとたん、すぐに結合してしまう。早く結合するものほど、お互いに似通った性質をもち、右側の方で最後に結合するものほど互いに類似していないということになる。

図の距離5の手前でデンドログラムを切ると、57の食の経験は8つのまとまりになっている。これを「食のものさし」と呼ぶことにしよう。食のものさしは、首都圏の2080人の人々の好みの傾向によってまとめられていった、食の経験の8つの「軸」である。

これまで述べてきた研究結果から、少なくとも首都圏居住者の食の好みの傾向は、次の8つ

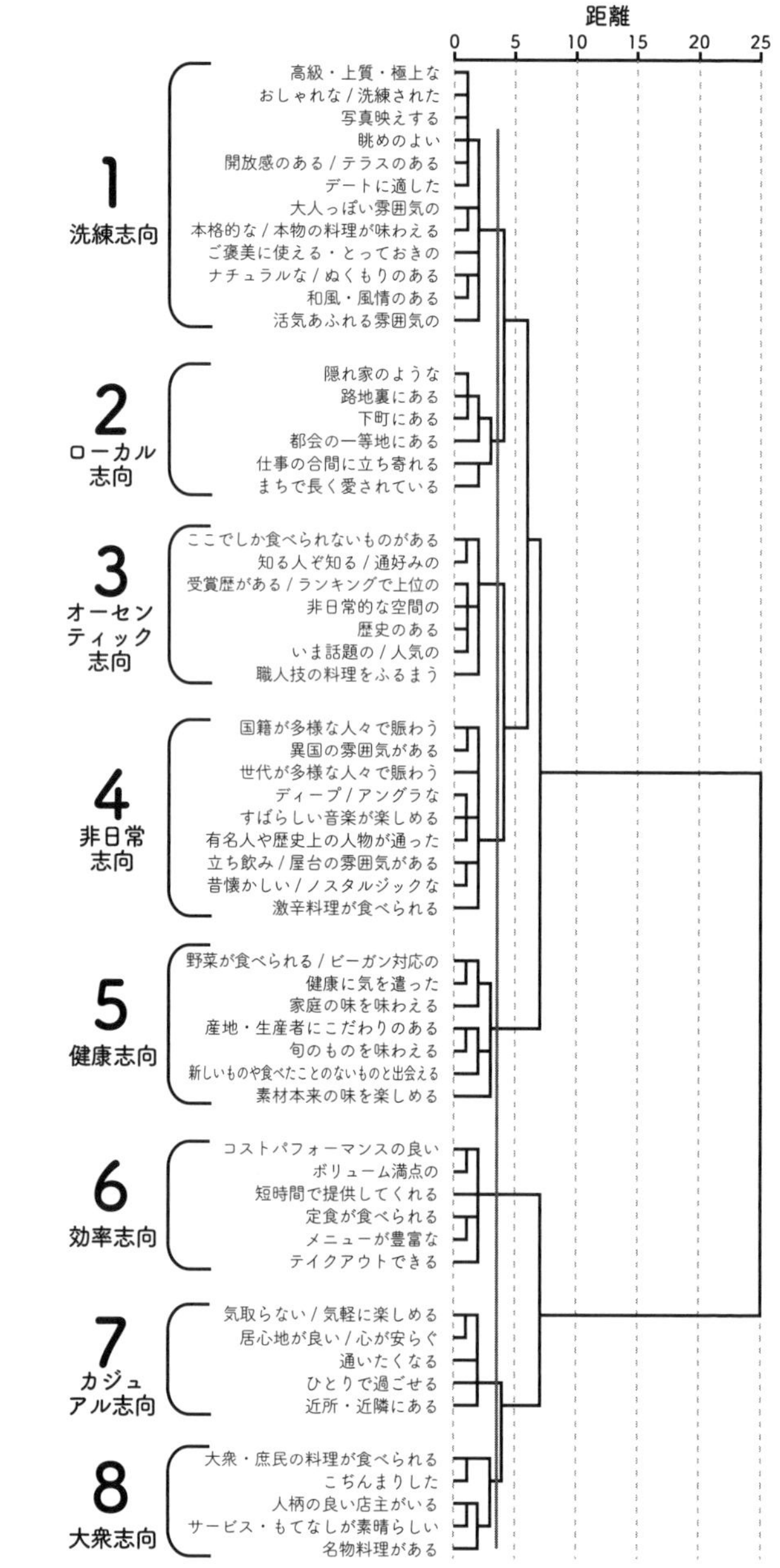

図8 「食の経験」から抽出する、「食の志向」の8つのものさし

の「食のものさし」で測定することができることがわかった。

（1）洗練志向。高級さ、おしゃれさ、写真映え、デートに適した、大人っぽいなどの、魅力的な雰囲気を重視する。

（2）ローカル志向。隠れ家のような、路地裏にある、下町にある、まちで長く愛されているなど、地域との関係を重視する。

（3）オーセンティック志向。ここでしか食べられない、知る人ぞ知る、歴史のある、職人技でつくられる、などの「本物性」を重視する。

（4）非日常志向。多様な国籍の人々が集まる、異国の雰囲気がある、ディープな、立ち飲み屋台の雰囲気やノスタルジックさが漂うような、普段とは異なる環境を重視する。

（5）健康志向。野菜がたくさん食べられる、健康に気を遣った、家庭の味を味わえる、産地や生産者にこだわったなど、食材と素朴さ、健康によい食事を重視する。

（6）効率志向。コストパフォーマンスの良い、ボリューム満点の、短時間で提供してくれるなどの、機能性やパフォーマンスを重視する。

（7）カジュアル志向。気取らない、居心地が良い、通いたくなる、ひとりで過ごせる、近所にあるなど、日常性や気楽さを重視する。

（8）大衆志向。大衆・庶民の料理が楽しめる、こぢんまりしている、人柄の良い店主がいるなど、気楽さとともに人との関係性を重視する。

この研究は、これから年収や職業、ライフスタイルなどの社会属性との関係の考察に進んでいくこととなったが、「年収の高い人物は○○志向を目指す傾向がある」など、一言で言える傾向は見られなかった。逆に言えば、食の志向性は、社会的なヒエラルキーとは別に、自律して存在するものさしなのだ。経済や職業によって合理的に決まっていく都市像は退屈である。私が博士論文で研究してきた「居住地選択(住む場所の選択)」も、商業や経済状況との関係からはなかなか逃れられず、むしろ21世紀には都市間でますます格差化が進んでしまっている。「食の経験」の広がりから都市を考えていく営みは、そこからは離れた次元で、都市の豊かさを人々に向かって開放していく手がかりでもあるのだ。

*

注1　経験の次元から都市環境を把握する先駆的事例として、LIFULL HOME'S総研の「センシュアス・シティ」(2015年)がある。「庶民的な店でうまい料理やお酒を楽しんだ」「活気ある街の喧騒を心地よく感じた」「不倫のデートをした」など、32の項目でアンケートを行い、都市の「官能性」を測定する取り組みだった。極めて挑戦的な調査だが、調査項目がなぜこの32項目なのか、という問題がある。このように都市の質的・経験的な側面を捉えようとすると、調査者の主観が入ってしまうという、研究のジレンマがあるのだ。

注2　iタウンページの「飲食店」の登録を見ると、飲食店の業種が「肉料理」「居酒屋」「ラーメン」「イタリアン・フレンチ」「カフェ」「和食」など19種に分類されている。この研究では、駅圏ごとに飲食店の業種を事前に把握し、飲食環境の多様性として考慮した。

注3　石綿朋葉、後藤春彦、吉江俊「東京都区部における飲食店立地と食情報の地域特性に関する研究」(日本建築学会計画系論文集、82巻、744号、2018年)を参照されたい。

15章

# 私たちの「都市」が向かう先
## ――展望と未来への問い

ずいぶん長い議論であった。ここで、最後に「答え合わせ」をしようと思う。本書の内容を要約し、それがどんな意義があったのかを振り返り、そして最後に、私の関わった最新の研究を紹介しながら、これからの「都市」への期待をこめた問いかけをしたいと思う。

＊

### 〈迂回する経済〉と〈直進する経済〉を両輪とする都市

本書が強調してきたのは、誰もが思いつく「役に立つ」あるいは「稼げる」ことから最も遠いところにありそうな〈即自性〉〈再帰性〉〈共立性〉という3つの考え方が、実は私たちが生きている都市の根源的な価値に通じるのである、ということだ。そして、それらは12章で取り上げた「下北線路街」などの近年の挑戦的な事例の中に、うまく組み込まれ、地域の魅力をかたちづくりつつある。「都市計画」から最も遠そうなものが、利益追求とは矛盾しないかたちで、むしろ開発の主役になっていく。

21世紀はまだ4分の1程度しか経ていないが、すでに20世紀に積み上げてきた「都市計画」のパラダイムは大きく変化している。東日本大震災から、地域ごとに異なる状況に応じて行う計画は、行政の力だけでは困難だということを私たちは学んだ。70年代から地道に運動化してきたボトムアップのまちづくりは、これを機に不可欠な視点として広く認知されたであろうし、その後、現在まで続く後始末の問題では誰も納得できる結論を提示できないやりきれなさを味わった。1986年、チェルノブイリ原発事故と同年に社会学者ウルリッヒ・ベックが発表した「リスク社会」論は、産業社会が引き起こす人災が無差別に人々に降りかかり、グローバルに飛び火し、もはや誰が誰に対して責任を全うする、ということが現実的に不可能になってくる事態を予見していた。当時の日本人はピンとこなかったかもしれない。しかし、今の私たちには十分思い当たる節がある。都市計画では、大きなシステムに依存せずに「自立する地域」をつくることが急務であることが再認識された。

続く新型コロナウイルスの流行は、リスク社会の現実化の延長にある。人々が自由に移動できる、高流動の社会の脆弱性がこれ以上ないほど明確に見せつけられた。それだけでなく、パンデミックは私たちが無自覚に享受していた「パブリックライフ」がいかに重要であったかを思い出させた。ただし、そのパブリックライフとは何かとあらためて問われると、うまく言語化することができない。相当する日本語が思いつかないし、パブリックライフの何がどう良いのか、説明することも難しい。私たちがつくりあげてきた都市計画では、そのような言葉が十分に用意できていなかったのだ。このことは、I部で論じることができたと思う。

この十数年のうちに、私たちは近代都市計画の言葉では言い表しきれない、抽象的で、曖昧な領域が奥底に眠っていることを実感している。いや、本当のことを言うと、近代都市計画を始めた20世紀初頭の人々は、最初からそれに気づいていたのだ。いずれにせよ、それに光を当てることが本書の役割であったし、これからの私たちがすべきことだ。しかし、私たちはそれをただちに都市計画に結び付けて「手軽な道具」として使いこなすことはできない。即自性と道具性を対置させて見せたように、これらは道具性への還元、つまり従来の「都市計画」そのものを拒絶する。だから、真に新しい都市計画は、従来の計画と計画の外部とを、丁寧に関係づけたものの総体でなければいけない。すぐに思い通りに飼いならすことができないことがパブリックライフの最大の良さであり、それらと計画とが不連続だが連続しているという絶妙な関係を、私たちは整え続けなければならない。

序章に書いた、これからの都市計画や開発は〈直進する経済〉と〈迂回する経済〉が両輪になって走らなければならない、というのは、そういう意味である。

## 〈即自性〉〈再帰性〉〈共立性〉が循環する都市

II部は、〈迂回する経済〉の考え方を理論として示し、III部はその試行的な実践を示した。両者を踏まえると、どのような都市像、あるいは計画像が導かれるか。

パブリックライフの価値の中心は〈即自性／コンサマトリー〉だ。〈即自性〉は、現在の価値を何かに交換する前提で捉えない。現在を現在によって肯定し、過程の経験を楽しむ。逆に〈道具性〉は、現在あるものを、未来に使える道具として考える。コミュニティは生活を維持する互助の機能へ、芸術はまちおこしのイベントへ、祭りや歴史的な街並みは観光客を呼び込む装置へ読み替えられる。

これに対して再開発の渦中にある都心部から少し離れたところで、「生活情緒」のような価値が再発見されているのは、そのような〈道具性〉の過度な強調から逃れて、〈即自性〉が尊重される住環境が求められているからだ。これは、都心の再開発にも限界が生じ、かといって周縁部では需要が見込めず、ちょうどその間の地域をターゲットに据えつつある民間企業の関心とも重なる。さらにこれらの地域では都心で行ってきた施設建設・テナント誘致型の開発の成功が十分に見込めなかったり、開発者の目線からは成熟した住民の反対に遭うことが危惧される。都心でも周縁でもない地域で、住民に寄り添い計画のプロセスを重視するソフト・ハード横断的なアプローチが実践されつつあることにはそうしたやむをえない背景もある。いずれにせよ、これらの背景が重なって、〈即自性〉に価値を置く都市計画は「間にある地域」でこそ、これから実現しうる。「即自性から道具性へ」という都市開発の力が強くなるほど、それに逆行する「道具性から即自性へ」という〈迂回する経済〉の計画が価値を帯びてくる。

ここで〈即自性〉、生活の価値といって強調してきたものは、変化を求めず現状維持に徹し心地よさに浸る様子と結びつきそうだが、そうではない。現在を味わう「徒歩旅行」的な経験とは、環境と自己の相互作用を楽しむ動的な経験だ。つまり、外の環境、他者との出会いを受け入れ、自らが変化するという〈再帰性／リフレキシビティ〉とつながっている。これは「確固として変わらない〈自分〉が、目的の達成のために、外部環境を道具として操作する」という「主体／客体」を明確に切り離す姿勢とは異なる。相手を操作する対象として見るとき、その人は単なる記号——自分にとって都合のいい像を押しつける対象——に過ぎない。そうではなく、出会いと自己変化を許容する場合には、人が「何」ではなく「誰」として、つまり属性ではなくその人自身として受け取られなければならない。逆に言うと、「誰と誰の関係」として人が接するとき、二者は互いに自分の殻を緩め、変化しあう関係にある。もちろんこれは簡単なことではない。けれども、まちの人々が集まって地域の行く末を考えていくとき、人が「何」ではなく「誰」として認めあえる環境は不可欠である。これを「相互理解の場」などと堅苦しく捉えずに、日常的な方法で、互いに打ち解けあいアイデアを出しあえる関係を築くことはできるか。また、みなでつくった計画をそれで終わりにするのではなく、「このように地域を変えていくことができるのだ」という証として共有し、次の変化の種に変えていくことができるか。このように〈再帰性〉は、都市の計画そのものというより、計画の成立する風土を耕すことなのだ。

そして、人が「誰」として相互に承認される場では、異なる人々同士がともに生き生きとしている状態、〈共立性／コンヴィヴィアリティ〉が育まれる。これは「コミュニティを育てよう」という提案に似ているが、それよりも根底的な問題を意識している。コンヴィヴィアルな地域の計画とは、近代化の過程で専門化・制度化されていった物事を、再び人々の自助や互助や共助の力でできるかたちに変えていくものである。それは本書で紹介したように、近代都市計画で機能分離され、均質化してしまった郊外のような場所に、豊かに暮らしていくための不足した機能や場所を取り戻していくことでもある。近代に現れた「都市」とは、周囲のまちを自らの下僕として従えていく原理のことだ、という指摘がある。たしかに、少なくともこの百年を通して多くの地域は、食料や、人材や、エネルギーを都心へ供給する存在へと変わってしまった。[注1] そうであれば、コンヴィヴィアリティを育てるというのは「豊かさの自立」を小さな単位で実現していくことである。そしてそのときに指標になるのは、すでに進んでいる「ウェルネス」「ウェルビーイング」あるいは「ウォーカブル」や「レジリエンス」の取り組みなど、従来よりも総合的・分野横断的で、専門家から非専門家までの多くの人々が参画できる、やわらかいテーマになるだろう。

## 公共空間を「不自由にする」レシピ
## ——心地よさをつくることは、特定の人の排除や囲い込みではないか？

本書の最後に、2つの研究事例を紹介して、パブリックライフをめぐる問いを残しておこうと思う。思考停止を防ぎ、都市の生活の豊かさの根源について考え続けるための問いである。

1つめの問いは、「心地よさをつくることは、特定の人の排除や囲い込みではないか？」ということだ。数年前、有名な建築家が設計した小学校を、学生たちと見に行ったことがあった。その小学校は業界内では高い評価を得ており、教室を区切ることなくゆるやかにつなぐ平面計画や、高い塀を用いることなく、地域との境界をできる限りなくす空間で構成されていた。私が素直に感心していると、この小学校の近くに住んでいる学生が「この近くには高所得者ばかり住んでいるから、治安がいいんでしょうね」と言う。これを聴いた途端、見え方ががらりと変わってしまった。塀のない小学校に感心している場合ではなかった。理想的に見える空間がなぜ実現したかを考えると、実はその利用者がとても恵まれた人々に限定されているからだということに思い至る。

また別のとき、授業の感想を寄せてくれた学生が、「自分は新宿伊勢丹の屋上庭園が好きだ、人々が静かに過ごしていて、都会の様子を忘れさせる特殊な場所になっている」と書いていたことがあった。言いたいことはわかるが、それはそうだろう。なぜならそこは伊勢丹にくる客が集まる屋上だからだ。不特定の人々に開いている都市の公園とは違って、マナーのいい人々が穏やかに過ごしているに違いない。「理想的だと思われている空間は、誰か特定の人たちのユートピアに過ぎないのかもしれない」というのが、あらためて得られた気づきだった。

しかしもう一方で、都市の屋外空間で政治家が襲撃される事件があったことは記憶に新しい。公共空間とは、人が行き交ったり交流したりする場所であるだけでなく、政治家が演説をし、人々が抗議運動を行い、ときに衝突が起こる空間でもある。西欧の都市の広場ではよく見慣れた光景だったが、それを再確認する機会が日本国内でも増えてきた。これを見ていると、誰にでも開かれている空間をつくること自体が「無条件に良いこと」だとも思えなくなる。そのこともあって、私の周囲では、「異なる背景をもつ人々が交わるというのが本当にいいことなのか」と疑問を呈する若い専門家が増えている実感がある。私はそういう意見を聴くたび、複雑な気持ちになる。

誰に対しても開かれているオープンスペースは、「みんな仲良し」の空間ではない。しかし、そもそも社会とは常に調和がとれているものでもない。（注2）だから、さまざまな葛藤の発露を受け止める空間もまた必要なのである。このように、みなに開かれた空間、一部の人々に向けた空間というのは、一方が悪で、もう一方が理想というふうには言いきれない。そのうえで、それでももう一度、「心地よさをつくることは、特定の人の排除や囲い込みではないか？」と問おう。

*

ここで近年の研究成果の1つを紹介したい。都市のいたるところにある「ディフェンシブ・アーキテクチャ」を明らかにした研究だ。おそらく多くの読者は、公園のベンチの真ん中に手すりが設えられて、人が寝られないようになった事例を見たことがあるだろう。このように人の何らかの行動を「行わせない」ように仕向けるものが、「ディフェンシブ・アーキテクチャ(Defensive Architecture)」である。若者にしか聞こえない高音の「モスキート音」を商業施設の出入口で鳴らし、たむろさせないようにするのもその一種である。マクドナルドでは、店内が混雑していると空調を強めに効かせて、店内に流れる音楽を大きくするという。これによって居心地が悪くなり、人は自然と早く店を出るので、混雑が緩和される。(注3)

このようなディフェンシブ・アーキテクチャは、ジェイン・ジェイコブズが批判したニューヨークの都市計画家ロバート・モーゼスも用いていたことが知られている。白人の中・上流層が住む市街地に低所得者、具体的に言えば黒人が来ないようにするために、背の低い歩道橋をいくつか設ける。低所得者はバスを利用する傾向がある。バスは歩道橋を通り抜けられない。民間のバス会社は、仕方がないので別のルートでバスを運行することになる…。同じように、市民プールに黒人が来てほしくないということで、プールの水温を下げさせたという話もある。水温が下がると、気温の高い地域にルーツをもつ黒人はプールを利用しなくなる、という風説が出回っていたためだ。

このように、「〇〇禁止」と直接いうことなしに、物理的な環境を操作することによって無

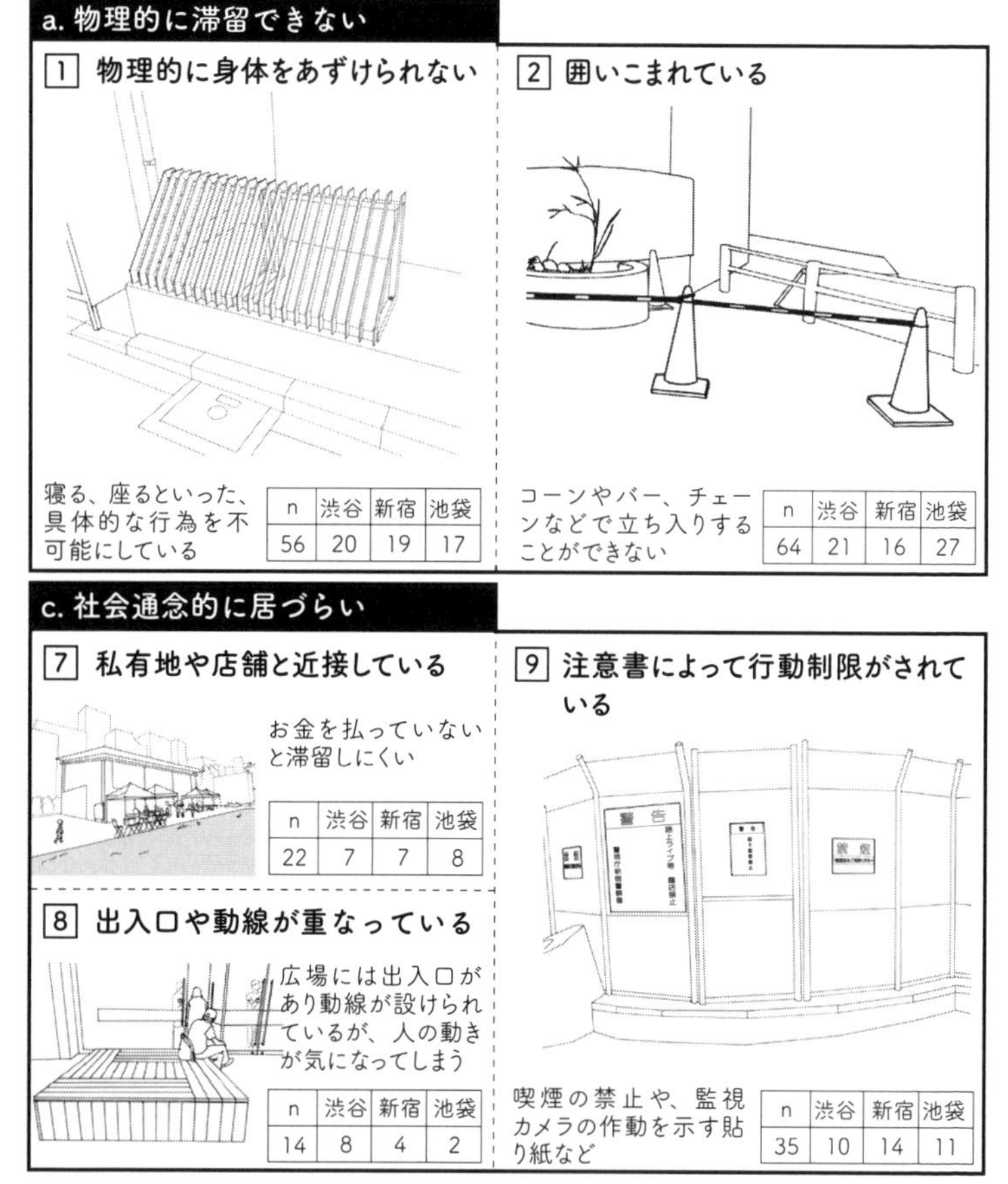


図1　新宿・渋谷・池袋で発見された21種類の「ディフェンシブ・アーキテクチャ」
(p.266-269)

## b. 物理的に居づらい

### 3 座面が座りにくい

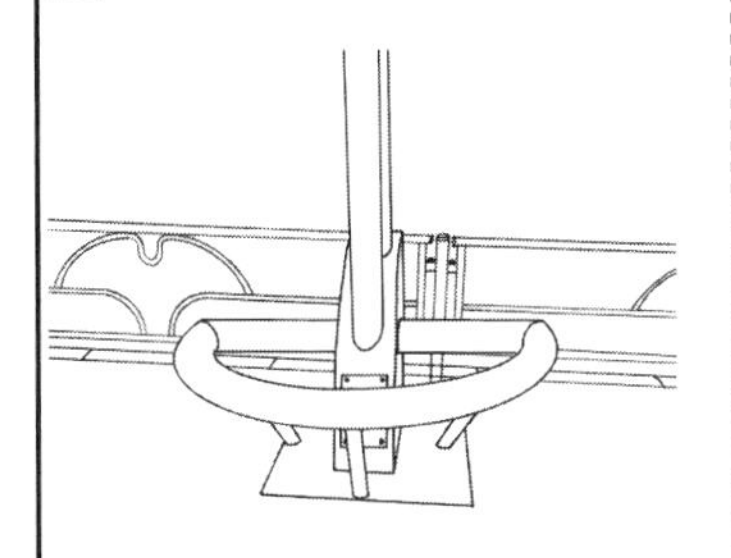

物理的に座りにくくなっている座面を持つベンチや段差

| n | 渋谷 | 新宿 | 池袋 |
|---|---|---|---|
| 83 | 25 | 30 | 28 |

### 4 車通りと隣り合わせになっている

車やバイクなど車両の往来と近い環境

| n | 渋谷 | 新宿 | 池袋 |
|---|---|---|---|
| 9 | 0 | 6 | 3 |

### 5 幅が狭い

道路や公開空地などの幅が狭いため滞留しにくい

| n | 渋谷 | 新宿 | 池袋 |
|---|---|---|---|
| 6 | 1 | 3 | 2 |

### 6 邪魔なものが置かれている

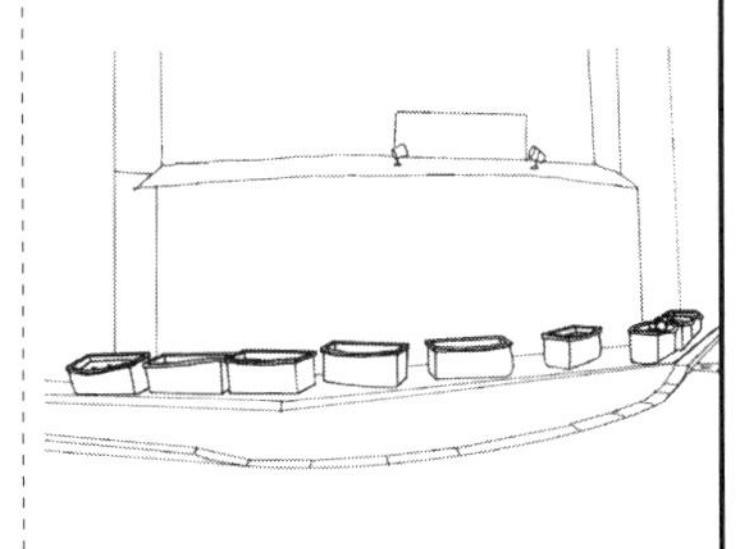

道に面した商店や住宅の私物が道に置かれている

| n | 渋谷 | 新宿 | 池袋 |
|---|---|---|---|
| 46 | 16 | 12 | 18 |

## d. 他者の存在によって居づらい

### 10 ひらけた空間である

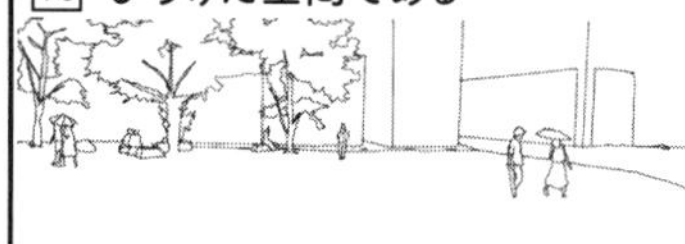

ベンチや植栽がないことで自由度は高いが人の視線が気になる

| n | 渋谷 | 新宿 | 池袋 |
|---|---|---|---|
| 14 | 4 | 5 | 5 |

### 11 広告や看板で視線が気になる

広告や看板で人の視線が集まる。また見る人の邪魔にもなる

| n | 渋谷 | 新宿 | 池袋 |
|---|---|---|---|
| 19 | 5 | 11 | 3 |

### 12 特定の属性の人、行為者の縄張りになっている

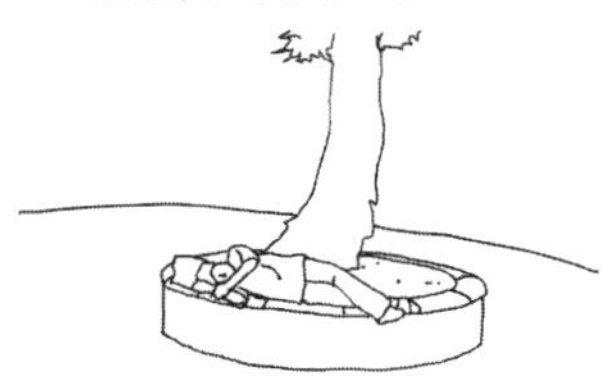

人の雰囲気や属性、行為によってテリトリーとなる

| n | 渋谷 | 新宿 | 池袋 |
|---|---|---|---|
| 18 | 4 | 6 | 8 |

### 13 滞留空間にすでに人がいる

人がいてうるさそう、密を感じる環境。属性や印象は関係ない

| n | 渋谷 | 新宿 | 池袋 |
|---|---|---|---|
| 37 | 11 | 16 | 10 |

### 14 人通りが多い

通りにおいて、幅に対して通行する人が多く場所がない

| n | 渋谷 | 新宿 | 池袋 |
|---|---|---|---|
| 15 | 4 | 7 | 4 |

### 15 監視・観察、働きかけてくる人がいる

警官、警備員や客引き、街頭で募金活動をする人など

| n | 渋谷 | 新宿 | 池袋 |
|---|---|---|---|
| 23 | 4 | 12 | 7 |

## e. 不快感を抱く

### 16 匂いや音など見えない不快感がある

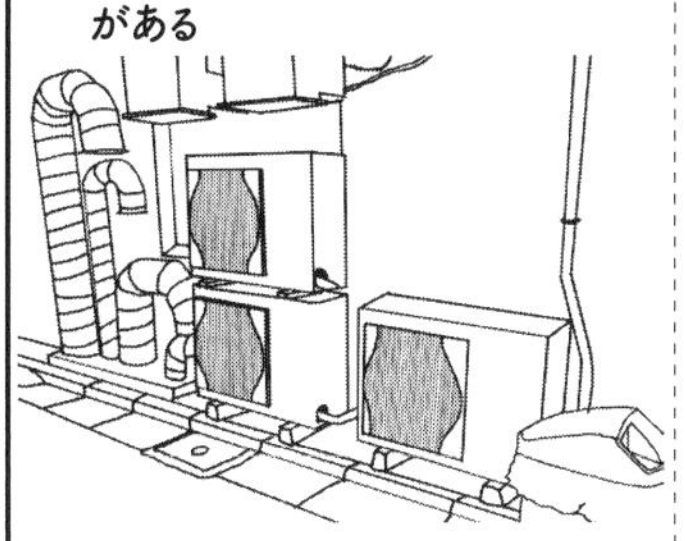

排気口の空気や匂い。モスキート音や車の騒音など

| n | 渋谷 | 新宿 | 池袋 |
|---|---|---|---|
| 21 | 15 | 6 | 3 |

### 17 日陰がなくて暑い

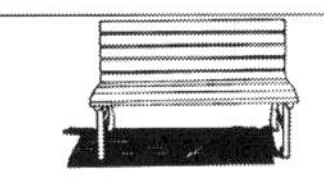

ひさしなど日差しをさえぎる物がない

| n | 渋谷 | 新宿 | 池袋 |
|---|---|---|---|
| 22 | 14 | 3 | 5 |

### 18 ごみや落書きがあり汚い

目に見えるごみや落書きなどがある「汚い」環境

| n | 渋谷 | 新宿 | 池袋 |
|---|---|---|---|
| 43 | 12 | 9 | 22 |

### 19 壁面やその装飾の圧迫感がある

壁の派手な装飾などによって視覚的に落ち着かない

| n | 渋谷 | 新宿 | 池袋 |
|---|---|---|---|
| 12 | 5 | 2 | 5 |

### 20 植栽が手入れされていない

ベンチにまで植栽が生えていて座りたくないと感じる

| n | 渋谷 | 新宿 | 池袋 |
|---|---|---|---|
| 15 | 7 | 4 | 4 |

### 21 治安が悪そうな雰囲気がある

ごみやグラフィティの存在を総称して、雰囲気が悪い環境

| n | 渋谷 | 新宿 | 池袋 |
|---|---|---|---|
| 8 | 2 | 3 | 3 |

図2 「ディフェンシブ・アーキテクチャ」が組み合わされて空間化される「ディフェンシブ・エンバイロメント」(p.270-273)

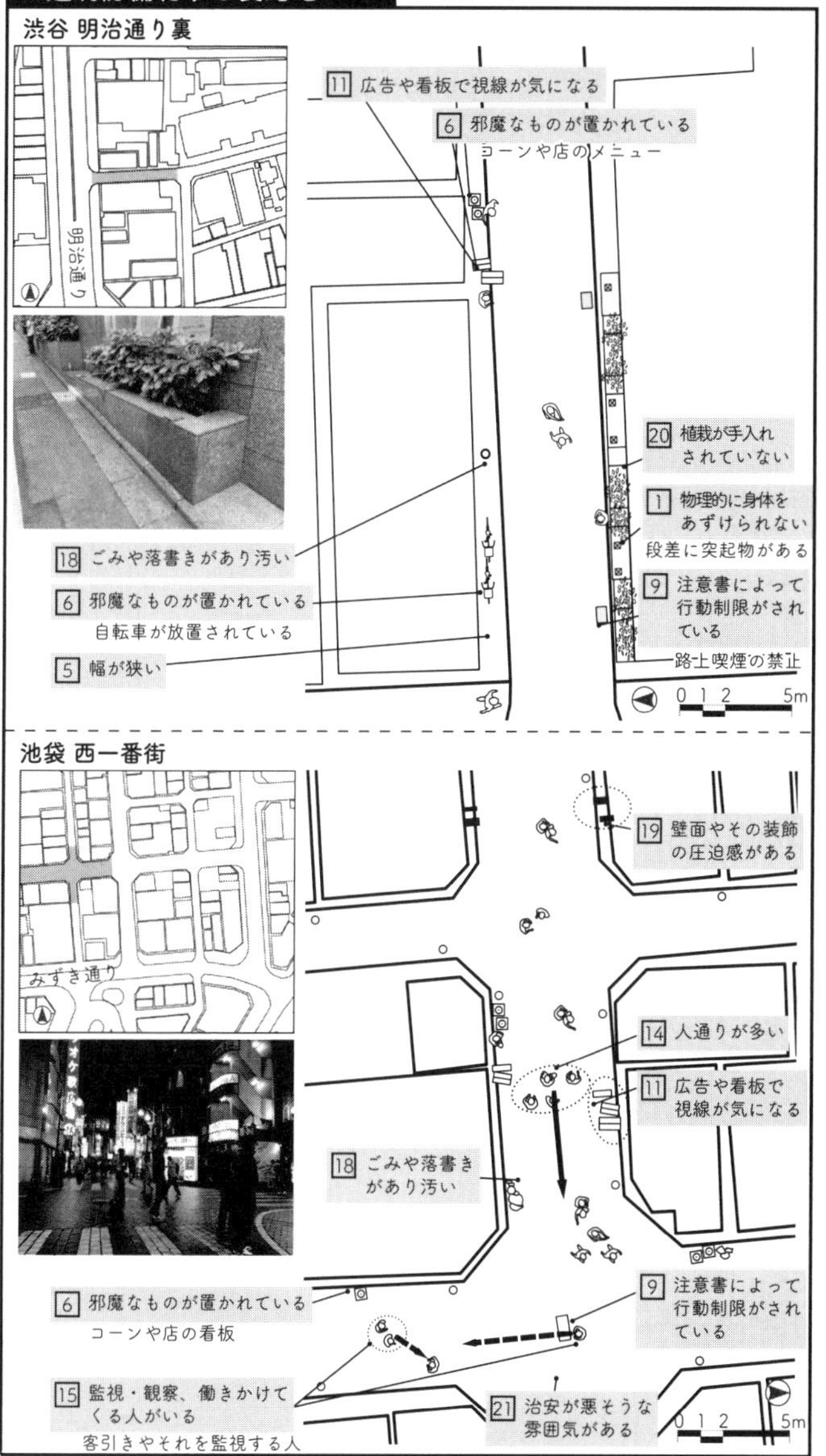
III過剰防備化する裏路地
渋谷 明治通り裏
明治通り
11 広告や看板で視線が気になる
6 邪魔なものが置かれている
コーンや店のメニュー
20 植栽が手入れされていない
1 物理的に身体をあずけられない
段差に突起物がある
18 ごみや落書きがあり汚い
6 邪魔なものが置かれている
自転車が放置されている
9 注意書によって行動制限がされている
路上喫煙の禁止
5 幅が狭い
0 1 2 5m
池袋 西一番街
19 壁面やその装飾の圧迫感がある
みずき通り
14 人通りが多い
11 広告や看板で視線が気になる
18 ごみや落書きがあり汚い
6 邪魔なものが置かれている
コーンや店の看板
9 注意書によって行動制限がされている
15 監視・観察、働きかけてくる人がいる
客引きやそれを監視する人
21 治安が悪そうな雰囲気がある
0 1 2 5m

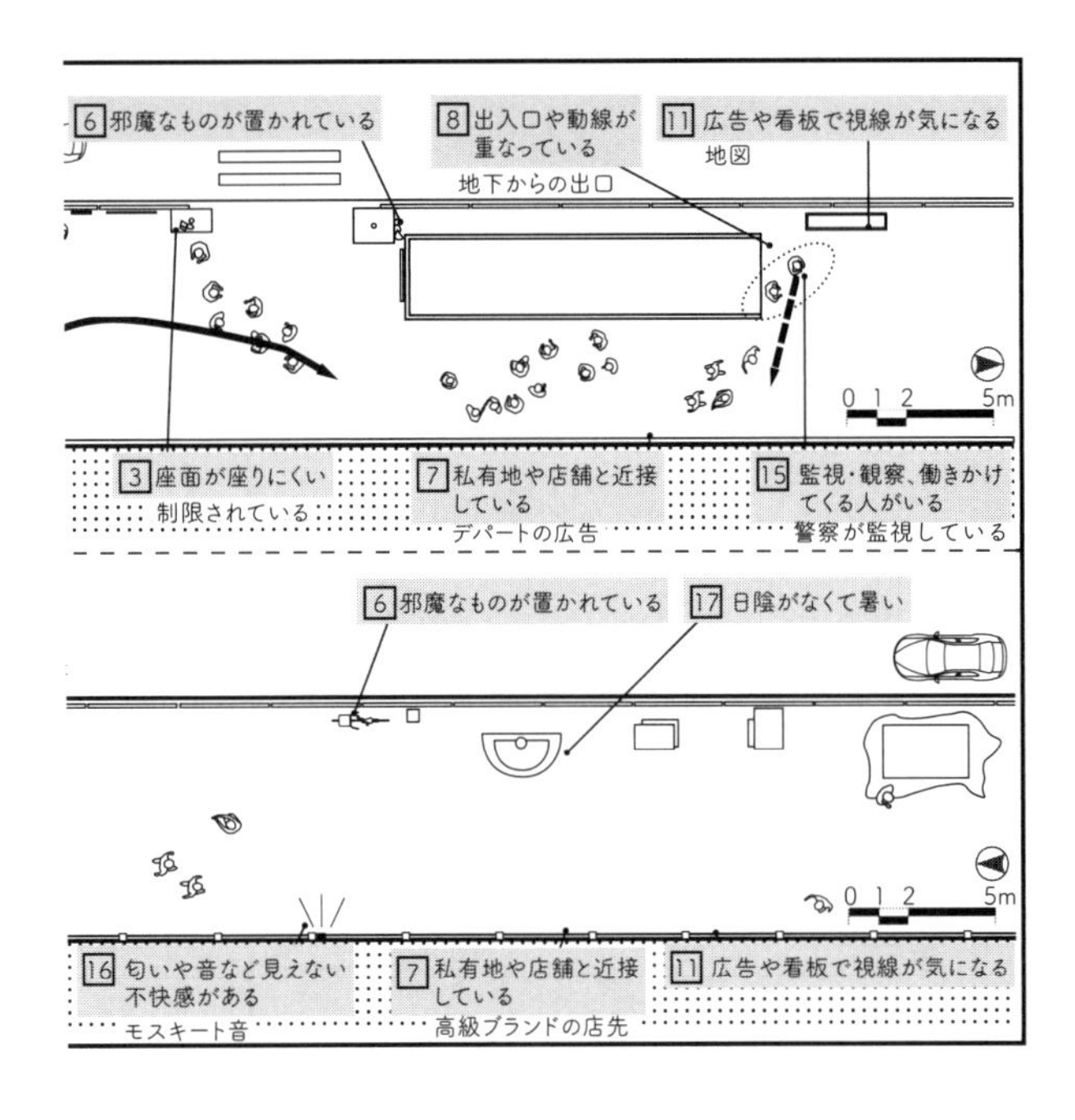


意識のうちにそこでの人の行動を制限するのがディフェンシブ・アーキテクチャである。利用者には意識されないために大きな問題になりにくいのが特徴だが、モーゼスの事例からも悪用される可能性があることは確かだ。「炎上」を恐れる現代に、「明言せずに実行する」ことができるディフェンシブ・アーキテクチャがもてはやされるのは自然なことだと言っていい。

私たちの研究では、大学生13人に新宿・渋谷・池袋の指定の範囲を歩いてもらい、屋外のどこかで30分時間をつぶすことを考えたときに、居心地が悪い・滞留できない場所の写真を撮ってもらうワークショップを行った。3つの繁華街で1人15枚ずつ撮影し、大学に戻って「なぜその写真を撮ったのか」を言語化してもらう。合計585枚の写真が集まった。すべてをまとめると、21種類のディフェンシブ・アーキテク

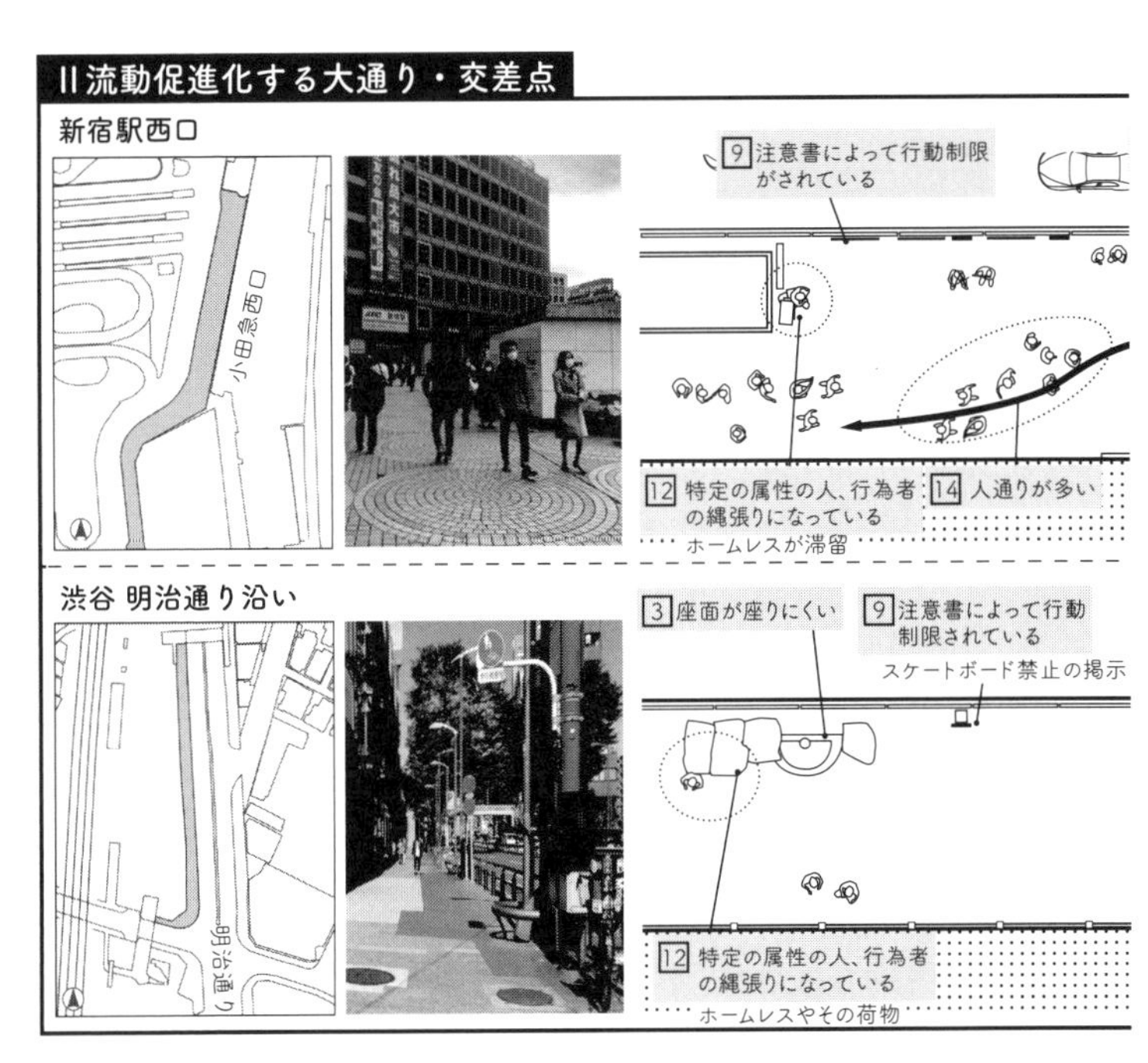


チャに整理することができる（図1、2）。

この研究はその後、他の学生が撮影した写真を見て、「他の人が滞留しにくいと感じた要因がわかるか」「わからないとしたら、なぜ一方にはわかって、もう一方にはわからないのか」を分析していくことになる。この部分が、ディフェンシブ・アーキテクチャの本質である。都市にはさまざまな人物がいるなかで、大学生だけが集まって行うこのような研究には限界がある。私立大学に入学して、大学院まで進む学生なんて、どんなに恵まれていることか。しかし、それにしても、その学生たちの中でも互いに伝わらない「居づらさ」があることがわかる。これが重要なのである。

ディフェンシブ・アーキテクチャが配置されることによって、都市の屋外空間をめぐる見えない縄張り争いが生じている。これを意識して、本当にその場所になくてはならないのかを議論できるようにすることが必要である。パブリックスペースの活用や「賑わい」の創出が注目されているが、本当に必要な計画は、これらのディフェンシブ・アーキテクチャを取り外していく「引き算」から始まるのかもしれない。

## 住む場所の価値観の再生産＝縄張り化 ——都市は「生まれ」に抗う手助けができるか？

もう1つ残しておきたい問いは、「私たちは、都市を使って自由を実現することはできるか」ということだ。私たちは何のために都市をつくりあげ共有しているのか、ということの本質に関わる問いである。

都市計画について学んだことのある人なら知っているだろう有名な人物に、ケヴィン・リンチ（1918〜1984年）が挙げられる。10章で取り上げた吉阪隆正と、ほとんど同じ時代を生きたアメリカの建築家・都市計画家だ。

リンチの代表的な著作『都市のイメージ』（原著1960年）は、現在でも広く読まれている。この本は、都市における「イメージ」を本格的に扱った最初の理論書の1つで、リンチはこのなかでイメージの内容自体は1人1人異なるので、都市のイメージしやすさ、つまり「イメージアビリティ」こそを問題にしようと提案している。そして、いくつかの地域で居住者へヒアリングを行い、何も見ずに自宅周辺の地図を書いてもらうことによって、どれくらい彼らが周囲の環境を認識しているかを分析した。(注4) ここから、都市のイメージアビリティが何を頼りに形成されているかを推測できる。彼の提案は、「パス、ノード、エッジ、ディストリクト、ランドマーク」という5つの要素を適切に配置することが、都市のイメージアビリティを高める、ということであった。この論旨自体はよく知られている。その後、「イメージの内容は人により異なるから扱わないというのはおかしい」という批判が起こり、イメージの内容、つまり「ミーニング(意味)」を扱う研究が発生し、現在に至っている。私の研究でも「欲望」とか「経験」を扱ってきたが、これらはその延長にあると言っていい。

しかし、それがリンチの言いたかったことだったのか？ ミーニングの追求はそれはそれで良いけれども、それがリンチの取り組みを延長していく唯一の道であるとは思えない。私には、リンチが「イメージしやすさ」を重視したのには別の理由があったのではないかと思える。

リンチはあるとき、ボストンとジャージーシティとで地図を書かせる調査を実施した。ボストンの居住者としてヒアリングした相手は、専門職や管理職階級ばかりであった。一方ジャージーシティは、人種や階級に基づく格差が露骨に顕れた地域で、遠方のニューヨークの高層ビル群に見下ろされ、人々は都心部へ畏敬の念を覚えているような場所だったという。

調査の結果はどうだったか。ボストンの人々は自分たちのまちを明確に記すことができたが、ジャージーシティの人々はごくわずかな範囲の地図しか描けなかったのだ。

「…この都市（ジャージーシティ：筆者注）について包括的な概念といったようなものを持ち合わせている者は、長年ここに住む被面接者の中にもひとりもいないことがわかった。彼らが描く地図は断片的で、空白の部分が大きく、自分の家のまわりのせまい部分に集中しているのが多かった[注5]」

この結果が示しているのは、高所得者ほど都市を使いこなしており、低所得者は都市のごくわずかな部分しか自らのものと思えていないということだ。それ以前にジャージーシティが無数の「エッジ」によって物理的に引き裂かれていることを差し引いてもである。いや、そもそも地域が引き裂かれた状態で放置されているのは、そこが低所得者の住むまちだからだ。

一般的には、経済格差の問題を解決するには、雇用機会を増やしたり、仕事の安定性を高めたり、学習できる機会を設けたり、あるいは困窮している人々への支援といったことを考えなければならない。けれどもリンチは建築家・都市計画家として、何ができるかを考えた。そこから、「経済状況や社会的階級に関係なく、等しく都市を使いこなせる環境をつくるにはどうすればいいか」という問いが生じたのであり、その結果として提案されるのが「イメージアビリティを高める都市計画」だったのではないか。こう考えると、リンチが「ミーニング」に興味を示さないのは、なんら不自然なことではない。

人がどんな国に、どんなまちのどんな家庭に生まれてくるかは、まったく無作為のことである。「生まれ」によって人は得をしたり損をしたりするが、それとともに生きていくしかない。だから、たとえ生まれがどうであっても自由に生きていくにはどうすればよいのか、というのが大きな問いである。それに対するリンチ的な回答は、共有財産である都市を使って自由を実現する、ということだ。私たちは都市を、個人の状況を少しでも忘れて、自由を享受できる場所にすることはできるか。

＊

本書最後の研究を紹介しよう。首都圏（一都三県）に居住する30代の人々600名へのウェブアンケートによって、青春時代の環境と、現在の自分が住みたい環境とを答えてもらった。言い換えればこの研究は、自分が生まれ育った「親が用意した環境」と、「自分が親の世代になったときに求める環境」とを比較する。そして、2つが近い場合は「暮らしていく環境・価値観の再生産」が行われていると考えるが、逆に異なる場合は「価値観の逸脱」が起こっていると考える。都市社会学では、20世紀初頭のシカゴ学派が提唱した「都市生態学」を典型として、「似たような属性の人々が地域に集まって縄張りを形成する」ことが指摘されてきた。高所得者は高所得者の住むまちへ、低所得者はその反対へ、時間をかけて移動していく。近年でもその傾向は顕著で、東京23区では区ごとの平均所得額が大きく増減している。1995年以降、足立区・江戸川区・葛飾区などは平均所得額が低下、港区・渋谷区は上昇して、足立区と港区の差は約2・5倍程度から、現在では7倍程度に開いている。(注6)

この研究の狙いは、進行している縄張り化に対して、住む場所に関する価値観の乱れが生じていることがあるのか、その要因は何かを探ることだ。つまりこれは、セグリゲーション（格差を伴う縄張り化）に、どうやって「ノイズ」を加えることができるかという企てであった。

研究は非常に複雑な手順を踏んだため詳細は割愛するが、ここでわかったことの1つは、価値観の再生産は根強く、あらゆる所得層の人々の中で起きているということだ。反対に、価値観の逸脱は比較的安定した所得層（800〜1400万円）の中で見られる。そしてこれらの人々、つまり「親が用意した環境」と「自分が親の世代になったときに求める環境」が異なる149名のアンケート結果を確認したところ、都会的な環境で青春時代を過ごした者は、自然が多いこと・多くの世代の人々と交流することを求めて異なる住環境を模索し、郊外で暮らした者は都会的な環境や歴史的・文化的な環境を求め、田園的環境に居住していた者は店が多くあり交通の便が多い、自分と同じような年齢層が住んでいる場所を求めて青春期とは異なる環境へ移動している傾向にあることがわかった。

この研究は、「青春時代に郊外住宅地に住んでいた人々が、次の世代の青春時代をつくるときに郊外へ移動」あるいは「タワーマンションに住んでいた人々がタワーマンションへ移動」などという価値観の再生産に対して、わかりやすい「逸脱」が起きている事例を発見して、それがなぜなのかという原因を追究することで、縄張り形成の「ノイズ」がなぜ生じるのか——本書の言葉で言えば、住環境意識の「再帰化」が生じる理由——を模索しようというものだった。幼少期の家庭環境はそれぞれだったとしても、幼少期の生活環境、つまり「都市計画」によって、縄張り意識を解体していく人々、多様な「他者」と共生していく人々を導くことはできないだろうか、という思考実験だった。研究の延長には、異なる所得層が混ざり合いながら住むことがどうしたら可能かという問いがあった。しかし実態としては価値観の再生産は根強く、わかりやすい処方箋を出すことが叶わなかったのは、私たちを取り巻く現状の閉塞感を表わしているように思えた。

＊

本書はここで終わる。最後に書いた問いは、私の取り組むべき問いであるとともに、読者のみなさんに開かれている。

序章で述べた通り、都市計画の過渡的(リミナル)な時代に根底に立ち返って考える、というのが本書の主旨だった。それまで都市開発に加わっていなかった民間企業が乗り出し、さまざまな主体が入り乱れる時代に、当面の確実な共通言語は「経済」だけかもしれない。ならば、その経済をパブリックライフの方へ、私たちが生きている舞台の方へ拡張しなければならない。本書の大部分は「パブリックライフとは何か」という問いに割かれているし、道具性に還元されない豊かさを言語化することに労力がかかっている。成功例とそのスキームをまとめてくれる実践事例集とは正反対で、都市の「計画学」というよりは、計画の前に私たちが共有するべき考え方、かたちになる前の共通前提や、何か「倫理」と呼びうるものを書こうという試みだった。

〈迂回する経済〉の名のもとに、〈即自性〉〈再帰性〉〈共立性〉というキーワードを、それが都市の中で実現したらどんな姿をしているのかという想像がつくまで描いたところで、この続きは未来の私たちへ託そうと思う。

注1　たとえば社会学者の五十嵐泰正は、東北の常磐線沿線地域を扱った著作で、そこが明治期から現代にいたるまでエネルギー、食料品や工業製品、労働力を供給してきたことを踏まえて、「寡黙で優秀な東京の下半身」と位置づける。五十嵐泰正、開沼博編『常磐線中心主義』（河出書房新社、2015年）を参照。

注2　「同じ意見・立場の人で調和した、安定している状態こそ正常である」という考えと、「異なる意見・立場をもった人々がぶつかりあい、常に交渉している過程こそが社会である」という考えがある。社会学では大きく分けて前者を「機能主義」と言い、それを批判して後者を扱うのが「葛藤理論」と呼ばれた。どちらが本質かという決着をつける必要はないが、少なくとも現在の私たちの学術的水準からすれば、「調和こそが社会の正常状態であり、調和を乱すものは異常な人々であるから排除すべきである」という考えは肯定されない。筆者自身の考えは、序章で「ニューノーマル」を求めるのではなく「終わらないリミナルな状態」を受け入れて活かすべきと記したことからも明らかなように、後者の「動的な社会像」に寄っている。

注3　ここで説明されている「アーキテクチャ」の議論は、法学者のローレンス・レッシグが『CODE―インターネットの合法・違法・プライバシー』（原著2002年）で行った説明を援用している。マクドナルドの事例は、ジョージ・リッツア『マクドナルド化する社会』（原著1993年）で触れられており、「環境管理型権力」の事例として取り上げられている。

注4　ここからの記述は、ケヴィン・リンチ著／丹下健三、富田玲子訳『都市のイメージ新装版』（岩波書店、2007年）に則っている。原著は1960年、最初に日本語に訳されたのは1968年のことである。

注5　ケヴィン・リンチ、同書より引用。

注6　橋本健二、浅川達人編著『格差社会と都市空間―東京圏の社会地図1990―2010』（鹿島出版会、2020年）を参照。

終章

# ひとまずの結びに

## 〈ファストなロジック〉に対して〈スローなロジック〉を回復する

都市開発について、担当した実務家から説明を受ける機会が増えてきた。ありがたいことだ。多くの人々の労働力、時間、資金を動かす計画だけあって、さすがにプレゼンテーションは完璧である。圧倒されて、このまま任せておけばいいのではないか、私が研究者として何かすべきことがあるものか、などと思わされてしまう。

しかし、いくつか聴いていると、開発の多くが短い説明の連続でできていることに気がつく。企業間では、経済的な合理性の説明を。地権者には、彼らの利益の説明と事業の継続性を。行政や周辺住民には、公共的波及効果の説明を…。1つ1つは合理的に見える。こうした「短い説明の連続」というのは、いろいろな関心をもった異なる立場の主体に対して、すぐに説明できるようにする必要から、自然に生まれた方法であろう。ある著名なデザイン事務所で、所員たちは「30秒で説明しろ」と言われていたという話を思い出す。

2002年にノーベル経済学賞を受賞したダニエル・カーネマンは、「ファストな思考」と「スローな思考」を対比する。人は自分が論理的に考えていると思い込んでいるが、多くは条件反射的な思考で応答しており、本当に時間をかけてじっくり考えるのはごくわずかだと言う。カーネマン風に言えば、都市開発にも〈ファストなロジック〉と〈スローなロジック〉がありそうだ。関係者に説明しやすい〈ファストなロジック〉の連続で都市開発や都市計画を考えていくことが、人々の合意を得るための「わかりやすさ」を得るために必要だとしても、それによって失っていることがあるのではないか。説明するのに時間がかかる話は敬遠されるとしても、本当に必要なことは、時間をかけて共有しなければならないことなのではないか。そもそもの前提からじっくりと議論し直すことには、時間も労力もかかる。しかし、やらなくてはいけない。

〈スローなロジック〉を、都市の計画へ回復していくにはどうすればいいか。これが、民間企業が活躍するスピードの速い時代の計画学的な課題であるように感じる。本書の「迂回」というキーワードは、まさにこの〈スローなロジック〉の回復を指している。

## 「誰（人格）」と「何（属性）」の間で葛藤する都市計画

それでは、本書で注目したい〈スローなロジック〉とは何だったのか。〈即自性〉〈再帰性〉〈共立性〉という3つの概念に整理したものがそれであるが、ここではおおもとの問題意識について簡単に触れたい。

〈直進する経済〉と〈迂回する経済〉は、本書で何度も引用したハンナ・アーレントの「何」と「誰」の対比と関係している。アーレントは、人が属性でひとまとめにされてしまうこと＝「何」として扱われることと、その人自身の人格が尊重されること＝「誰」として扱われること、という2つを区別して、後者の機会の重要性を説いた。

都市計画は、何万という多くの人々が暮らす空間を左右する計画だ。だから人々の要求を正しく把握するために、大規模なアンケートを作成し、居住者の属性やニーズを把握する。1人1人に寄り添うと時間がかかり、私たちは何もできなくなる。だから、人間を属性に還元することによって、理解した気分になって、計画を立てやすくする。どんな属性の人が何人住んでいるか、どんな属性の人たちに向けたサービスを用意するか、そういうふうに整理して計画を組み立てる。そこでは1人1人の人間が直に扱われることはない。じっくり話を聴く調査が必要だといっても、こんなに広い都市で、いったい何人に聴けば終わるというのか？

私たちは、1人1人の人生を歩んでいて、それぞれの喜びや悲しみがある。それぞれが感じている困難や生きづらさがある。その舞台が都市であるはずだが、都市計画はそれに寄り添うことは――計画者の「心理的に」は寄り添いたいのだが――「原理的に」できない。これが、20世紀初頭に都市計画というものが発明されて以来抱えている、「原罪」とか「業」のようなものだと思う。

だから、都市の計画に携わる私たちは、この業を背負わなければいけない。アーレントの言う「誰」と「何」の葛藤に立ち向かわなければならない。完璧にはできないことだけれども、なるべくあきらめずに、私たちの生活のリアリティから見た都市に肉薄したい。そういう問題意識で、これをさまざまな主体が共有できるある種の倫理とするために、本書は書かれた。取り上げている「パブリックライフ」とは、個人の生であり公の生でもあるという、まさに「誰」と「何」の交差するところだ。そして、〈即自性〉〈再帰性〉〈共立性〉というのは、都市と1人1人の個人を縫合しようとする都市計画の目標として提示したものだった。

## 「ものをつくる原理」が変わりつつある時代に

この本の冒頭には、「都市を変化させる原理が変わりつつある」と書いた。最初の東京オリンピックや大阪万博のあった1960、70年代を振り返ると、建築家たちは国や自治体の公共事業の中で「大作」を実現させてきた。商業施設を自分の作品として手掛ける建築家はある種の「亜流」であったと言っても過言ではない。しかし二度目の東京オリンピックを経て万博を目前とする現在、スタジアムや博覧会会場の建設は社会問題化し、国家プロジェクトを通して何らかの一貫性をもつ「作品」を仕上げることは困難を極めることになっている。

他方で民間企業による再開発の計画に建築家が名を連ねることも増えてきた。建築家の活躍する舞台は行政のプロジェクトから民間企業のプロジェクトへ移りつつあるように見える。しかし、ますます巨大化する建造物に対して代替案を提示することは叶わず、ただ資本の集中に身を任せて表層のデザインを担当することに甘んじざるをえない状況が散見される。建築やデザインの役割が、経済の運動に単に追従するものになりつつあることに、私は強い懸念を覚える。

私自身も学生時代には建築家を目指したものだったが、「ものをつくる原理」自体を考え直さなくてはならないという意識が徐々に芽生え、都市計画という道に進んできた。幸運なことに現在は都市の専門家として、自治体だけでなく民間企業と関わる機会が増えてきた。鉄道会社やハウスメーカーなどさまざまな業種の企業との共同研究やアドバイザーの仕事の中では、「そもそも何に向かって計画するのか」を議論することが多い。ものをつくる背景そのものの議論を、私は「都市論」と呼んで、実践論とは区別している。都市はさまざまな問題が幾重にも重なりあう舞台だが、それでも私たち自身の暮らしを、その暮らしが営まれる空間を、構想していくことが希望に満ちたものになってほしいと思う。そして好き嫌いや美醜のような素朴な議論を超えて、「都市をどうしていきたいのか」について活発に話しあうことこそが、少々大げさに言えば民主主義の基礎になるのではないかと思う。これが、私の活動の根幹である。『住宅をめぐる〈欲望〉の都市論』（春風社、2023年）から続いて、この本が「都市論」の名を冠した2冊目の単著だ。社会学でもなく、かといって実践論でもない。実践が想像できないほどの抽象化はせず、中程度の抽象性の言葉を選ぶ。現代の課題や事例を取り上げるが、戦前・戦後以来のまなざしの射程をもっている。読みなれない読者は混乱したかもしれないが、そういう本を意図したつもりである。

＊

冒頭でも書いたが、本書は私ひとりの力では書き上げることができなかった。最初の単著が私の個人研究をベースにした本だったとしたら、この本は私が主宰する「空間言論ゼミ」で10年間、ともに議論してきた当時の学生たちとともに書いた本だと思っている。そもそも〈迂回する経済〉という言葉自体が、ゼミのみなさんとまちを歩いているときに、浮かんできたものだったのだから。研究を紹介させてもらった篠原和樹さん、北條光彩季さん、松永幹生さん、松浦遥さん、石綿朋葉さん、大和英理加さん、河井優さんに、あらためて感謝を述べたい。実は、空間言論ゼミはそろそろ一区切りになってしまうのだが、集大成のような本書を出せたのは幸運であった。

また、快くインタビューを引き受けていただいた小田急電鉄の向井隆昭さんをはじめ、III部で紹介したプロジェクトでは多くの方々にお世話になった。研究過程では一般財団法人第一生命財団の調査研究助成（2023年度）をいただいた。加えて、出版に際しては一般財団法人住総研の出版助成（2024年度）の支援をいただけた。
最後に、「迂回する経済」で本を出さないかとお誘いいただき、隅々に渡り編集に携わっていただいた学芸出版社の宮本裕美さん、日々支えてくれる家族に感謝を申し上げます。

2024年9月

吉江俊

吉江 俊（よしえ・しゅん）

東京大学大学院工学系研究科都市工学専攻講師。1990年生まれ。2013年早稲田大学建築学科卒業、2015年創造理工学研究科修了。日本学術振興会特別研究員、ミュンヘン大学訪問研究員、早稲田大学建築学科講師、同大学リサーチイノベーションセンター講師を経て現職。2019年民間住宅開発と地域像の変容に関する研究で博士（工学、早稲田大学）。宮城県加美町や佐賀県多久市のコミュニティ計画作成、民間企業との共同研究や、早稲田大学キャンパスマスタープラン作成、東京都現代美術館「吉阪隆正展」企画監修などに携わる。著書に『住宅をめぐる〈欲望〉の都市論―民間都市開発の台頭と住環境の変容』（単著、2023年）、『クリティカル・ワード 現代建築―社会を映し出す建築の100年史』（共著、2022年）など多数。

本書は「一般財団法人住総研」の2024年度出版助成を得て、出版されたものである。

〈迂回する経済〉の都市論
都市の主役の逆転から生まれるパブリックライフ

2024年9月25日 初版第1刷発行
2025年6月20日 初版第2刷発行

著者　吉江俊

発行所　株式会社 学芸出版社
京都市下京区木津屋橋通西洞院東入
電話 075-342-2600　〒600-8216

発行者　井口夏実

編集　宮本裕美
装丁　大倉真一郎
DTP　梁川智子
印刷・製本　モリモト印刷


ISBN978-4-7615-2912-3